高等院校精品课程系列教材

信号与系统 上册
——信号分析与处理

主　编　程耕国
副主编　吴　谨　陈华丽　熊　凌
　　　　尉　宇　刘毅敏

机械工业出版社

本书根据当前信息和电子技术的发展，结合高校教学改革的形势和要求，综合近10年来的教学实践，整合原“信号与系统”和“数字信号处理”两门课程的教学内容精心编写而成。

本书全面系统地论述了信号与系统的基本理论和基本分析方法，按照先信号后系统、先连续后离散、先时域后频域的顺序，分上、下两册，共12章。上册讲述信号分析与处理，下册讲述系统分析与综合。上册的具体内容是：绪论、信号及信号的时域分析、时域连续信号的频域分析、时域连续信号的复频域分析、时域离散信号的频域分析、离散傅里叶变换和快速傅里叶变换。

本书可作为普通高等学校电气信息类专业本科生的教材使用，也可作为科技人员的参考书。

图书在版编目（CIP）数据

信号与系统　上册——信号分析与处理/程耕国主编．—北京：机械工业出版社，2009.2（2016.8重印）

（高等院校精品课程系列教材）

ISBN 978-7-111-26030-1

Ⅰ.信…　Ⅱ.程…　Ⅲ.①信号系统-高等学校-教材②信号分析-高等学校-教材③信号处理-高等学校-教材　Ⅳ.TN911.6

中国版本图书馆CIP数据核字（2009）第001945号

机械工业出版社（北京市百万庄大街22号　邮政编码100037）

责任编辑：李馨馨　版式设计：张世琴

责任校对：程俊巧　责任印制：常天培

北京京丰印刷厂印刷

2016年8月第1版・第4次印刷

184mm×260mm・12印张・295千字

7 501—8 700册

标准书号：ISBN 978-7-111-26030-1

定价：28.00元

凡购本书，如有缺页、倒页、脱页，由本社发行部调换

电话服务	网络服务
服务咨询热线：010-88379833	机 工 官 网：www.cmpbook.com
读者购书热线：010-88379649	机 工 官 博：weibo.com/cmp1952
	教育服务网：www.cmpedu.com
封面无防伪标均为盗版	金　书　网：www.golden-book.com

前　言

21 世纪科学技术的发展对信息技术教育提出了更高的要求，作为信息技术教育的重要课程，“信号与系统”和“数字信号处理”的教学得到了业界高度的重视。

由于“信号与系统”和“数字信号处理”是电子信息类本科生必修的主干课程，其教学内容在理论和实践上有着密切的内在联系。本书是在总结长期的教学经验和吸纳同类教材优点的基础上，对“信号与系统”和“数字信号处理”两门课的内容进行了归纳、整合而成的。该书集这两门课程的精华于一体，去掉了以往两本教材中的重叠部分，加强了重点部分，通过有机整合，科学地构建了新的课程体系。具体来说，有以下4个特点：

1. 在教材内容的组织上，将原有的《信号与系统》、《数字信号处理》两本教材进行重新梳理，归纳出信号分析→信号处理→系统分析→系统综合这样一条主线。如果在《信号与系统》中将信号和系统并行来写，再把离散信号与系统放到数字信号处理中写，这样两本书中就难免有重复部分，导致每本书在一个学期都难以完成。本书分为上、下两册，上册讲信号分析与处理（共 5 章），从物理意义和数学表达方面对各种信号进行了详尽的分析；下册讲系统分析与综合，以系统综合为目的，阐述了系统的分析和设计，使读者通过学习，掌握对实际信号进行数字分析、处理的方法。学生上一学期学信号，下一学期学系统，所学知识连贯，一气呵成。由于信号与系统、数字信号处理在同一套教材中，符号统一，变量的名称统一，学生不易混淆。

2. 在教材体系上，本教材配备了同步的实践教程。学生在学习理论的同时，通过加强实践，能够对知识理解得更透彻。实践教程既有基础的验证性实验，又有综合性、设计性实验，从而全面提高学生的动手实践能力。本教材还精心选编了大量的例题和习题，使之与正文有机结合，有利于培养学生分析问题和解决问题的能力。

3. 在辅助工具上，注重计算机仿真软件的运用，从根本上将学生从简单的习题计算转移到基本概念、基本原理和基本方法的理解和应用上，提高学习效率和效果。实践教程引入了具有强大计算功能的 Matlab 软件，给出了很多问题的 Matlab 求解方法。

4. 考虑到大学电类不同专业对信号与系统方面知识要求的不同，为适应不同的教学要求和教学计划，便于对本教材内容进行剪裁，本教材内容的安排既注重了课程体系的连贯性，又保持了一定的独立性，同时，在内容上注重与时俱进，将当前先进的信息和通信技术引入本教材。

本书可作为电类各专业“信号与系统”课程的教材，也可供从事信息获取、转换、传输、处理、信息系统等领域工作的研究生、教师和广大科技工作者参考。

本书由程耕国主编和统稿，程耕国撰写了绪论和第 1 章，尉宇撰写了第 2 章，熊凌撰写了第 3、8 章，陈华丽撰写了第 4、9 章，刘毅敏撰写了第 5 章，徐望明撰写了第 6 章，吴谨撰写了第 7 章，李娟撰写了第 10 章，盛玉霞撰写了第 11 章，朱磊撰写了第 12

章。清华大学自动化系教授、博士生导师萧德云教授审阅了本教材的目录并提出了宝贵的修改意见，在此表示衷心的感谢。

由于编者水平有限，书中可能有不少疏漏和差错，敬请读者不吝赐教。

读者可在 www. cmpedu. com 下载本书配套的电子教案。本书配有精品课程网站，网址为 http：//jpkc. wust. edu. cn/ec/C3/Course/Index. htm。

编　者

目　　录

绪　论

在科学技术快速发展的今天，信息对人类而言越来越重要。人们在生产、生活实践中，获得的信息的具体物理形态千差万别，通常人们把信息的具体表现形式称为信号，或者说，信息是信号包含的内容。信号不同的物理形态并不影响其所包含的信息内容，且不同物理形态的信号之间可以相互转换。根据物理量的不同特性，可把信号区分为声信号、光信号、电信号等不同类别。在数学上，信号可以描述为一个或多个独立变量的函数，本书许多地方，信号与函数通用。一个实用的信号除用解析式描述外，还可用图形、测量数据或统计数据描述。在各种信号中，电信号是一种最便于传输、控制与处理的信号。同时，在实际应用中，许多非电信号常可通过适当的传感器变换成电信号。因此，研究电信号具有重要意义。本书只讨论一维电信号。并且，一般都将信号的自变量设为时间 t 或序号 n。

信号是传输和处理的对象，为了快速、准确地获得信息，就必须研究最有效地传递信息和最可靠地交换信息的手段。这就涉及到对原始信号进行加工、传递和接收的技术方法。首先人们要掌握精确表述信号的方法，能够找出不同信号的特征，才能对它进行处理。所谓信号处理就是把一个信号变换为另一个信号的过程。

信号在传输的过程中，常常要借助“系统”。所谓系统是指相互依赖、相互作用的若干事物组成的具有特定功能的整体。它广泛存在于自然界、人类社会和工程技术等各个领域，如通信系统、交通运输系统、生产管理系统等都是由相互联系的若干部分构成的有特定功能的整体。本书重点讨论通信、信号处理等领域中的电子信息系统。

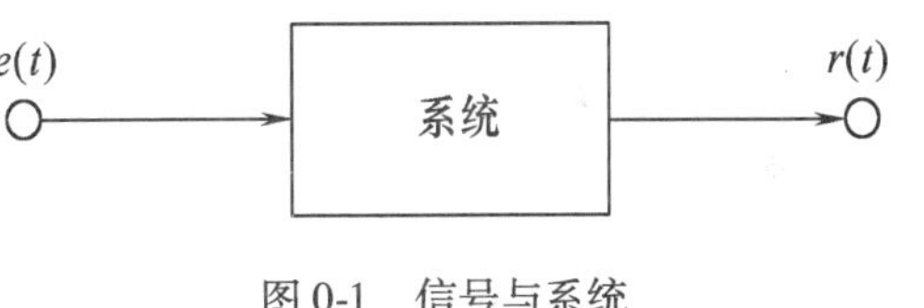

图 0-1　信号与系统

信号与系统的概念总是紧密相关的。人们通常把施加于系统的信号称为系统的输入信号，由此产生的信号统称为系统的输出信号，输入信号在系统的“加工”、“处理”下，产生新的信号输出，如图 0-1 所示。

图 0-1 中，$e(t)$ 为输入信号，或称为激励，$r(t)$ 为输出信号，或称为响应。所有的信号与系统问题可用图 0-1 的框图表示。信号和系统的上述关系就形成了所谓的“信号与系统”问题，它极为广泛地存在于各种工程和科学领域中。这类问题的广泛性，形成了信号与系统学科。

例如图 0-2 所示的通信系统，它由发送设备、传输信道和接收设备三部分组成。发送设备将被传送的消息转换成便于传输的电信号，在接收设备中将电信号还原成消息。发送设备与接收设备之间由信道沟通。

从图 0-2 可以看出，系统是为信号服务的，是为了处理信号使之达到某些特定的目的而设置的。人们不能脱离信号来讨论系统，也不能脱离处理功能来分析系统，这就是信号、系统与信号处理之间不可分割的内在联系。不同工程和科学领域中的信号与系统问题还有各自的特殊性，有各种专门的研究和分析方法，通信、信号处理、自动化技术是信号与系统概念、理论和方法应用的主要领域，所以书中的应用实例大都涉及的是通信、信号处理和控制系统问题。但本书介绍的信号与系统的基本概念、理论和方法，普遍适用于各种不同的信号与系统问题。

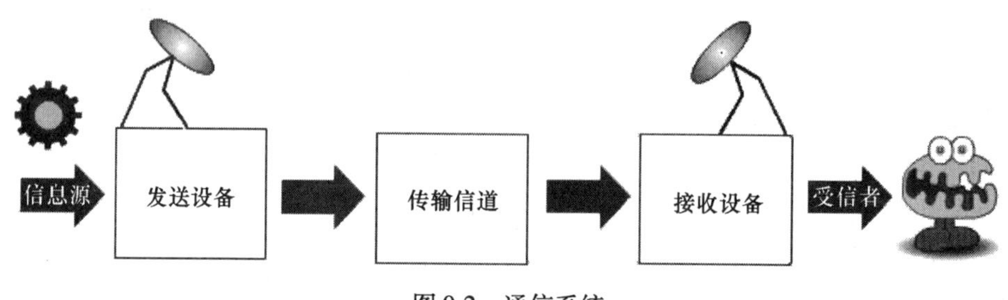

图 0-2　通信系统

本书主要研究和解决两方面的问题，即“信号分析与处理”和“系统分析与综合”。内容既包括信号分析与处理的一整套概念、理论和方法，又包括系统分析与综合的概念、理论和方法。

信号分析是在时域或频域对信号进行表述和分析，从中找出其变化规律。信号的时间特性表现为出现时间的先后、持续时间的长短、重复周期的大小及随时间变化的快慢等，信号的频率特性表现为信号的特征量、频谱结构特征及信号的带宽等。信号处理是指按某种需要，对信号进行特定的加工处理，包括信号滤波、信号平滑、信号增强、信号数字化、信号的恢复和重建、信号的调制和解调等。信号分析与处理已成为科学和工程领域中十分有用的概念和方法。

系统分析是在给定系统的情况下，研究系统对输入信号所产生的响应，并由此获得对系统功能和特性的认知，包括系统建模，微分、差分方程的求解，系统的因果性，稳定性，系统函数，系统频率特性等。系统综合又称系统的设计或实现，是在给定系统功能和特性或者已知输入/输出信号的情况下，设计并实现该系统，包括无限长冲激响应数字滤波器的设计、有限长冲激响应数字滤波器的设计和数字信号处理的硬件实现等。一般来说，系统分析是系统综合的基础，系统综合是系统分析的升华，只有精于分析，才能善于综合。系统分析和综合的概念、理论和方法普遍适用于各个学科和技术领域中的系统问题。

本书主要研究确定性信号经线性时不变系统传输和处理的概念、理论和分析方法，先时间域后频域，先连续域后离散域，先分析后综合。有些概念和方法在连续时间中比较容易接受，对它的理解将有助于对离散时间中类似概念和方法的理解。对连续时间信号与系统比较熟悉的读者，可以把连续时间信号与系统中的概念、理论和方法，直接扩展到离散时间中去。连续信号时域和频域的特性与离散信号时域和频域的特性、连续系统时域和频域的特性与离散系统时域和频域的特性有着相当完美的对偶和类比关系。这种关系贯穿本书始终，这对知识的描述和接受，都能起到事半功倍的作用。

随着各种电子技术及计算机技术的进步，数字信号处理的理论和技术有了突飞猛进的发展。由于数字信号处理的直接对象是数字信号，处理的方式是数值运算的方式，使它相对模拟信号处理具有许多优点：

1）易于实现大规模集成或超大规模集成，因而有利于减小设备的体积和重量，并适当降低功耗。

2）高度的灵活性。数字信号处理系统的性能取决于系统参数，而参数存储在存储器中，很容易改变，同时还能实现时分复用。

3）高度的可靠性和稳定性，数字系统的特性不易随使用条件的变化而变化。

4）系统参数的精度高。随着数字设备的发展，运算位数由 8 位提高到了 16、32、64 位，这是模拟系统望尘莫及的。

5）易消除噪声干扰。

6）易处理多维信号。

基于数字系统的上述优点，在本书的下册加强了“离散”部分，对数字系统进行了详细的分析，同时介绍了数字系统的设计和实现方法，这对学生后续课程的学习或将来的工作都有很大的帮助。

第 1 章　信号及信号的时域分析

信号是“信号与系统”这门课程的主要学习内容之一。信号是消息的表现形式，通常体现为随若干变量而变化的某种物理量。为了有效地传播和利用消息，常常需要将消息转换成便于传输和处理的信号。在数学上，信号可以描述为一个或多个独立变量的函数。一个实用的信号除用解析式描述外，还可用图形、测量数据或统计数据描述。通常，将信号的图形表示称为波形或波形图。

本章在时域范围内讨论信号的分类和信号的基本运算，介绍后续课程将会大量涉及到的常用信号及其性质，并较详细地介绍信号的卷积运算及其性质，为揭示输入、输出信号与系统的物理关系及数学解析打下牢固的基础。

1.1　信号及信号的分类

1.1.1　连续信号与离散信号

1. 连续信号

一个信号，如果在连续时间范围内（除有限个间断点外）有定义，就称该信号在此区间内为连续时间信号，简称连续信号。在连续时间范围内，信号的幅值可以是连续的，如图 1-1a 所示，也可以是不连续的，如图 1-1b 所示，这样的信号统称连续时间信号。有时把时域连续、幅值也连续的信号称为模拟信号，在实际应用中，连续信号和模拟信号可以不予区分。

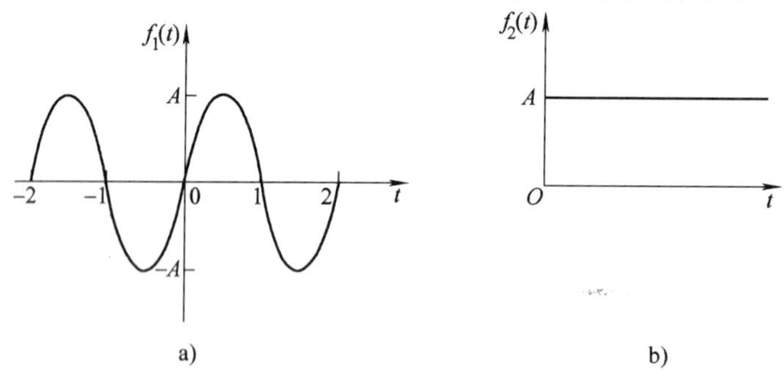

图 1-1　连续时间信号

图 1-1a 是正弦信号，其表达式为

$$f_1(t)=A\sin(\pi t) \tag{1.1-1}$$

式中，A 是常数。其自变量 t 在定义域（$-\infty$，∞）内连续变化，信号在值域$[-A,A]$上连续取值。为了简便起见，若信号表达式中的定义域为（$-\infty$，∞），则可省去不写。

图 1-1b 是阶跃信号，通常记为 $Au(t)$。其表达式为

$$f_2(t)=Au(t)=\begin{cases}A & (t>0)\\0 & (t<0)\end{cases} \tag{1.1-2}$$

信号对于间断点处的值一般不作定义，这样做不会影响分析结果。如有必要，可定义信号 $f(t)$ 在间断点 $t=t_0$ 处的信号值等于其左极限 $f(t_{0_-})$ 与右极限 $f(t_{0_+})$ 的算术平均值。

这里

$$f(t_{0_-}) \triangleq \lim_{\xi \to 0} f(t_0 - \xi)$$

$$f(t_{0_+}) \triangleq \lim_{\xi \to 0} f(t_0 + \xi)$$

这样，图 1-1b 中的信号 $f_2(t)$ 也可表示为

$$f_2(t) = Au(t) = \begin{cases} A & (t>0) \\ \dfrac{A}{2} & (t=0) \\ 0 & (t<0) \end{cases} \tag{1.1-3}$$

2. 离散信号

仅在离散时间点上有定义的信号称为离散时间信号，简称离散信号。这里“离散”一词表示自变量只取离散的数值，相邻离散时间点的间隔可以是相等的，也可以是不相等的。在这些离散时间点以外，信号无定义。离散信号可以由连续信号采样得到，如图 1-2 所示。信号的幅值可以是连续的，如图 1-2b 所示，也可以是不连续的，如图 1-2c 所示。一般将时间离散，幅值也离散的信号称为数字信号。数字信号是经过量化编码后的离散时间信号。在实际应用中，离散信号与数字信号两个词也常互相通用。

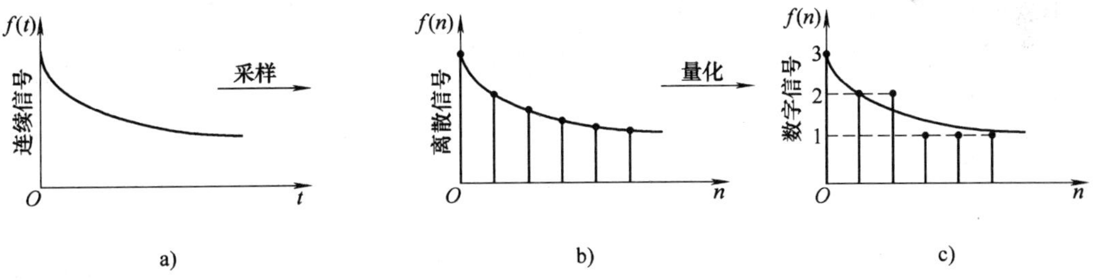

图 1-2　模拟信号通过采样、量化得到数字信号

离散信号一般有 3 种表示方法：

1）用解析式表示序列，离散信号可看成连续信号在采样点 t_n 上的样值。通常取 $t_n = nT$，$n=0$，1，…为序号，T 为采样间隔，则

$$f(t_n) = f(nT) \triangleq f(n) \tag{1.1-4}$$

如 $f(t)=\dfrac{1}{2^t}$，则

$$f(t_n) = f(t)\Big|_{t=nT} = \frac{1}{2^{nT}}$$

记为

$$f(n) = \frac{1}{2^n} \quad n \geqslant 0$$

2）用集合符号表示序列，离散信号是一组有序数的集合。对于上例，有

$$f(n)=\left\{\cdots,4,2,1,\frac{1}{2},\frac{1}{4},\frac{1}{8},\cdots\right\}$$

$$\uparrow$$

$$n=0$$

3）用波形图表示序列，对于上例的离散信号可用图 1-3 表示，这是一种很直观的表示方法。

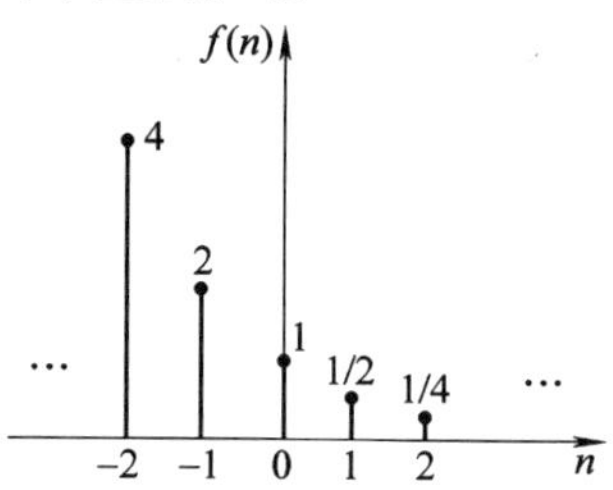

图 1-3　离散信号的时域波形

为方便起见，可以将信号 $f(t)$ 或 $f(n)$ 的自变量省略，简记为 $f(\cdot)$，即用 $f(\cdot)$ 统一表示连续信号和离散信号。

1.1.2　确定信号与随机信号

确定信号是指能够以确定的时间函数表示的信号，即给定某一时间值，就能得到一个确定的信号值，如图 1-1 所示。

随机信号是指信号是时间的随机函数，事先无法预知其变化规律的信号，即给定某一时间值，其函数值并不确定，如图 1-4 所示。

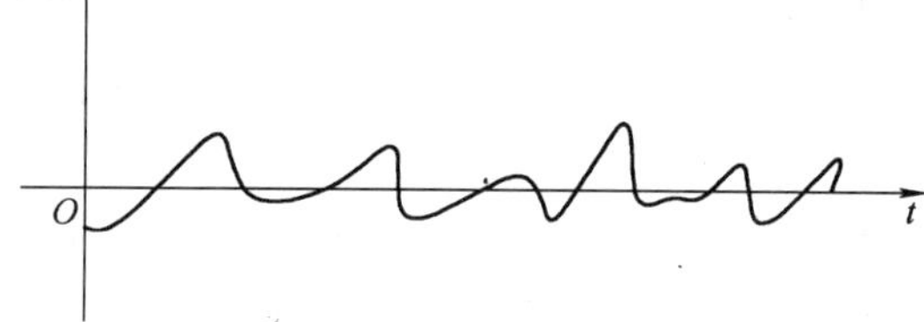

图 1-4　随机信号

严格地说，除了实验室发生的有规律的信号外，一般的信号都是随机的。信号如果是完全确定了的时间函数，就不可能由它得到任何新的信息。但是，对于确定信号的研究仍然具有重要意义，因为有些实际信号与确定信号有相近的特性。从这个角度讲，确定信号是近似的、理想化的信号，做这样的处理，能使分析问题大为简化，以便于工程上的应用。本书主要分析确定性信号。

1.1.3　周期信号与非周期信号

1. 周期信号

对于连续信号 $f(t)$，若存在 $T>0$，使得 $f(t+rT)=f(t)$，r 为整数，则称 $f(t)$ 为周期信号，如图 1-5a 所示。满足上述关系的最小正数 T 称为 $f(t)$ 的周期。

对于离散信号 $f(n)$，若存在大于零的整数 N，使得 $f(n+rN)=f(n)$，r 为整数，则称 $f(n)$ 为周期信号，如图 1-5b 所示。满足上述关系的最小正整数 N 称为 $f(n)$ 的周期。显然，若知道了周期信号在一个周期内的变化过程，就可以确定整个定义域内的取值。故常常只需研究信号在一个周期内的信息。

2. 非周期信号

不满足周期信号定义的信号称为非周期信号。

几个周期信号相加，所产生的信号可能是周期信号，也可能是非周期信号，这主要取决于几个周期信号的周期之间是否存在最小公倍数 T_0。以周期分别为 T_1、T_2 的两个信号相加产生的信号 $f(t)$ 为例，其周期最小公倍数 T_0 为

$$T_0=n_1T_1=n_2T_2=n_1\frac{2\pi}{\Omega_1}=n_2\frac{2\pi}{\Omega_2} \tag{1.1-5}$$

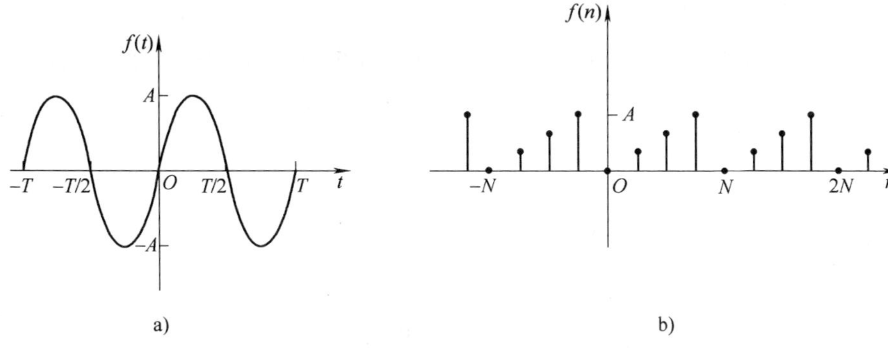

图 1-5　周期信号

如果$\dfrac{\Omega_1}{\Omega_2}=\dfrac{T_2}{T_1}=\dfrac{n_1}{n_2}=$有理数，$n_1$，$n_2$ 均为整数，则$f(t)$为周期信号，其周期 T_0 为

$$T_0=n_1T_1=n_1\frac{2\pi}{\Omega_1} \tag{1.1-6}$$

例 1-1　试判断下列信号是否为周期信号。若是，确定其周期 T_0。

（1）$f_1(t)=\sin(3t)+\cos(5t)$

（2）$f_2(t)=\sin(2t)+\sin(\pi t)$

解:（1）因为

$$\sin(3t)\text{的 }\Omega_1=3\text{rad/s}$$

$$\cos(5t)\text{的 }\Omega_2=5\text{rad/s}$$

$$\frac{n_1}{n_2}=\frac{\Omega_1}{\Omega_2}=\frac{3}{5}$$

所以$f_1(t)$的周期为

$$T_0=n_1\frac{2\pi}{\Omega_1}=3\times\frac{2\pi}{3}=2\pi$$

（2）因为

$$\sin(2t)\text{的 }\Omega_1=2\text{rad/s}$$

$$\sin(\pi t)\text{的 }\Omega_2=\pi\text{rad/s}$$

$$\frac{n_1}{n_2}=\frac{\Omega_1}{\Omega_2}=\frac{2}{\pi}=\text{无理数}$$

所以$f_2(t)$不是周期信号。

1.1.4 能量信号与功率信号

为了了解信号的能量或功率特性，常常研究信号在单位电阻上的能量或功率，称为归一化能量或功率。下面给出归一化能量 W 与归一化功率 P 的定义：

对于连续信号，有

$$W = \lim_{T\to\infty}\int_{-T}^{T} f^2(t)\,\mathrm{d}t \qquad P = \lim_{T\to\infty}\frac{1}{2T}\int_{-T}^{T} f^2(t)\,\mathrm{d}t \tag{1.1-7}$$

对于离散信号，有

$$W = \lim_{N\to\infty}\sum_{-N}^{N} f^2(n) \qquad P = \lim_{N\to\infty}\frac{1}{2N+1}\sum_{-N}^{N} f^2(n) \tag{1.1-8}$$

1. 能量信号

能量信号的归一化能量为有限值，归一化功率为零，即满足 $0 < W < \infty$，$P = 0$。

2. 功率信号

功率信号的归一化功率为有限值，归一化能量为无限大，即满足 $W\to\infty$，$0 < P < \infty$。一般，周期信号为功率信号。

例 1-2 判断下列信号中哪些是能量信号，哪些是功率信号，或者都不是。

(1) $f(t) = \cos(t)$　　(2) $f(t) = t\quad (t\geqslant 0)$　　(3) $f(n) = (-0.5)^n\quad (n\geqslant 0)$

解： (1) 因为归一化功率为

$$\begin{aligned} P &= \lim_{T\to\infty}\frac{1}{2T}\int_{-T}^{T} f^2(t)\,\mathrm{d}t = \lim_{T\to\infty}\frac{1}{T}\int_{0}^{T}\cos^2(t)\,\mathrm{d}t \\ &= \lim_{T\to\infty}\frac{1}{T}\int_{0}^{T}\frac{1+\cos(2t)}{2}\mathrm{d}t = \lim_{T\to\infty}\frac{1}{T}\left[\frac{T}{2}+\frac{1}{4}\sin(2T)\right] \\ &= \frac{1}{2} + \lim_{T\to\infty}\frac{1}{4T}\sin(2T) = \frac{1}{2} < \infty \end{aligned}$$

归一化能量为

$$W = \lim_{T\to\infty}(P\cdot 2T)\to\infty$$

所以该信号为功率信号。

(2) 因为归一化能量为

$$W = \int_{0}^{\infty} t^2\mathrm{d}t\to\infty$$

归一化功率为

$$P = \lim_{T\to\infty}\frac{1}{T}\int_{0}^{T} t^2\mathrm{d}t = \lim_{T\to\infty}\frac{1}{T}\,\frac{1}{3}T^3 = \lim_{T\to\infty}\frac{1}{3}T^2\to\infty$$

所以该信号既不是能量信号又不是功率信号。

(3) 因为归一化能量为

$$W = \sum_{n=0}^{\infty} f^2(n) = \sum_{n=0}^{\infty} (-0.5)^{2n} = \sum_{n=0}^{\infty} 0.25^n = \frac{4}{3} < \infty$$

归一化功率为

$$P = \lim_{N \to \infty} \frac{1}{N+1} W = 0$$

所以该信号为能量信号。

1.1.5 实信号与复信号

1. 实信号

在各时刻 t（或 n）上的信号幅值为实数的信号为实信号。例如，单边指数信号，正、余弦信号等。实信号是可以物理实现的。如图 1-6a 的 RC 电路，当接通直流电源后，电流是随时间 t 的增加按指数衰减的信号，如图 1-6b 所示。

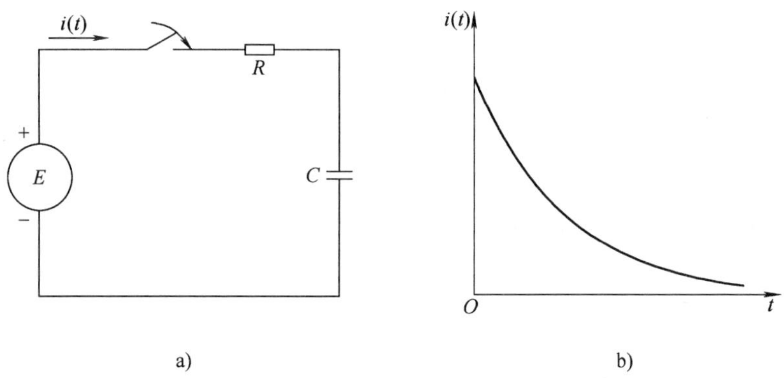

图 1-6 指数衰减信号

$$i(t) = E\mathrm{e}^{-\alpha t} \quad (\alpha > 0, t > 0) \tag{1.1-9}$$

2. 复信号

函数（或序列）值为复数的信号称为复信号，最常用的是复指数信号。连续时间的复指数信号通常表示为

$$\begin{aligned} f(t) &= A\mathrm{e}^{st} = A\mathrm{e}^{\sigma t}\mathrm{e}^{\mathrm{j}\Omega t} \\ &= A\mathrm{e}^{\sigma t}\cos(\Omega t) + \mathrm{j}A\mathrm{e}^{\sigma t}\sin(\Omega t) \end{aligned} \tag{1.1-10}$$

式中，复变量 $s = \sigma + \mathrm{j}\Omega$。复指数信号可分解为实部和虚部两部分，分别代表余弦和正弦振荡信号

$$\mathrm{Re}[f(t)] = A\mathrm{e}^{\sigma t}\cos(\Omega t) \tag{1.1-11}$$

$$\mathrm{Im}[f(t)] = A\mathrm{e}^{\sigma t}\sin(\Omega t) \tag{1.1-12}$$

信号 $\mathrm{Re}[f(t)]$ 的波形与 $\mathrm{Im}[f(t)]$ 的波形相似，只是相位相差 $\pi/2$。两者均为实信号，而且是频率相同，幅值随时间变化的正（余）弦振荡信号。s 的实部 σ 表征了该信号的幅值随时间变化的状况，虚部 Ω 表征了该信号的振荡快慢。若 $\sigma > 0$，是增幅振荡，如图 1-7 所示。

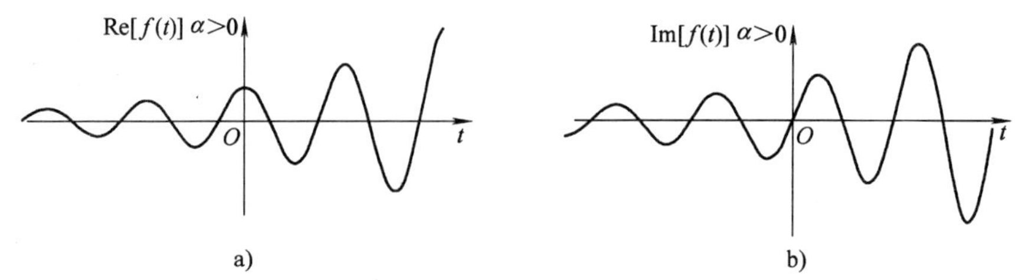

图 1-7　增幅振荡的复指数信号

若 $\sigma<0$，则是衰减振荡的复指数信号，如图 1-8 所示。

图 1-8　衰减振荡的复指数信号

复指数信号概括了许多常用信号。同时因为其运算较正弦函数的运算更加简练和方便，如对复指数的乘、除就等于指数的加、减，它对时间的导数和积分仍然是复指数信号等，所以在信号分析与系统分析中非常重要。

信号分类有很多方法，除上述分类之外，还可以把信号分为因果信号和非因果信号，左边信号和右边信号，有限信号和无限信号等。

1.2　常用信号及其性质

人们在描述一些在无限小时间内跳变的物理量或在空间或时间坐标上集中于一点的物理现象（如作用时间趋于零的冲击力，宽度趋于零的电脉冲等）时，普通信号的概念就不够用了。这时要借助阶跃信号和冲激信号，这些信号或者本身具有不连续点，或者其导数或积分具有不连续点，这种类型的信号统称为奇异信号。正确应用奇异信号可以使一些分析方法更加方便、完美。

1.2.1　常用连续信号及其性质

1. 阶跃信号

单位阶跃信号用 $u(t)$ 表示，定义为

$$u(t)=\begin{cases}1 & (t>0)\\ 0 & (t<0)\end{cases} \tag{1.2-1}$$

或

$$u(t)=\begin{cases}1 & (t>0)\\ \dfrac{1}{2} & (t=0)\\ 0 & (t<0)\end{cases} \tag{1.2-2}$$

与其相关的几种波形如图 1-9 所示。

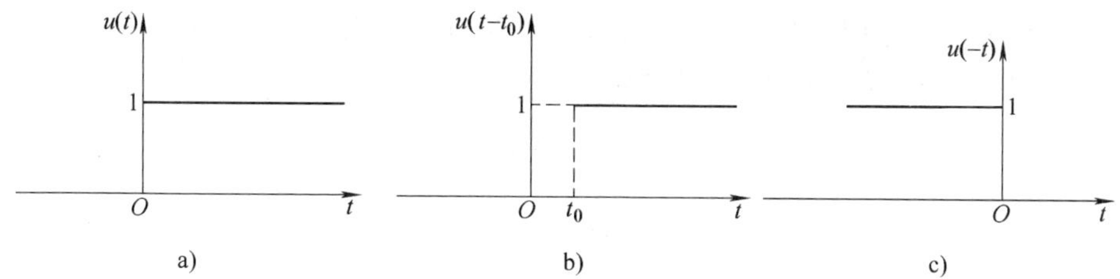

图 1-9　与单位阶跃信号相关的几种波形

阶跃信号具有“切除”作用。任意信号$f(t)$乘以阶跃信号$u(t-t_0)$后，其乘积在t_0之前为零，在阶跃之后保持原$f(t)$值。而$f(t)$乘以$[u(t-t_0)-u(t-t_1)]$，其结果相当于保持原$f(t)$在$[t_0,t_1]$区间的值，其他时段$f(t)=0$。

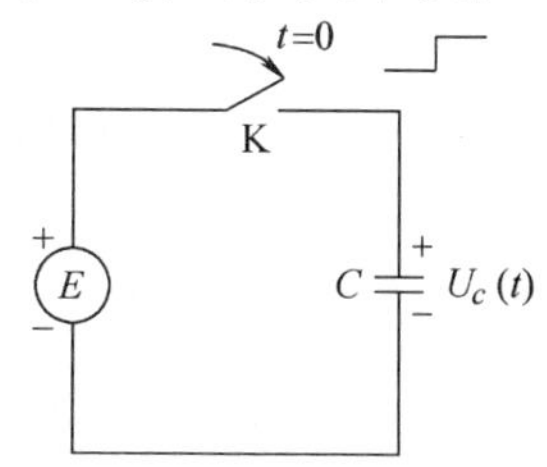

图 1-10　简单电容充电电路

人们常利用阶跃信号来描述电路开、关的情况。图 1-10 表示电路在$t=0$的瞬间接通电压为E的直流电压源，在忽略充电回路电阻的情况下，电容两点间的电压$U_C(t)$可以表示为如下的阶跃信号

$$U_C(t)=\begin{cases}E & (t>0)\\ 0 & (t<0)\end{cases}$$

利用阶跃信号可以方便地表示很多信号。常把图 1-11 所示的矩形波形称为门函数$g_\tau(t)$，可以表示为$g_\tau(t)=u\left(t+\dfrac{\tau}{2}\right)-u\left(t-\dfrac{\tau}{2}\right)$。

另外，对阶跃信号积分，有

$$\int_{-\infty}^{t}u(\tau)\mathrm{d}\tau=\int_0^t 1\mathrm{d}\tau=tu(t) \qquad (1.2\text{-}3)$$

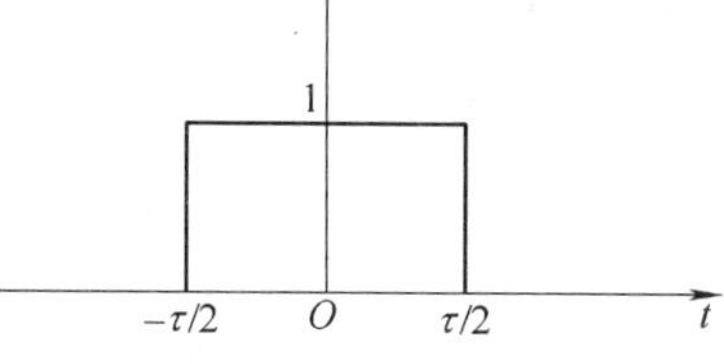

图 1-11　门函数

2. 冲激信号

（1）冲激信号的定义

单位冲激信号（也称冲激函数）用$\delta(t)$表示，可理解为脉宽为τ、幅度为$\dfrac{1}{\tau}$的矩形脉冲在$\tau\to0$时的极限，即

$$\delta(t)=\lim_{\tau\to0}\frac{1}{\tau}\left[u\left(t+\frac{\tau}{2}\right)-u\left(t-\frac{\tau}{2}\right)\right] \qquad (1.2\text{-}4)$$

图 1-12 给出了$\tau\to0$时，矩形脉冲的变化过程。

在极限情况下，就得到了这样一个冲激信号$\delta(t)$，其在$t\neq0$时，函数值均为零，在$t=0$时，函数值为无限大，而且脉冲面积为 1，即

$$\left.\begin{aligned}&\int_{-\infty}^{\infty}\delta(t)\mathrm{d}t=1\\ &\delta(t)=0,t\neq0\end{aligned}\right\} \qquad (1.2\text{-}5)$$

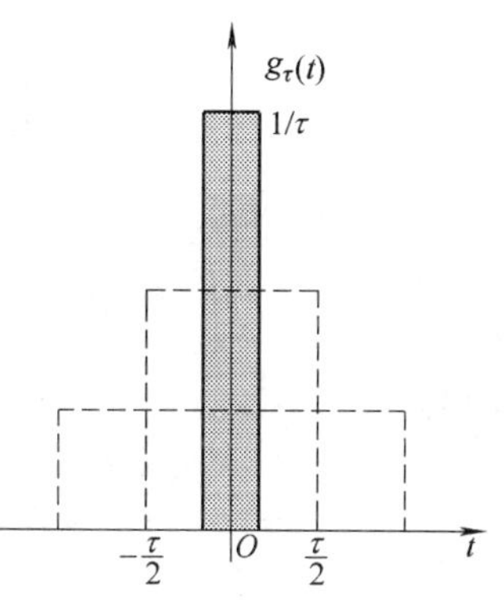

图 1-12　矩形脉冲的变化过程

这就是单位冲激信号的狄拉克（Dirac）定义，其波形如图 1-13 所示。

可见，单位冲激信号用一箭头表示，箭头旁标注（1），称为冲激强度。

设 t_0 为正实数，则 $\delta(t-t_0)$的定义式为

$$\begin{cases}\int_{-\infty}^{\infty}\delta(t-t_0)\,\mathrm{d}t=1\\ \delta(t-t_0)=0 \quad t\neq t_0\end{cases} \tag{1.2-6}$$

其波形如图 1-14 所示。

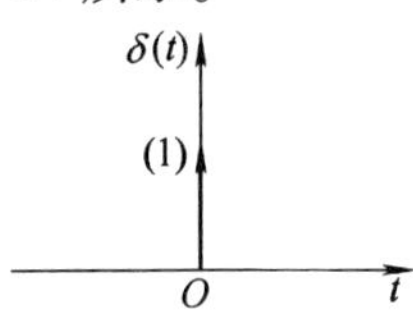

图 1-13　单位冲激信号

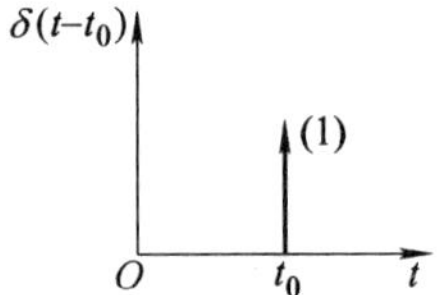

图 1-14　$\delta(t-t_0)$的波形

当 $\delta(t)$乘以某一常数 A 时，冲激信号的强度就是单位冲激信号的 A 倍，如图 1-15 所示。由于 $\int_{-\infty}^{\infty}A\delta(t)\,\mathrm{d}t=A\int_{-\infty}^{\infty}\delta(t)\,\mathrm{d}t=A$，所以冲激信号 $A\delta(t)$的冲激强度为 A，图 1-15 中箭头旁标注（A）。

冲激信号常常用来表征作用时间极短，量值很大的物理现象。

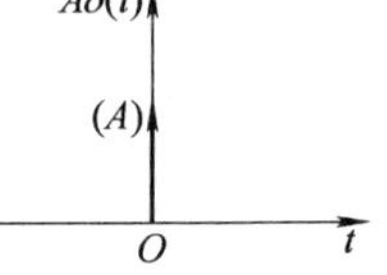

图 1-15　冲激信号 $A\delta(t)$

（2）冲激信号的性质

1）筛选性

$$f(t)\delta(t)=f(0)\delta(t) \tag{1.2-7}$$

$$f(t)\delta(t-t_0)=f(t_0)\delta(t-t_0) \tag{1.2-8}$$

2）取样性

$$\int_{-\infty}^{\infty}f(t)\delta(t)\,\mathrm{d}t=\int_{-\infty}^{\infty}f(0)\delta(t)\,\mathrm{d}t=f(0)\int_{-\infty}^{\infty}\delta(t)\,\mathrm{d}t=f(0) \tag{1.2-9}$$

$$\int_{-\infty}^{\infty}f(t)\delta(t-t_0)\,\mathrm{d}t=\int_{-\infty}^{\infty}f(t_0)\delta(t-t_0)\,\mathrm{d}t=f(t_0)\int_{-\infty}^{\infty}\delta(t-t_0)\,\mathrm{d}t=f(t_0) \tag{1.2-10}$$

3）尺度变换

$$\delta(at)=\frac{1}{|a|}\delta(t) \tag{1.2-11}$$

证明：$a>0$ 时

$$\int_{-\infty}^{\infty}\delta(at)\,\mathrm{d}t\;\underline{\underline{at=\tau}}\;\frac{1}{a}\int_{-\infty}^{\infty}\delta(\tau)\,\mathrm{d}\tau=\frac{1}{a}$$

$a<0$ 时

$$\int_{-\infty}^{\infty}\delta(at)\,\mathrm{d}t\;\underline{\underline{at=\tau}}\;\frac{1}{a}\int_{\infty}^{-\infty}\delta(\tau)\,\mathrm{d}\tau=-\frac{1}{a}\int_{-\infty}^{\infty}\delta(\tau)\,\mathrm{d}\tau=-\frac{1}{a}$$

又因为

$$\int_{-\infty}^{\infty}\frac{1}{|a|}\delta(t)\,\mathrm{d}t=\frac{1}{|a|}$$

综合 $a>0$，$a<0$ 两种情况，得 $\delta(at)=\frac{1}{|a|}\delta(t)$。

类推可以得到$\delta(at)$的一阶导数为

$$\delta'(at)=\frac{1}{|a|}\frac{1}{a}\delta'(t) \tag{1.2-12}$$

以及$\delta(at)$的n阶导数为

$$\delta^{(n)}(at)=\frac{1}{|a|}\frac{1}{a^n}\delta^{(n)}(t) \tag{1.2-13}$$

4）奇偶性

利用式（1.2-13）来分析$\delta(t)$的奇偶性是比较方便的。令$a=-1$，得

$$\delta^{(n)}(-t)=(-1)^n\delta^{(n)}(t) \tag{1.2-14}$$

n为偶数时，有

$$\delta^{(n)}(-t)=\delta^{(n)}(t) \qquad n=0,2,4,\cdots \tag{1.2-15}$$

n为奇数时，有

$$\delta^{(n)}(-t)=-\delta^{(n)}(t) \qquad n=1,3,5,\cdots \tag{1.2-16}$$

这样，得到

$$\delta(-t)=\delta(t) \tag{1.2-17}$$

$$\delta'(-t)=-\delta'(t) \tag{1.2-18}$$

即$\delta(t)$是偶函数，而$\delta'(t)$是奇函数。

5）$\delta(t)$与$u(t)$互为微分与积分的关系

$$u(t)=\int_{-\infty}^{t}\delta(\tau)\mathrm{d}\tau \tag{1.2-19}$$

$$\delta(t)=\frac{\mathrm{d}}{\mathrm{d}t}u(t) \tag{1.2-20}$$

证明：因为当$t>0$时，有$\int_{-\infty}^{t}\delta(\tau)\mathrm{d}\tau=1$

当$t<0$时，有$\int_{-\infty}^{t}\delta(\tau)\mathrm{d}\tau=0$

所以

$$\int_{-\infty}^{t}\delta(\tau)\mathrm{d}\tau=u(t)$$

$$\frac{\mathrm{d}}{\mathrm{d}t}u(t)=\frac{\mathrm{d}}{\mathrm{d}t}\int_{-\infty}^{t}\delta(\tau)\mathrm{d}\tau=\delta(t)$$

例 1-3 求下列积分。

（1）$\int_{-\infty}^{\infty}\delta(t)\frac{\sin(2t)}{t}\mathrm{d}t$

（2）$\int_{-\infty}^{\infty}\delta(t-6)u(t-4)\mathrm{d}t$

解：

（1）$\int_{-\infty}^{\infty}\delta(t)\frac{\sin(2t)}{t}\mathrm{d}t=\int_{-\infty}^{\infty}2\delta(t)\frac{\sin(2t)}{2t}\mathrm{d}t=2$

（2）$\int_{-\infty}^{\infty}\delta(t-6)u(t-4)\mathrm{d}t=\int_{4}^{\infty}\delta(t-6)\times 1\mathrm{d}t=1$

（3）复合函数形式的冲激信号

对于形如$\delta[f(t)]$的冲激信号，其中$f(t)$是普通信号。设$f(t)=0$有m个互不相等的实根t_i，则在任一单根t_i附近足够小的邻域内，$f(t)$可展开为泰勒级数，考虑到$f(t_i)=0$，并忽略高次项，有

$$f(t)=f(t_i)+f'(t_i)(t-t_i)+\frac{1}{2}f''(t_i)(t-t_i)^2+\cdots\approx f'(t_i)(t-t_i) \tag{1.2-21}$$

由于t_i是单根，故$f'(t_i)\neq 0$，可以看成某常数a，根据尺度变换性质，有

$$\delta[f(t)]=\delta[f'(t_i)(t-t_i)]=\frac{1}{|f'(t_i)|}\delta(t-t_i) \tag{1.2-22}$$

这样，若$f(t)=0$有m个互不相等的实根（如果$f(t)=0$有重根，$\delta[f(t)]$没有意义），则有

$$\delta[f(t)]=\sum_{i=1}^{m}\frac{1}{|f'(t_i)|}\delta(t-t_i) \tag{1.2-23}$$

例 1-4 求$\int_{-\infty}^{\infty}\delta(t^2-4)\mathrm{d}t$。

解：

$$f'(t)=(t^2-4)'\Big|_{t=\pm 2}=\pm 4$$

由（1.2-23）式得

$$\delta(t^2-4)=\frac{1}{4}[\delta(t-2)+\delta(t+2)]$$

所以
$$\int_{-\infty}^{\infty}\delta(t^2-4)\mathrm{d}t=\int_{-\infty}^{\infty}\frac{1}{4}[\delta(t-2)+\delta(t+2)]\mathrm{d}t=\frac{1}{4}+\frac{1}{4}=\frac{1}{2}$$

3. 单位冲激偶函数

（1）单位冲激偶函数的定义

单位冲激偶函数可通过对矩形脉冲求一阶导数再取极限而引出其定义。脉宽为τ、幅度为$\frac{1}{\tau}$的矩形脉冲为

$$f(t)=\frac{1}{\tau}\left[u\left(t+\frac{\tau}{2}\right)-u\left(t-\frac{\tau}{2}\right)\right]$$

其波形为图 1-16 所示。其导数为$f'(t)=\frac{1}{\tau}\left[\delta\left(t+\frac{\tau}{2}\right)-\delta\left(t-\frac{\tau}{2}\right)\right]$，波形如图 1-17 所示。

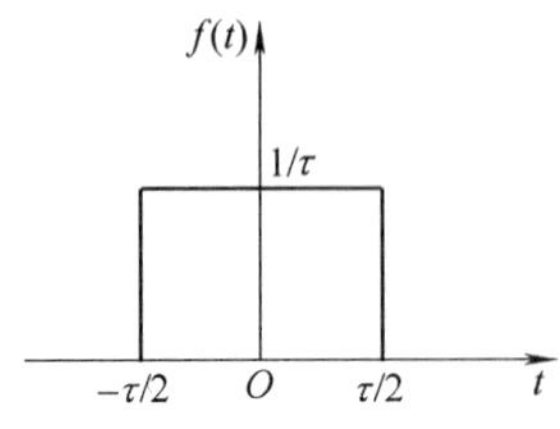

图 1-16 脉宽为τ、幅度为$1/\tau$的矩形脉冲

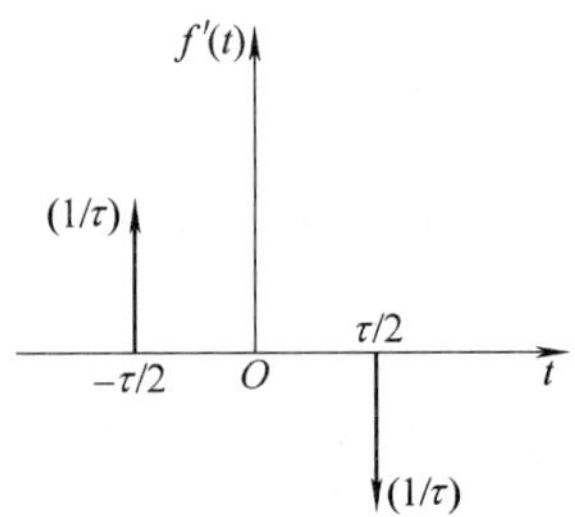

图 1-17 对矩形脉冲求导的波形

可见$f'(t)$是一正一负两个强度均为$\frac{1}{\tau}$的冲激信号，又因为

$$\delta(t)=\lim_{\tau\to 0}f(t)$$

故
$$\delta'(t)=\frac{\mathrm{d}}{\mathrm{d}t}\delta(t)=\frac{\mathrm{d}}{\mathrm{d}t}\lim_{\tau\to 0}f(t)=\lim_{\tau\to 0}\frac{\mathrm{d}}{\mathrm{d}t}f(t)=\lim_{\tau\to 0}f'(t)$$

$\delta'(t)$称为单位冲激偶函数。

（2）单位冲激偶函数的性质

1）因为$\delta'(t)$是奇函数，所以

$$\int_{-\infty}^{\infty}\delta'(t)\mathrm{d}t=0 \tag{1.2-24}$$

2）$\int_{-\infty}^{t}\delta'(\tau)\mathrm{d}\tau=\delta(t)$ （1.2-25）

3）$f(t)\delta'(t)=f(0)\delta'(t)-f'(0)\delta(t)$ （1.2-26）

证明：因为
$$[f(t)\delta(t)]'=f'(t)\delta(t)+f(t)\delta'(t)$$

所以

$$f(t)\delta'(t)=[f(t)\delta(t)]'-f'(t)\delta(t)$$
$$=[f(0)\delta(t)]'-f'(0)\delta(t)=f(0)\delta'(t)-f'(0)\delta(t)$$

推广，有

$$f(t)\delta'(t-t_0)=f(t_0)\delta'(t-t_0)-f'(t_0)\delta(t-t_0) \tag{1.2-27}$$

4）$\int_{-\infty}^{\infty}f(t)\delta'(t)\mathrm{d}t=-f'(0)$ （1.2-28）

证明：

$$\int_{-\infty}^{\infty}f(t)\delta'(t)\mathrm{d}t$$
$$=\int_{-\infty}^{\infty}f(0)\delta'(t)\mathrm{d}t-\int_{-\infty}^{\infty}f'(0)\delta(t)\mathrm{d}t$$
$$=f(0)\int_{-\infty}^{\infty}\delta'(t)\mathrm{d}t-f'(0)\int_{-\infty}^{\infty}\delta(t)\mathrm{d}t$$
$$=-f'(0)$$

推广，有

$$\int_{-\infty}^{\infty}f(t)\delta^{(n)}(t)\mathrm{d}t=(-1)^n f^{(n)}(0) \tag{1.2-29}$$

$$\int_{-\infty}^{\infty}f(t)\delta'(t-t_0)\mathrm{d}t=-f'(t_0) \tag{1.2-30}$$

$$\int_{-\infty}^{\infty}f(t)\delta^{(n)}(t-t_0)\mathrm{d}t=(-1)^n f^{(n)}(t_0) \tag{1.2-31}$$

4. 斜坡信号

单位斜坡信号$r(t)$的定义为

$$r(t)=tu(t)=\begin{cases}t & (t>0)\\0 & (t\leqslant 0)\end{cases} \tag{1.2-32}$$

其波形如图1-18所示。

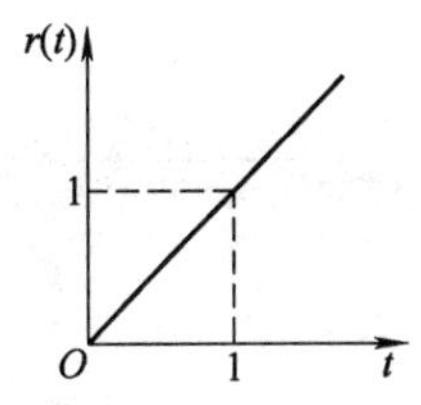

图1-18　单位斜坡信号

$r(t)$与$u(t)$之间的关系为

$$r(t) = \int_{-\infty}^{t} u(\tau)\mathrm{d}\tau \tag{1.2-33}$$

$$\frac{\mathrm{d}}{\mathrm{d}t}r(t) = u(t) \tag{1.2-34}$$

5. 符号函数 sgn(t)

符号函数 sgn(t)的定义为

$$\mathrm{sgn}(t) = \begin{cases} 1 & t > 0 \\ 0 & t = 0 \\ -1 & t < 0 \end{cases} \tag{1.2-35}$$

其波形如图 1-19 所示。

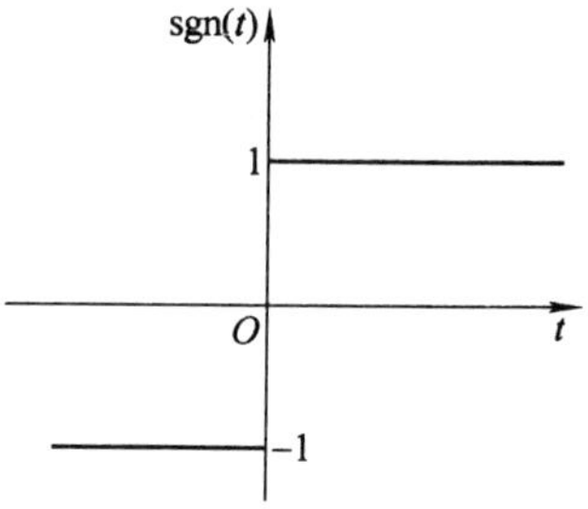

很明显，符号函数又可表示为

$$\mathrm{sgn}(t) = u(t) - u(-t) = 2u(t) - 1$$

图 1-19 符号函数

6. 取样信号

取样信号定义为

$$Sa(t) = \frac{\sin t}{t} \quad -\infty < t < \infty \tag{1.2-36}$$

取样信号有如下性质：

1) $\lim\limits_{t \to 0} \dfrac{\sin t}{t} = 1$ (1.2-37)

2) $Sa(k\pi) = 0, \ k = \pm 1, \pm 2, \pm 3, \cdots$ (1.2-38)

3) $\int_{-\infty}^{\infty} \dfrac{\sin t}{t}\mathrm{d}t = \pi$ (1.2-39)

1.2.2 常用离散信号及其性质

1. 单位序列 $\delta(n)$

单位序列$\delta(n)$的定义为

$$\delta(n) = \begin{cases} 1 & n = 0 \\ 0 & n \neq 0 \end{cases} \tag{1.2-40}$$

其波形如图 1-20a 所示。图 1-20b 是$\delta(n)$移位n_0单位所得$\delta(n - n_0)$的波形。

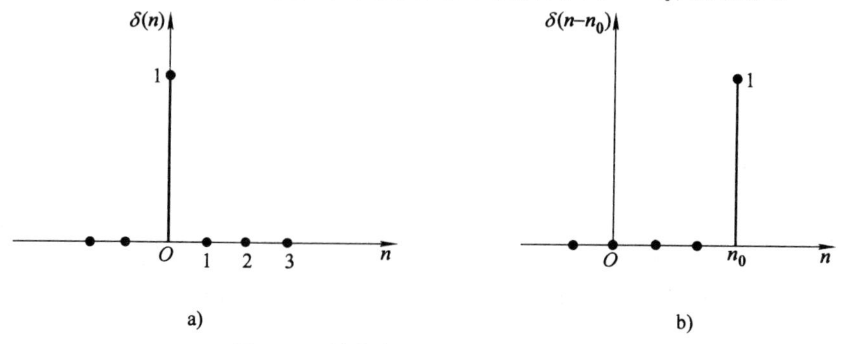

图 1-20 单位序列及单位序列的移位

单位序列性质:

1) $f(n)\delta(n)=f(0)\delta(n)$ (1.2-41)

2) $f(n)\delta(n-n_0)=f(n_0)\delta(n-n_0)$ (1.2-42)

由于 $\delta(n-n_0)$ 只在 $n=n_0$ 时为 1，其他 n 值时为零，故上两式体现了 $\delta(n)$ 的取样性质。

2. 单位阶跃序列 $\boldsymbol{u}(n)$

单位阶跃序列 $u(n)$ 的定义为

$$u(n)=\begin{cases}1 & n\geqslant 0\\ 0 & n<0\end{cases} \tag{1.2-43}$$

其波形如图 1-21a 所示。若将 $u(n)$ 移位 n_0，得

$$u(n-n_0)=\begin{cases}1 & n\geqslant n_0\\ 0 & n<n_0\end{cases} \tag{1.2-44}$$

其波形如图 1-21b 所示。

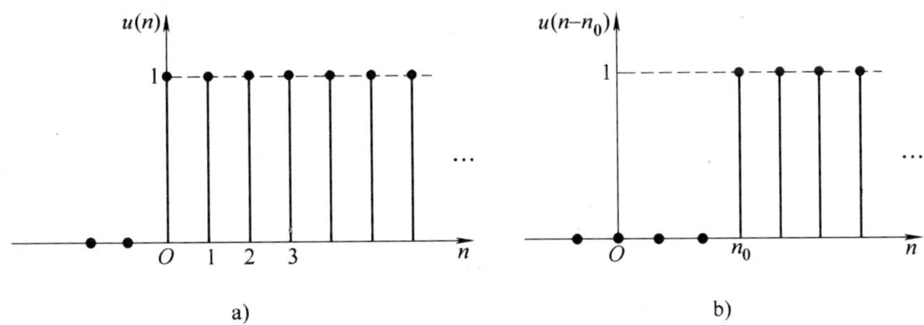

图 1-21 单位阶跃序列及单位阶跃序列的移位

用单位阶跃序列可以产生或表示单边序列。例如，对序列

$$f(n)=\begin{cases}3^n, n\geqslant 1\\ 0, n<1\end{cases}$$

利用移位的阶跃序列，可将 $f(n)$ 表示为

$$f(n)=3^n u(n-1)$$

对应于连续时间域中

$$\delta(t)=\frac{\mathrm{d}u(t)}{\mathrm{d}t} \tag{1.2-45}$$

在离散时间域中是差分关系

$$\delta(n)=u(n)-u(n-1) \tag{1.2-46}$$

对应于连续时间域中 $u(t)$ 与 $\delta(t)$ 是积分关系

$$u(t)=\int_{-\infty}^{t}\delta(\tau)\mathrm{d}\tau \tag{1.2-47}$$

在离散时间域中 $u(n)$ 与 $\delta(n)$ 是求和关系

$$u(n)=\sum_{j=-\infty}^{n}\delta(j) \tag{1.2-48}$$

式（1.2-48）中，若令 $j=n-i$，则当 $j=-\infty$ 时，$i=\infty$，当 $j=n$ 时，$i=0$，上式可写为

$$u(n)=\sum_{j=-\infty}^{n}\delta(j)=\sum_{i=\infty}^{0}\delta(n-i)=\sum_{i=0}^{\infty}\delta(n-i) \tag{1.2-49}$$

对照图 1-21a，式（1.2-49）的含义是很明显的。

和连续信号类似，常用离散信号还有矩形序列 $g_N(n)=u(n)-u(n-N)$，斜变序列 $r(n)=nu(n)$，指数序列 $a^n u(n)$，正弦序列 $\sin n\omega_0$，复指数序列 $e^{j\omega_0 n}$ 等。

1.3 信号的基本运算

1.3.1 信号的相加和相乘

信号的运算从数学意义上来说，就是将信号经过一定的数学运算转变为另一信号。两个信号相加，其和信号在任意时刻的信号值等于两信号在该时刻的信号值之和。

$$f(\cdot)=f_1(\cdot)+f_2(\cdot) \tag{1.3-1}$$

两个信号相乘，其积信号在任意时刻的信号值等于两信号在该时刻的信号值之积。

$$f(\cdot)=f_1(\cdot)\cdot f_2(\cdot) \tag{1.3-2}$$

1.3.2 信号的平移

如图 1-22 所示，将信号沿时间轴作平移，得到一个新的信号。对于连续信号 $f(t)$，若有常数 $t_0>0$，信号 $f(t-t_0)$ 是将原信号沿正 t 轴平移 t_0 时间，而 $f(t+t_0)$ 是将原信号沿负 t 轴平移 t_0 时间。对于离散信号 $f(n)$，若有整数 $n_0>0$，信号 $f(n-n_0)$ 是将原序列沿正 n 轴平移 n_0 个单位，而 $f(n+n_0)$ 是将原序列沿负 n 轴平移 n_0 个单位。

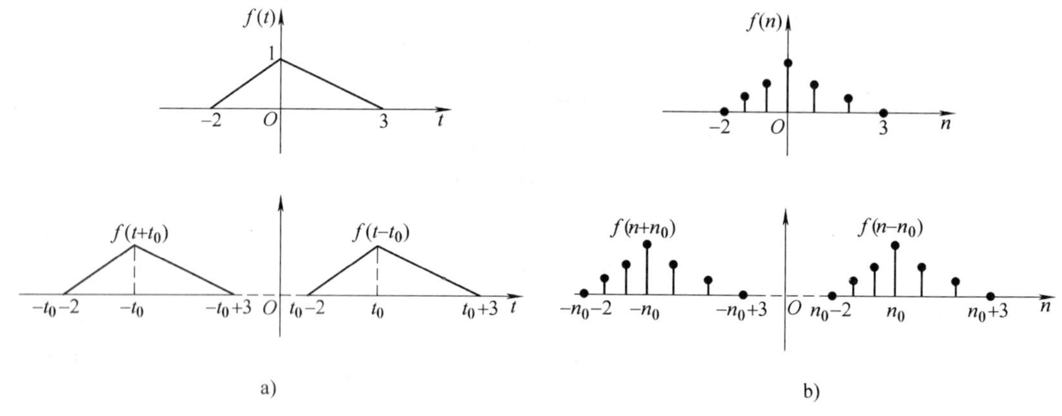

图 1-22 信号的平移

a) $f(t)$ 的平移（$t_0>0$） b) $f(n)$ 的平移（$n_0>0$）

1.3.3 信号的尺度变换与反转

将信号 $f(t)$ 的横坐标的尺寸展宽或压缩称为信号的尺度变换。可用变量 at（a 为非零常数）替代原信号 $f(t)$ 的自变量 t，得到信号 $f(at)$。

如果 a 为正数，当 $a>1$ 时，$f(at)$ 是将 $f(t)$ 以原点为基准，横轴压缩到原来的 $1/a$ 倍；当 $0<a<1$ 时，$f(at)$ 是将 $f(t)$ 横轴展宽至原来的 $\frac{1}{a}$ 倍。

信号的反转是将信号$f(t)$或$f(n)$中的自变量t（或n）换为$-t$（或$-n$），即将信号绕纵轴作180°反转。把原信号$f(t)$（或$f(n)$）在t（或n）时刻的值变换为$-t$（或$-n$）时刻的值。

例 1-5 已知信号$f(t)$的波形如图 1-23a 所示，画出信号$f(-2t-3)$的波形。

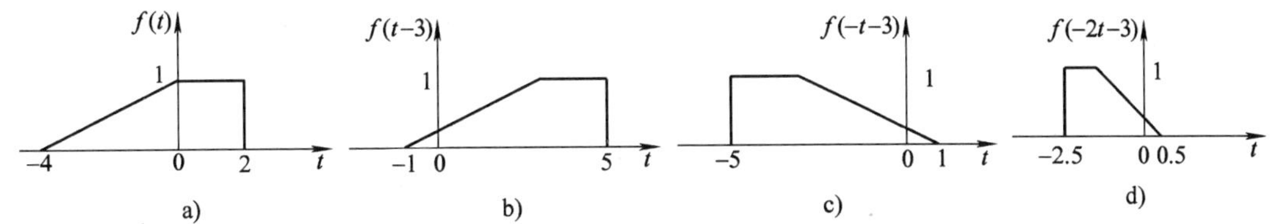

图 1-23　波形变换过程

解：思路：平移、反转、尺度变换三者结合，三种运算的次序可任意（根据组合原则，有 6 种选择），但一定要注意始终对时间t进行运算。

本题分下面三步来完成：

1）先将原信号$f(t)$的波形沿时间轴向右平移 3 个单位，得信号$f(t-3)$，如图 1-23b 所示。

2）然后进行反转，即将信号$f(t-3)$以纵轴为对称轴对折过来，得信号$f(-t-3)$，如图 1-23c 所示。

3）最后进行尺度变换，即将信号$f(-t-3)$沿时间轴压缩到原来的 1/2 倍，得信号$f(-2t-3)$，如图 1-23d 所示。

1.3.4　信号的时域分解

1. 信号的奇偶分解

信号的偶分量定义为

$$f_e(t)=f_e(-t) \tag{1.3-3}$$

信号的奇分量定义为

$$f_o(t)=-f_o(-t) \tag{1.3-4}$$

任意一个信号都可以表示成奇分量和偶分量之和

$$f(t)=f_e(t)+f_o(t) \tag{1.3-5}$$

则有

$$f_e(t)=\frac{1}{2}[f(t)+f(-t)] \tag{1.3-6}$$

$$f_o(t)=\frac{1}{2}[f(t)-f(-t)] \tag{1.3-7}$$

信号及信号的奇分量和偶分量如图 1-24 所示。

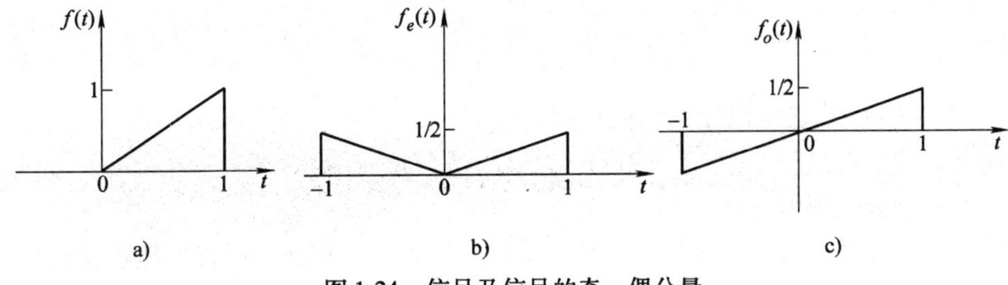

图 1-24　信号及信号的奇、偶分量

2. 信号的脉冲分解

任意一个连续信号都可以用脉冲信号相叠加来近似表示，如图 1-25a 所示。

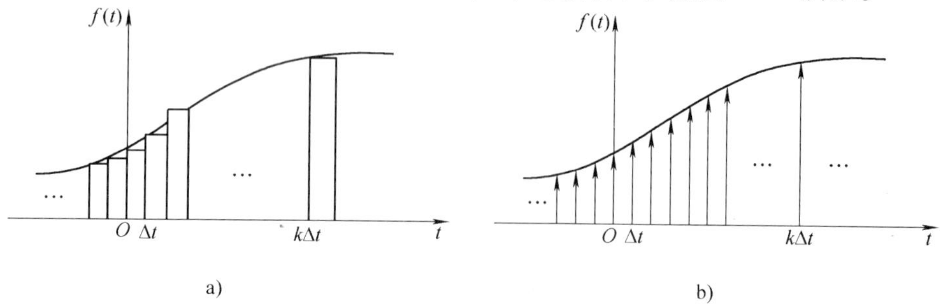

图 1-25 信号 $f(t)$ 分解成窄脉冲

每个矩形脉冲可以表示为

$$f_k(t)=f(k\Delta t)[u(t-k\Delta t)-u(t-(k+1)\Delta t)]$$

则

$$\begin{aligned}f(t)&\approx\cdots+f(0)[u(t)-u(t-\Delta t)]+f(\Delta t)[u(t-\Delta t)-u(t-2\Delta t)]\\&\quad+\cdots+f(k\Delta t)[u(t-k\Delta t)-u(t-k\Delta t-\Delta t)]+\cdots\\&=\sum_{k=-\infty}^{\infty}f(k\Delta t)[u(t-k\Delta t)-u(t-k\Delta t-\Delta t)]\\&=\sum_{k=-\infty}^{\infty}f(k\Delta t)\frac{[u(t-k\Delta t)-u(t-k\Delta t-\Delta t)]}{\Delta t}\Delta t\end{aligned}$$

当 $\Delta t\to 0$ 时，$k\Delta t\to\tau$，$\Delta t\to \mathrm{d}\tau$，则

$$\frac{u(t-k\Delta t)-u(t-k\Delta t-\Delta t)}{\Delta t}\to\delta(t-\tau)$$

所以

$$f(t)=\int_{-\infty}^{\infty}f(\tau)\delta(t-\tau)\mathrm{d}\tau \tag{1.3-8}$$

这就是在时域中任意信号可以分解为无限多个冲激信号相叠加，如图 1-25b 所示。式（1.3-8）的积分称为卷积积分。

1.3.5 信号的卷积积分与卷积和

1. 卷积积分

（1）卷积积分的定义

一般而言，如果有两个信号 $f_1(t)$ 和 $f_2(t)$，积分

$$f(t)=\int_{-\infty}^{\infty}f_1(\tau)f_2(t-\tau)\mathrm{d}\tau \tag{1.3-9}$$

定义为 $f_1(t)$ 与 $f_2(t)$ 的卷积积分，简称卷积。记作

$$f(t)=f_1(t)*f_2(t) \tag{1.3-10}$$

（2）卷积积分的图解方法

卷积积分的图解方法可以形象地说明卷积积分的含义，有助于更好地理解卷积积分的概念。现在举例说明卷积积分的图解方法。

例 1-6 设有信号$f_1(t)$和$f_2(t)$的波形如图 1-26a、b 所示，计算卷积积分

$$f(t) = f_1(t) * f_2(t) = \int_{-\infty}^{\infty} f_1(\tau) f_2(t-\tau)\mathrm{d}\tau$$

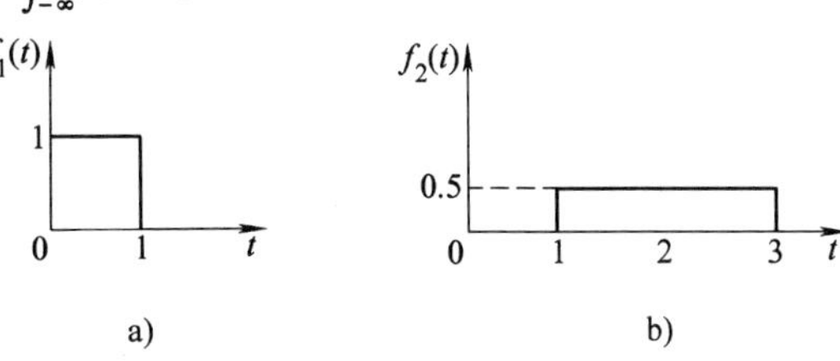

图 1-26 两信号波形

计算过程如下：

将变量t更换为变量τ，$f_2(\tau)$反转成$f_2(-\tau)$，将$f_2(-\tau)$沿τ轴平移时间t就得到$f_2(t-\tau)$。

1）当$-1+t<0$即$t<1$时，如图 1-27a 所示。$f_1(\tau)$和$f_2(t-\tau)$没有公共的重叠部分，故卷积积分

$$f(t) = f_1(t) * f_2(t) = 0$$

2）当$0 \leqslant -1+t<1$即$1 \leqslant t<2$时，如图 1-27b 所示。

$$f(t) = \int_0^{-1+t} f_1(\tau) f_2(t-\tau)\mathrm{d}\tau = \int_0^{-1+t} 1 \times \frac{1}{2}\mathrm{d}\tau = \frac{1}{2}(t-1)$$

即为阴影部分的面积。

3）当$1 \leqslant -1+t$且$-3+t<0$即$2 \leqslant t<3$时，如图 1-27c 所示。

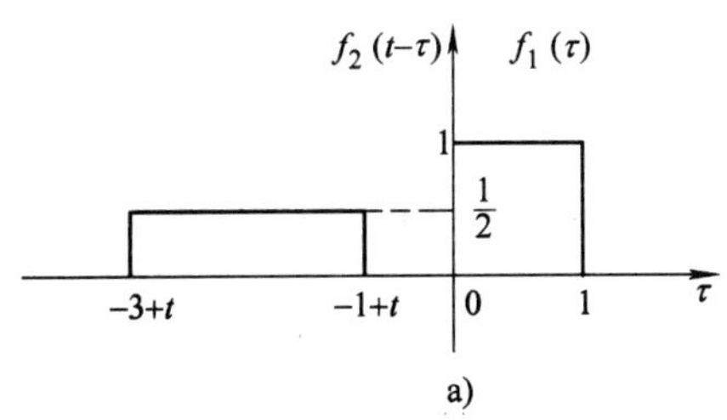

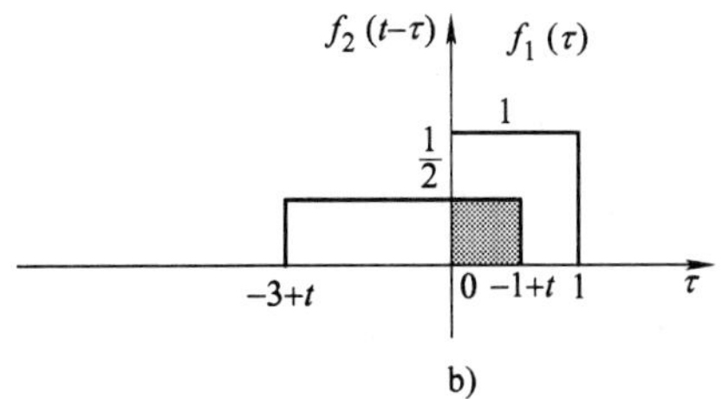

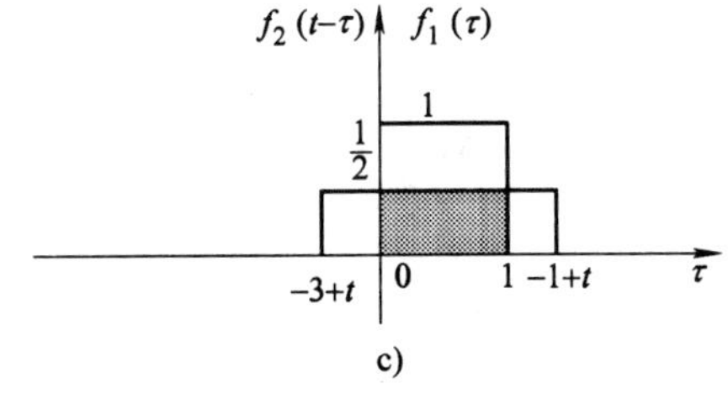

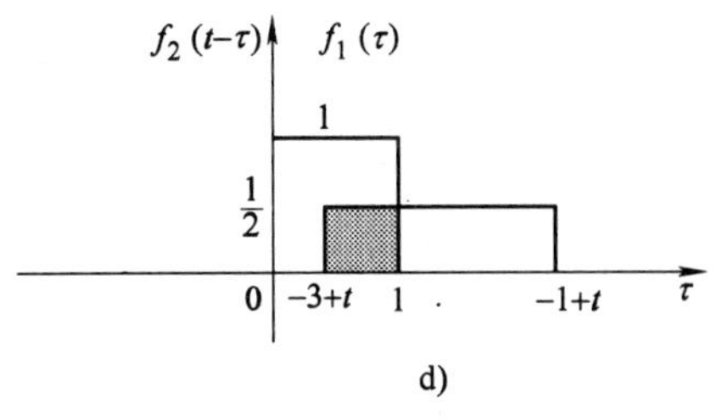

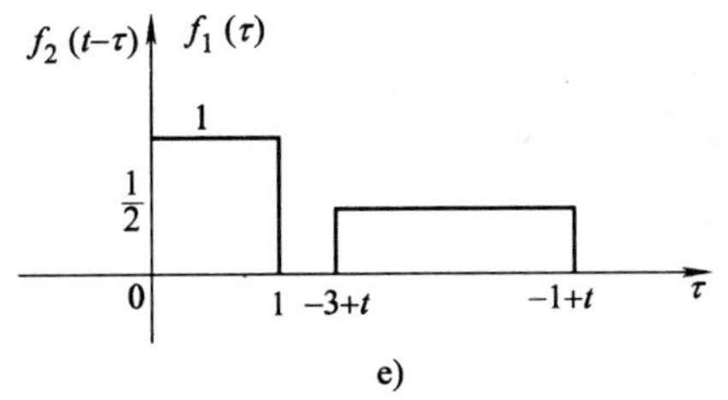

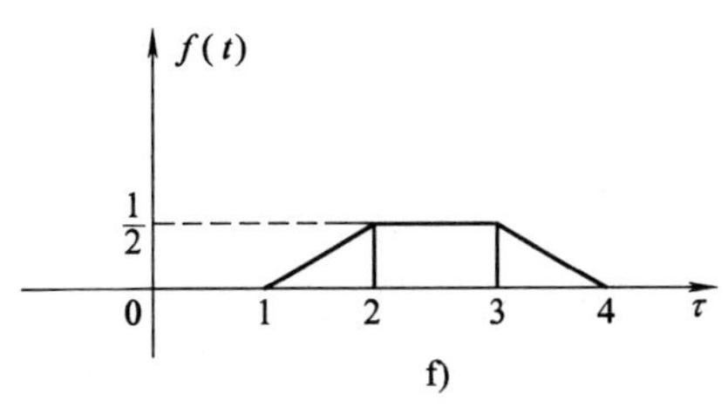

图 1-27 卷积积分的图解过程

$$f(t) = \int_0^1 f_1(\tau) f_2(t-\tau)\,\mathrm{d}\tau = \int_0^1 1 \times \frac{1}{2}\mathrm{d}\tau = \frac{1}{2}$$

即为阴影部分的面积。

4）当 $0 \leqslant -3+t<1$ 即 $3 \leqslant t<4$ 时，如图 1-27d 所示。

$$f(t) = \int_{-3+t}^1 f_1(\tau) f_2(t-\tau)\,\mathrm{d}\tau = \int_{-3+t}^1 1 \times \frac{1}{2}\mathrm{d}\tau = \frac{1}{2}(4-t)$$

即为阴影部分的面积。

5）当 $-3+t \geqslant 1$ 即 $t \geqslant 4$ 时，如图 1-27e 所示。$f_1(\tau)$ 和 $f_2(t-\tau)$ 没有公共的重叠部分，故卷积积分

$$f(t) = f_1(t) * f_2(t) = 0$$

综上所述，卷积积分结果为

$$f(t) = f_1(t) * f_2(t) = \begin{cases} 0 & t<1 \\ 0.5(t-1) & 1 \leqslant t<2 \\ 0.5 & 2 \leqslant t<3 \\ 0.5(4-t) & 3 \leqslant t<4 \\ 0 & t \geqslant 4 \end{cases}$$

卷积积分波形如图 1-27f 所示。

由上述图解法可以看出，卷积积分是由反转、平移、相乘、积分这些基本运算组合而成，在平移过程中如果两信号波形不能重叠，即表示相乘为零，卷积积分结果也就等于零。

（3）卷积积分的性质

卷积积分是一种数学运算方法，具有一些有用的基本性质。利用这些性质可以使卷积积分运算简化。

1）卷积积分代数性质

①交换律　设有 $f_1(t)$ 和 $f_2(t)$ 两个信号，则

$$f_1(t) * f_2(t) = f_2(t) * f_1(t) \tag{1.3-11}$$

要证明这个关系，只要把积分变量 τ 换成 $t-x$ 即可，由此得

$$f_1(t) * f_2(t) = \int_{-\infty}^{\infty} f_1(\tau) f_2(t-\tau)\,\mathrm{d}\tau = \int_{-\infty}^{\infty} f_2(x) f_1(t-x)\,\mathrm{d}x$$

②分配律　设有 $f_1(t)$、$f_2(t)$ 和 $f_3(t)$ 三个信号，则

$$f_1(t) * [f_2(t) + f_3(t)] = f_1(t) * f_2(t) + f_1(t) * f_3(t) \tag{1.3-12}$$

这个关系是显而易见的，根据卷积积分的定义即可证得

$$\begin{aligned} f_1(t) * [f_2(t) + f_3(t)] &= \int_{-\infty}^{\infty} f_1(\tau)[f_2(t-\tau) + f_3(t-\tau)]\,\mathrm{d}\tau \\ &= \int_{-\infty}^{\infty} f_1(\tau) f_2(t-\tau)\,\mathrm{d}\tau + \int_{-\infty}^{\infty} f_1(\tau) f_3(t-\tau)]\,\mathrm{d}\tau \\ &= f_1(t) * f_2(t) + f_1(t) * f_3(t) \end{aligned}$$

③结合律　设有 $f_1(t)$、$f_2(t)$ 和 $f_3(t)$ 三个信号，则

$$f_1(t) * [f_2(t) * f_3(t)] = [f_1(t) * f_2(t)] * f_3(t) \tag{1.3-13}$$

综上所述，卷积积分在一定程度上与代数中的乘法运算颇为相似。把上面一些基本性质综合运用，还可以得出一些其他的卷积积分关系。但是，两个信号的卷积积分毕竟不同于两

个信号相乘，所以上述相似关系不能随意引申。例如，两个信号卷积积分后的微分和积分就不能应用两个信号相乘后的微分和积分的规律了。

2）卷积积分的微积分性质

①信号卷积积分后的微分

两个信号卷积积分后的导数等于两个信号中之一的导数与另一信号的卷积积分。即

$$\frac{d}{dt}[f_1(t)*f_2(t)]=f_1(t)*\frac{df_2(t)}{dt}=\frac{df_1(t)}{dt}*f_2(t) \tag{1.3-14}$$

这一关系可用卷积积分的定义直接证明如下：

$$\begin{aligned}\frac{d}{dt}[f_1(t)*f_2(t)]&=\frac{d}{dt}\int_{-\infty}^{\infty}f_1(\tau)f_2(t-\tau)d\tau\\&=\int_{-\infty}^{\infty}f_1(\tau)\frac{df_2(t-\tau)}{dt}d\tau\\&=f_1(t)*\frac{df_2(t)}{dt}\end{aligned}$$

同样可以证明：

$$\frac{d}{dt}[f_1(t)*f_2(t)]=f_2(t)*\frac{df_1(t)}{dt}$$

因为$f_1(t)*f_2(t)=f_2(t)*f_1(t)$，所以合并以上关系即可得到式（1.3-14）。

应用上述推演还可以导出相似的高阶导数的公式。

②信号卷积积分后的积分

两个信号卷积积分后的积分等于两个信号之一的积分与另一信号的卷积积分。即

$$\int_{-\infty}^{t}[f_1(x)*f_2(x)]dx=f_1(t)*\left[\int_{-\infty}^{t}f_2(x)dx\right]=\left[\int_{-\infty}^{t}f_1(x)dx\right]*f_2(t) \tag{1.3-15}$$

这一关系也可用卷积积分的定义直接证明。

$$\begin{aligned}\int_{-\infty}^{t}[f_1(x)*f_2(x)]dx&=\int_{-\infty}^{t}\left[\int_{-\infty}^{\infty}f_1(\tau)f_2(x-\tau)d\tau\right]dx\\&=\int_{-\infty}^{\infty}f_1(\tau)\left[\int_{-\infty}^{t}f_2(x-\tau)dx\right]d\tau\\&=f_1(t)*\left[\int_{-\infty}^{t}f_2(x)dx\right]\end{aligned}$$

用同样方法可以证明

$$\int_{-\infty}^{t}[f_2(x)*f_1(x)]dx=f_2(t)*\left[\int_{-\infty}^{t}f_1(x)dx\right]$$

根据$f_1(t)*f_2(t)=f_2(t)*f_1(t)$并合并以上关系，即可得式（1.3-15）。

应用这样的推演，还可以导出相似的多重积分的公式。

由以上关系不难证明

$$f^{(i)}(t)=f_1^{(j)}(t)*f_2^{(i-j)}(t) \tag{1.3-16}$$

式中，当i或j取正整数时表示导数的阶数，取负整数时为重积分的次数。式（1.3-16）表明了卷积积分的高阶导数和多重积分运算规则。应用式（1.3-14）和（1.3-15）两个性质的条件是：$\int_{-\infty}^{t}f'_1(\tau)d\tau=f_1(t)$ 必须成立，即必须有 $\lim\limits_{t\to-\infty}f_1(t)=f_1(-\infty)=0$ 或

$\lim\limits_{t\to-\infty}f_2(t)=f_2(-\infty)=0$，否则不能应用。

③卷积积分的平移性质

两个信号平移后的卷积积分，等于两个信号卷积积分后平移，其平移量为两个信号分别平移量的和，即

如果
$$f_1(t)*f_2(t)=f(t)$$
则有
$$f_1(t-t_1)*f_2(t-t_2)=f(t-t_1-t_2) \tag{1.3-17}$$

这一关系称为卷积积分的平移性质，可由卷积积分的定义直接证明。

$$f_1(t-t_1)*f_2(t-t_2)=\int_{-\infty}^{\infty}f_1(\tau-t_1)f_2(t-t_2-\tau)\,\mathrm{d}\tau$$

令 $\tau-t_1=x$，则

$$\begin{aligned}f_1(t-t_1)*f_2(t-t_2)&=\int_{-\infty}^{\infty}f_1(x)f_2[(t-t_1-t_2)-x]\,\mathrm{d}x\\&=f(t-t_1-t_2)\end{aligned}$$

④与冲激信号或阶跃信号的卷积积分

信号 $f(t)$ 与单位冲激信号 $\delta(t)$ 卷积积分的结果是信号 $f(t)$ 本身，即

$$f(t)*\delta(t)=f(t) \tag{1.3-18}$$

根据卷积积分定义及冲激信号的特性可证明此式。

$$\begin{aligned}f(t)*\delta(t)&=\int_{-\infty}^{\infty}f(\tau)\delta(t-\tau)\,\mathrm{d}\tau\\&=\int_{-\infty}^{\infty}f(\tau)\delta(\tau-t)\,\mathrm{d}\tau\\&=f(t)\end{aligned}$$

利用卷积积分的平移性质，有

$$f(t)*\delta(t-t_0)=f(t-t_0) \tag{1.3-19}$$

利用卷积积分的微分、积分特性，可以得到以下一系列结论。

对于冲激偶 $\delta'(t)$，有

$$f(t)*\delta'(t)=f'(t) \tag{1.3-20}$$

推广到一般情况，可得

$$f(t)*\delta^{(k)}(t)=f^{(k)}(t) \tag{1.3-21}$$
$$f(t)*\delta^{(k)}(t-t_0)=f^{(k)}(t-t_0) \tag{1.3-22}$$

对于单位阶跃信号 $u(t)$，有

$$f(t)*u(t)=\int_{-\infty}^{t}f(\tau)\,\mathrm{d}\tau \tag{1.3-23}$$

对于两个因果信号，有

$$f_1(t)u(t)*f_2(t)u(t)=\int_{0}^{t}f_1(\tau)f_2(t-\tau)\,\mathrm{d}\tau \tag{1.3-24}$$

⑤面积性质

若 $f(t)=f_1(t)*f_2(t)$，则 $f(t)$ 的面积等于 $f_1(t)$ 和 $f_2(t)$ 面积的乘积。

证明：

$$\int_{-\infty}^{\infty}f(t)\,\mathrm{d}t=\int_{-\infty}^{\infty}\int_{-\infty}^{\infty}f_1(\tau)f_2(t-\tau)\,\mathrm{d}\tau\mathrm{d}t$$

$$= \int_{-\infty}^{\infty}\left[\int_{-\infty}^{\infty} f_2(t-\tau)\mathrm{d}t\right] f_1(\tau)\mathrm{d}\tau = \int_{-\infty}^{\infty} f_2(t)\mathrm{d}t \int_{-\infty}^{\infty} f_1(t)\mathrm{d}t \tag{1.3-25}$$

表 1-1 列出了常用的卷积积分性质，以供查阅。

表 1-1　常用的卷积积分性质

序号	性　质	公　　式
1	交换律	$f(t)=f_1(t)*f_2(t)=f_2(t)*f_1(t)$
2	分配律	$f(t)=f_1(t)*[f_2(t)+f_3(t)]=f_1(t)*f_2(t)+f_1(t)*f_3(t)$
3	结合律	$f(t)=f_1(t)*[f_2(t)*f_3(t)]=[f_1(t)*f_2(t)]*f_3(t)$
4	微分性质	$f'(t)=f'_1(t)*f_2(t)=f_1(t)*f'_2(t)$
5	积分性质	$f^{(-1)}(t)=f_1^{(-1)}(t)*f_2(t)=f_1(t)*f_2^{(-1)}(t)$
6	微积分性质	$f(t)=f_1^{(-1)}(t)*f'_2(t)=f'_1(t)*f_2^{(-1)}(t)$
7	平移性质	$f_1(t-a)*f_2(t-b)=f(t-a-b)$
8	与冲激信号	$f(t)=f(t)*\delta(t)$, $f^{(k)}(t)=f(t)*\delta^{(k)}(t)$
9	与阶跃信号	$f(t)*u(t)=\int_{-\infty}^{t} f(\tau)\mathrm{d}\tau$, $f_1(t)u(t)*u(t)=\int_0^t f_1(\tau)\mathrm{d}\tau$
10	持续时间	$f(t)$的开始时间$=f_1(t)$的开始时间$+f_2(t)$的开始时间 $f(t)$的结束时间$=f_1(t)$的结束时间$+f_2(t)$的结束时间 $f(t)$的持续时间$=f_1(t)$的持续时间$+f_2(t)$的持续时间
11	面积性质	$f(t)$的面积$=f_1(t)$和$f_2(t)$的面积的乘积

例 1-6　利用卷积积分的微积分性质重新计算例 1-5。

解： 已知$f_1(t)$和$f_2(t)$的波形如图 1-26a、b 所示，根据卷积积分的微积分性质

$$f(t)=f_1^{(-1)}(t)*f'_2(t)=f'_1(t)*f_2^{(-1)}(t)$$

将$f_1(t)$积分的波形如图 1-28c 所示，$f_2(t)$微分的波形是冲激信号如图 1-28d 所示。再将图 1-28c 与图 1-28d 中的两个冲激信号进行卷积积分，就得到图 1-28e 的波形。把两条曲线相加即得卷积积分的波形，如图 1-28f 所示。

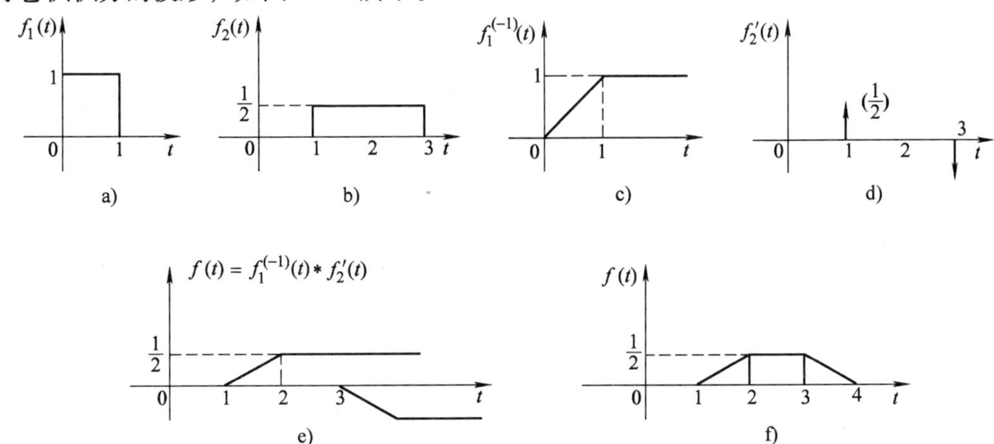

图 1-28　卷积积分的计算

2. 卷积和

对应 LTI 连续系统中连续信号的卷积积分，在 LTI 离散系统中有序列的卷积和。“卷积积分”与“卷积和”可以统称为“卷积”。

(1) 卷积和的定义

根据单位序列$\delta(n)$及单位移位序列$\delta(n-i)$的抽样性，即

$$f(n)\delta(n)=f(0)\delta(n)$$
$$f(n)\delta(n-i)=f(i)\delta(n-i)$$

可将任意离散序列$f(n)$用单位序列及其移位序列表示，即

$$\begin{aligned}f(n)&=\cdots+f(-2)\delta(n+2)+f(-1)\delta(n+1)+f(0)\delta(n)\\&\quad+f(1)\delta(n-1)+\cdots+f(i)\delta(n-i)+\cdots\\&=\sum_{i=-\infty}^{+\infty}f(i)\delta(n-i)\end{aligned} \tag{1.3-26}$$

可见任意离散序列在时域可表示为$\delta(n-i)$的线性组合。式 (1.3-26) 形式的运算称之为序列的卷积和。

一般而言，若有两个序列$f_1(n)$与$f_2(n)$，则和式

$$f(n)=\sum_{i=-\infty}^{+\infty}f_1(i)f_2(n-i)=f_1(n)*f_2(n) \tag{1.3-27}$$

称为序列$f_1(n)$与$f_2(n)$的卷积和。

如果$f_1(n)$为因果序列，由于$n<0$时，$f_1(n)=0$，故 (1.3-27) 式中求和下限可改写为零，即

$$f_1(n)*f_2(n)=\sum_{i=0}^{+\infty}f_1(i)f_2(n-i) \tag{1.3-28}$$

如果$f_2(n)$为因果序列，而$f_1(n)$不受限制，则当$n-i<0$，即$i>n$时，$f_2(n-i)=0$，因而和式 (1.3-27) 的上限可改写为n，即

$$f_1(n)*f_2(n)=\sum_{i=-\infty}^{n}f_1(i)f_2(n-i) \tag{1.3-29}$$

如果$f_1(n)$与$f_2(n)$均为因果序列，即

$$f_1(n)*f_2(n)=\sum_{i=0}^{n}f_1(i)f_2(n-i) \tag{1.3-30}$$

例 1-7　设$f_1(n)=\mathrm{e}^{-n}u(n)$，$f_2(n)=u(n)$，求$f_1(n)*f_2(n)$。

解：由卷积和定义式 得

$$f_1(n)*f_2(n)=\sum_{i=-\infty}^{\infty}\mathrm{e}^{-i}u(i)u(n-i)$$

考虑到$f_1(n)$、$f_2(n)$均为因果序列，所以可将上式表示为

$$f_1(n)*f_2(n)=\sum_{i=0}^{\infty}\mathrm{e}^{-i}u(n-i)=\sum_{i=0}^{n}\mathrm{e}^{-i}=\frac{1-\mathrm{e}^{-(n+1)}}{1-\mathrm{e}^{-1}}$$

显然，上式中$n\geqslant0$，故应写为

$$f_1(n)*f_2(n)=\mathrm{e}^{-n}u(n)*u(n)=\frac{1-\mathrm{e}^{-(n+1)}}{1-\mathrm{e}^{-1}}u(n)$$

(2) 卷积和的图示解法

与卷积积分运算类似，卷积和的图形解释可以把卷积和的过程分解为换元、反转、平移、相乘、求和5个步骤，具体来说：

- 将序列$f_1(n)$和$f_2(n)$的自变量用i代换，并画出$f_1(i)$、$f_2(i)$的图形，如图1-29a、b所示。
- 将$f_2(i)$的图形以纵坐标为轴线反转，得到$f_2(-i)$的图形，如图1-29c所示。
- 将$f_2(-i)$的图形沿i轴平移n个单位，得到$f_2(n-i)$的图形，如图1-29d所示。
- 求$f_1(i)$与$f_2(n-i)$的乘积，得$f_1(i)f_2(n-i)$。
- 按卷积和的定义式，求各乘积之和，如图1-29e所示。

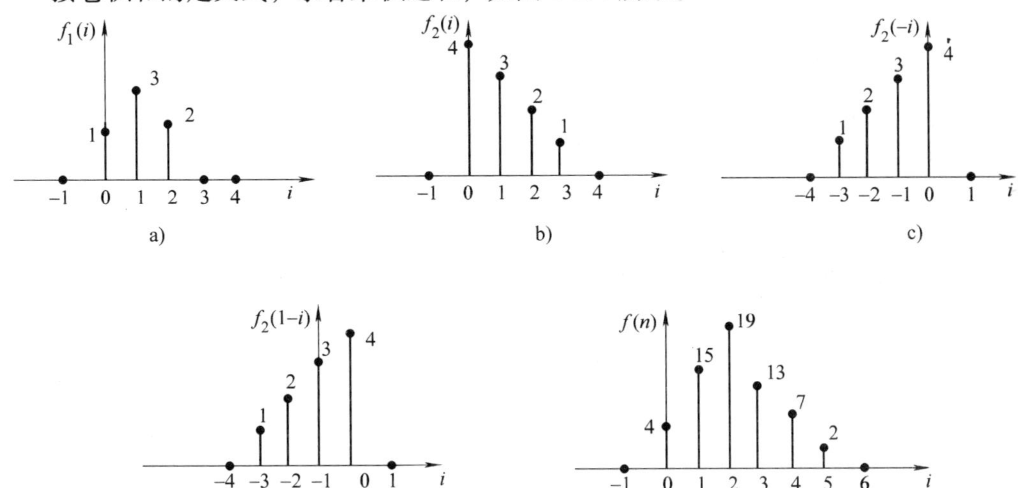

图1-29 卷积和的图示解法

下面举例说明图示方法计算卷积和的过程。

例1-8 已知离散信号

$$f_1(n)=\begin{cases}1 & n=0\\ 3 & n=1\\ 2 & n=2\\ 0 & \text{其他}\end{cases} \qquad f_2(n)=\begin{cases}4-n & n=0,1,2,3\\ 0 & \text{其他}\end{cases}$$

求卷积和$f_1(n)*f_2(n)$

解:

$n<0$时，$f(n)=0$

$n=0$时，$f(0)=\sum_{i=0}^{0}f_1(i)f_2(-i)=f_1(0)f_2(0)=1\times4=4$

$n=1$时，$f(1)=\sum_{i=0}^{1}f_1(i)f_2(1-i)=f_1(0)f_2(1)+f_1(1)f_2(0)=3+12=15$

$n=2$时，$f(2)=\sum_{i=0}^{2}f_1(i)f_2(2-i)=f_1(0)f_2(2)+f_1(1)f_2(1)+f_1(2)f_2(0)=2+9+8$
$=19$

同理可得 $f(3)=13$，$f(4)=7$，$f(5)=2$，以及$n>5$时$f(n)=0$

即

$$
y(n)=\begin{cases}4 & n=0\\ 15 & n=1\\ 19 & n=2\\ 13 & n=3\\ 7 & n=4\\ 2 & n=5\\ 0 & 其他\end{cases}
$$

（3）对位相乘法

对于两个有限长序列的卷积和的求解，可以采用如下更为简便实用的方法计算。这种方法不需要画出序列图形，只要把两个序列排成两行，按普通乘法运算进行相乘，但中间结果不进位，最后将位于同一列的中间结果相加就得到卷积和序列。这种方法可称为“对位相乘法”。

对于这里的序列$f_1(n)$和$f_2(n)$，为了方便，将$f_2(n)$写在第一行，$f_1(n)$写在第二行，经序列值相乘和中间结果相加运算后得到

$$
\begin{array}{rrrrrrr}
 & & & 4 & 3 & 2 & 1\\
 & & \times & & 1 & 3 & 2\\
\hline
 & & & 8 & 6 & 4 & 2\\
 & & 12 & 9 & 6 & 3 & \\
 & 4 & 3 & 2 & 1 & & \\
\hline
f(n)= & 4 & 15 & 19 & 13 & 7 & 2\\
 & \uparrow & & & & & \\
 & n=0 & & & & &
\end{array}
$$

（4）序列阵表格法

对于求两个有限长序列的卷积和，“序列阵表格法”（或称“列表法”）也是常用方法之一。这种方法同样不需要画出序列图形，而首先将两个序列$f_1(n)$、$f_2(n)$按次序分别以行、列排列，然后对应行列值相乘得到一个表格，最后将对应对角线上的数值累加，即可得到相应的卷积和。求解例1-8中$f_1(n)$和$f_2(n)$的卷积和如表1-2所示。

表1-2　例1-8序列阵表格法计算结果

$f_2(n)$ \ $f_1(n)$		$f_1(0)$	$f_1(1)$	$f_1(2)$
		1	3	2
$f_2(0)$	4	4	12	8
$f_2(1)$	3	3	9	6
$f_2(2)$	2	2	6	4
$f_2(3)$	1	1	3	2
$f_2(4)$	0	0	0	0

$$
f(n)=f_1(n)*f_2(n)=\begin{cases}4 & n=0\\ 15 & n=1\\ 19 & n=2\\ 13 & n=3\\ 7 & n=4\\ 2 & n=5\end{cases}
$$

上述 3 种方法（图示法、对位相乘法、列表法）求解过程简单，但常常难以形成一个闭合表达式，因此对于可用解析表达式表示的序列求卷积和时，可直接按定义进行计算，适当时结合下面将要讲到的卷积和的性质简化计算过程，最终结果可根据序列特征写成闭合式。

（5）卷积和的性质

性质 1　离散信号的卷积和运算服从交换律、结合律和分配律，即

$$f_1(n)*f_2(n)=f_2(n)*f_1(n) \tag{1.3-31}$$

$$f_1(n)*[f_2(n)*f_3(n)]=[f_1(n)*f_2(n)]*f_3(n) \tag{1.3-32}$$

$$f_1(n)*[f_2(n)+f_3(n)]=f_1(n)*f_2(n)+f_1(n)*f_3(n) \tag{1.3-33}$$

性质 2　任一序列 $f(n)$ 与单位序列 $\delta(n)$ 的卷积和等于序列 $f(n)$ 本身，即

$$f(n)*\delta(n)=\delta(n)*f(n)=f(n) \tag{1.3-34}$$

$$f(n)*\delta(n-n_1)=f(n-n_1)$$

性质 3　若 $f(n)=f_1(n)*f_2(n)$，则

$$f_1(n-n_1)*f_2(n-n_2)=f(n-n_1-n_2) \tag{1.3-35}$$

例 1-9　已知序列 $f_1(n)=2^{-(n+1)}u(n+1)$，$f_2(n)=u(n-2)$，试计算卷积和 $f(n)=f_1(n)*f_2(n)$。

解： 先计算

$$f(n)=(2)^{-n}u(n)*u(n)=\sum_{i=-\infty}^{\infty}(2)^{-i}u(i)u(n-i)$$

$$=\sum_{i=0}^{n}2^{-i}=\frac{1-2^{-n-1}}{1-2^{-1}}=2-2^{-n}$$

上式中 $n\geqslant 0$，故有

$$f(n)=2^{-n}u(n)*u(n)=(2-2^{-n})u(n)$$

再应用卷积和性质 3，求得

$$\begin{aligned}f_1(n)*f_2(n)&=2^{-(n+1)}u(n+1)*u(n-2)=f(n+1-2)\\&=f(n-1)=[2-2^{-(n-1)}]u(n-1)\\&=2(1-2^{-n})u(n-1)\end{aligned}$$

1.4　小结

作为信号分析的基础，本章详细阐述了各类信号的性质和时域特征，介绍了阶跃信号、冲激信号等一些奇异信号的性质和运算法则。其目的就是让学生掌握一些工程中常用信号及其性质进行数学上的精确表达方法。这是因为在信息系统和工程中传输的是信号，处理的是信号，接收的仍然是信号。系统则是把输入信号经过处理，变换为所希望得到的输出信号。要进行信号分析、处理和系统设计，首先就需要正确掌握各种信号的数学表达，这样所期望的系统的数学模型也能确定下来，进而为系统的实现提供依据。

本章中阶跃信号、冲激信号等一些奇异信号的性质和运算法则等内容，以前可能知道较少，希望能够加强掌握。另外，熟练掌握信号的平移、反转和尺度变换，以及一些常用的特殊波形的性质，对分析信号波形也是很有帮助的。本章介绍的卷积积分、卷积和及其性质，

对后面章节中学习输入、输出信号和系统的关系十分重要，它实际上是输入、输出信号和系统的物理关系的数学描述。这一章的信号时域分析为以后信号的频域分析打下了基础。

1.5 习题

1. 判断下列信号是否是周期的，如果是周期的，求出它的基频和公共周期。

（1）$f(t)=4-3\sin(5\pi t)+\sin(30\pi t)$

（2）$f(t)=\cos(10\pi t)\cos(30\pi t)$

（3）$f(t)=\cos(10\pi t)-\cos(20t)$

（4）$f(t)=\cos(2t)-\sqrt{2}\cos\left(2t-\dfrac{\pi}{4}\right)$

2. 指出并证明下列信号中哪些是功率信号，哪些是能量信号，哪些既不是功率信号也不是能量信号。

（1）$u(t)+5u(t-1)-2u(t-2)$

（2）$u(t)+5u(t-1)-6u(t-2)$

（3）$e^{-5t}u(t)$

（4）$(e^{-5t}+1)u(t)$

3. 周期信号如题图 3 所示，试计算信号的功率。

题 3 图

4. 画出下列信号的波形。

（1）$f_2(t)=3t\delta(2t-2)$

（2）$f_3(t)=2u(t)+\delta(t-2)$

（3）$f_4(t)=2u(t)\delta(t-2)$

5. 完成下列信号的计算。

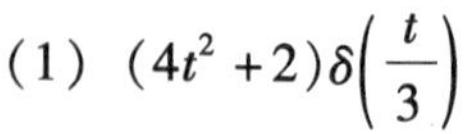

（1）$(4t^2+2)\delta\left(\dfrac{t}{3}\right)$　　（2）$e^{-3t}\delta(4-2t)$

（3）$\sin\left(2t+\dfrac{\pi}{3}\right)\delta\left(t+\dfrac{\pi}{2}\right)$　　（4）$e^{-(t-2)}u(t)\delta(t-4)$

6. 求下列积分。

（1）$\int_{-\infty}^{\infty}(4-t^2)\delta(t+3)\mathrm{d}t$　　（2）$\int_{-3}^{6}(4-t^2)\delta(t+4)\mathrm{d}t$

（3）$\int_{-3}^{6}(6-t^2)[\delta(t+4)+2\delta(2t+4)]\mathrm{d}t$　　（4）$\int_{-\infty}^{10}\delta(t)\dfrac{\sin3t}{t}\mathrm{d}t$

7. 画出题图 7 中的信号的一阶导数波形。

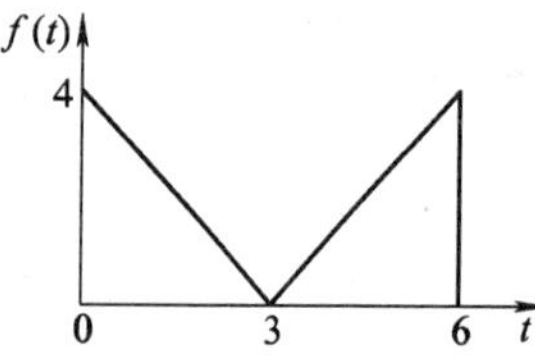

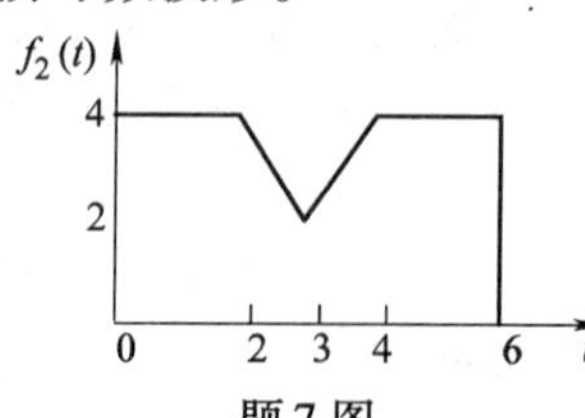

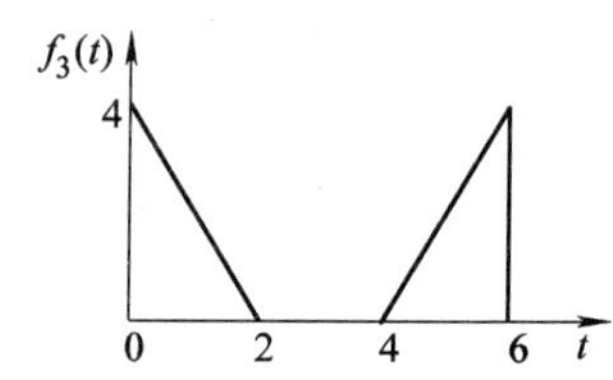

题 7 图

8. 对于题图 8 中的信号 $f(t)$，为以下各式作图。

(1) $y(t)=f(t+3)$

(2) $x(t)=f(2t-2)$

(3) $g(t)=f(2-2t)$

(4) $h(t)=f(-0.5t-1)$

(5) $f_e(t)$（偶分量）

(6) $f_o(t)$（奇分量）

9. 周期信号如题图 9 所示，试计算信号的功率。

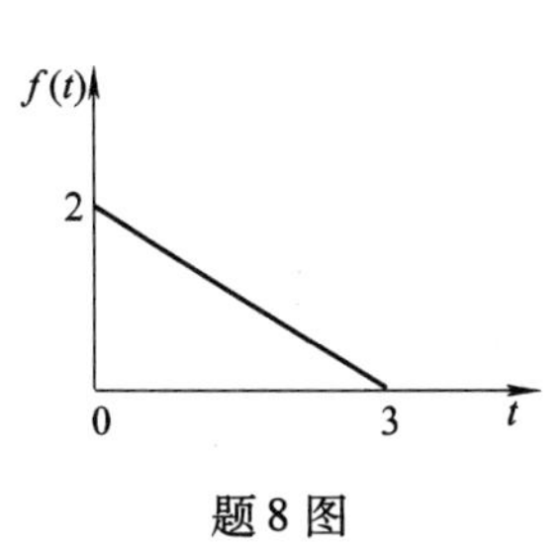

题 8 图

题 9 图

10. 用基本信号或阶跃信号表示题图 10 中的信号，并求出它们的能量。

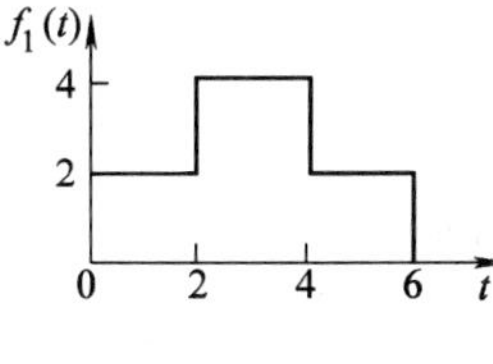

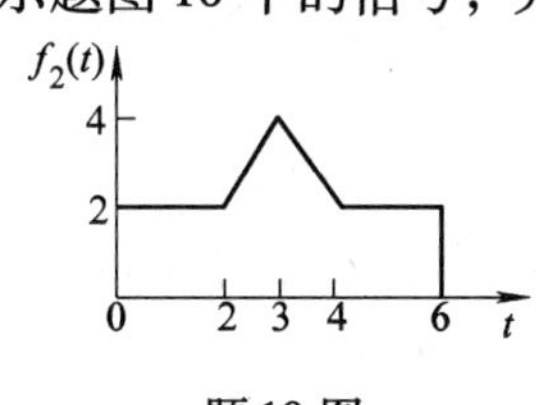

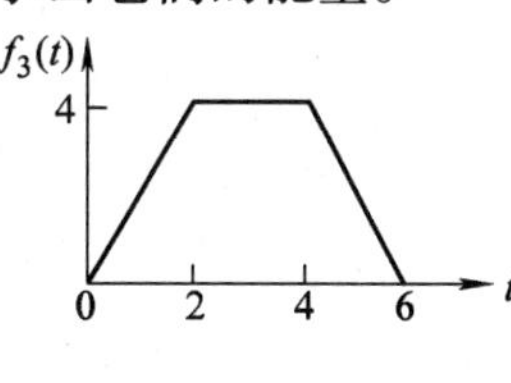

题 10 图

11. 画出下列信号的波形。

(1) $f_1(t)=u[\cos t]$

(2) $f_2(t)=\dfrac{|t|}{2}[u(t+2)-u(t-2)]$

(3) $f_3(t)=\sin\pi t[u(-t)-u(2-t)]$

(4) $f_4(t)=G_2(t)\operatorname{sgn}(t)$

(5) $f_5=G_6(t)Q_2(t-2)$

(6) $f_6(t)=u(2-|t|)\sin(\pi t)$

12. 求下列积分。

(1) $\int_{-\infty}^{\infty}\cos\dfrac{\pi}{4}t[\delta'(t)-\delta(t)]\mathrm{d}t$

(2) $\int_{-\infty}^{t}[\delta(t+2)-\delta(t-2)]\mathrm{d}t$

(3) $\int_{-3}^{6}(4-t^2)\delta'(t-4)\mathrm{d}t$

(4) $\int_{-\infty}^{\infty}\delta(t-2)\delta(x-t)\mathrm{d}t$

13. 画出下列各信号的波形。

(1) $f(n)=(n+1)u(n)$

(2) $f(n)=[u(n)-u(u-5)]$

(3) $f(n)=(-0.5)^{-n}u(n)$

(4) $f(n)=2^{-n}u(n)$

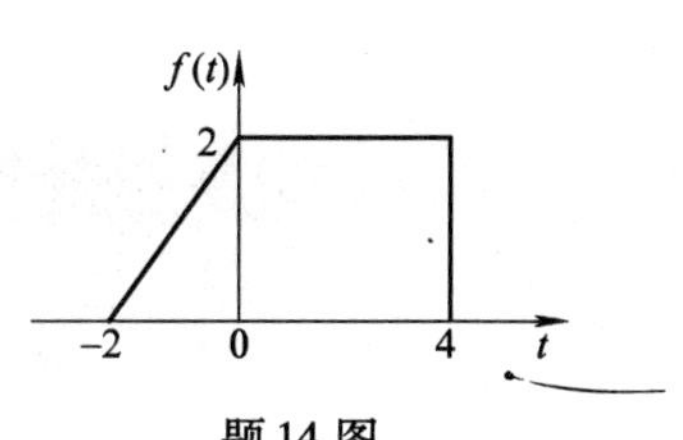

题 14 图

14. 对于题图 14 中的信号 $f(t)$，为以下各式作图。

(a) $y(t)=f(t+3)$;

(b) $x(t)=f(2t-2)$;

(c) $g(t)=f(2-2t)$;

(d) $h(t)=f(-0.5t-1)$;

(e) $f_e(t)$ （偶分量）;

(f) $f_0(t)$ （奇分量）。

15. 求下列函数的卷积积分$f_1(t)*f_2(t)$。

(1) $f_1(t)=\mathrm{e}^{-3t}u(t)$, $f_2(t)=u(t)$

(2) $f_1(t)=f_2(t)=\mathrm{e}^{-3t}u(t)$

(3) $f_1(t)=tu(t)$, $f_2(t)=\mathrm{e}^{-t}u(t)$

(4) $f_1(t)=u(t-1)$, $f_2(t)=u(t-5)$

(5) $f_1(t)=tu(t)$, $f_2(t)=u(t-1)-u(t-2)$

16. 已知

(1) $f_1(t)*tu(t)=(t+\mathrm{e}^{-t}-1)u(t)$

(2) $f_2(t)*[\mathrm{e}^{-t}u(t)]=(1-\mathrm{e}^{-t})u(t)-(1-\mathrm{e}^{-(t-1)})u(t-1)$

求$f_1(t)$、$f_2(t)$。

17. 已知下列$f_1(n)$、$f_2(n)$的值，求$f_1(n)*f_2(n)$。

(1) $f_1(n)=f_2(n)=u(n)$

(2) $f_1(n)=u(n)$, $f_2(n)=\delta(n)-\delta(n-1)$

18. 已知$f_1(n)=a^nu(n)$, $f_2(n)=b^nu(n)$，求$f_1(n)*f_2(n)$。

19. 已知$f_1(n)=nu(n)$, $f_2(n)=a^nu(n)$, $f_3(n)=\delta(n)-a\delta(n-1)$，求$f_1(n)*f_2(n)*f_3(n)$。

参考文献

[1] 吴大正．信号与线性系统分析［M］．3 版．北京：高等教育出版社，1998.

[2] 吴湘淇．信号、系统与信号处理［M］．北京：电子工业出版社，1999.

[3] 郑君里．信号与系统［M］．2 版．北京：高等教育出版社，2000.

[4] 管致中．信号与线性系统［M］．4 版．北京：高等教育出版社，2004.

[5] 张小虹．信号与系统［M］．西安：西安电子科技大学出版社，2004.

[6] 金波．信号与系统基础［M］．武汉：华中科技大学出版社，2006.

第2章　时域连续信号的频域分析

信号具有时域特性和频域特性，本章讨论信号的频域特性，其目的之一是掌握信号频域特性的分析，二是为系统的频域分析方法作准备。从本章开始由时域转入变换域分析，频域分析将时间变量变换成频率变量，揭示了信号内在的频率特性以及信号时间特性与其频率特性之间的密切关系，从而导出了信号的频谱、带宽以及滤波、调制和频分复用等重要概念。傅里叶分析方法的建立经历了一段漫长的历史，涉及到许多人的工作和许多物理现象的研究。热的传播和扩散现象是傅里叶研究的实际物理背景。在当时，这一问题本身就是十分有意义的。他在研究中已经涉及到理论力学和天体力学这些当时在数学物理学方面最前沿的课题了。到1807年，傅里叶已完成了关于热传播理论实质部分的研究，并于1807年12月21日向法兰西研究院提交了他的研究成果。在他的研究过程中，傅里叶发现在表示一个物体的温度分布时，成谐波关系的正弦函数是非常有用的，另外，他还断言任何周期信号都可以用这样的级数来表示。虽然在这一问题上，他的论述是很有意义的，但是隐藏在这一问题后面的其他很多基本概念已经被其他科学家们所发现；同时傅里叶的数学证明也不是很完善的。后来1829年P. L. 狄里赫利给出了若干精确的条件，在这些条件下一个周期信号才可以用一个傅里叶级数来表示，因此，傅里叶并没有对傅里叶级数的数学理论作出贡献，然而，他确实洞察出这个级数表示法的潜在威力，并且在很大程度上正是由于他的工作和断言，才大大激励和推动了傅里叶级数问题的深入研究。另外，傅里叶在这一问题上的研究成果比他的任何前驱者都大大前进了一步，这指的是他还得出了关于非周期信号的表示——不是成谐波关系的正弦信号的加权和，而是不全成谐波关系的正弦信号的加权和。和傅里叶级数一样，傅里叶积分(或变换)仍然是分析LTI系统的最强有力的工具之一。

2.1　信号的正交分解

信号分析就是要研究信号如何表示为各分量的叠加，并从信号分量的组成情况去考察信号的特性。

由上一章的讨论可知，连续时间信号可以表示为基本信号的线性组合，其基本信号为阶跃信号或冲激信号。这种分解不仅是信号分析所需要的，同时，也对求解连续信号通过线性时不变系统的零状态响应带来方便。

信号分解的方法并不是唯一的，本章将介绍信号的另一种分解形式，即将连续信号分解为一系列的正交函数，各正交函数属于一完备的正交函数集。大家所熟悉的正弦函数$\sin(\Omega_0 t)$、$\cos(\Omega_0 t)$或虚指数函数$e^{j\Omega_0 t}$都是正交函数。利用傅里叶变换这一数学工具就可将连续信号表示为一系列不同频率的正弦函数或虚指数函数之和(对周期信号)或积分(对非周期信号)。

2.1.1　正交函数集

信号分解为正交函数的原理与矢量分解为正交矢量的概念相似。例如，在平面上的矢量

$\overrightarrow{A}$在直角坐标中可以分解为 x 方向分量和 y 方向分量，如图 2-1 所示。若令 v_x、v_y 为各相应方向的正交单位矢量，则矢量$\overrightarrow{A}$可写为

$$\overrightarrow{A}=c_1v_x+c_2v_y \tag{2.1-1}$$

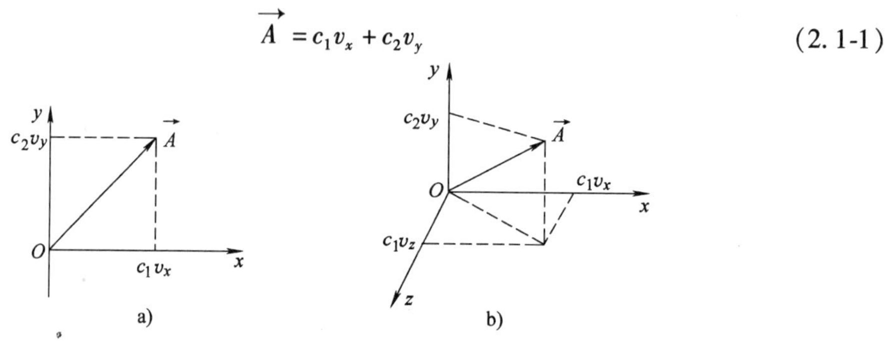

图 2-1　矢量分解
a）平面矢量分解　b）空间矢量分解

对于一个三维空间的矢量$\overrightarrow{A}$,可以用一个三维正交矢量集$\{v_x,v_y,v_z\}$的分量组合表示，可写为

$$\overrightarrow{A}=c_1v_x+c_2v_y+c_3v_z \tag{2.1-2}$$

空间矢量正交分解的概念可以推广到信号空间，要信号空间找到若干个相互正交的信号作为基本信号，使得信号空间中任意信号可表示成它们的线性组合。

定义在(t_1,t_2)区间内的两个函数 $g_1(t)$ 和 $g_2(t)$，若满足

$$\int_{t_1}^{t_2}g_1(t)g_2^*(t)\mathrm{d}t=0 \tag{2.1-3}$$

则称 $g_1(t)$ 和 $g_2(t)$ 在区间(t_1,t_2)内正交[注:这里设 $g_1(t)$ 和 $g_2(t)$ 为复变函数]。由于实变数是复变数虚部为零的特殊情况，对于实变函数，上式可简化为

$$\int_{t_1}^{t_2}g_1(t)g_2(t)\mathrm{d}t=0 \tag{2.1-4}$$

若 n 个函数 $g_1(t),g_2(t),\cdots,g_n(t)$ 构成一个函数集，当这些函数在区间(t_1,t_2)内满足

$$\int_{t_1}^{t_2}g_i(t)g_j^*(t)\mathrm{d}t=\begin{cases}0 & i\neq j\\ k_i\neq 0 & i=j\end{cases} \tag{2.1-5}$$

式中，k_i 为一常数,则称此函数集为在区间(t_1,t_2)上的正交函数集。在区间(t_1,t_2)内相互正交的 n 个函数构成正交信号空间。当 $k_i=1$ 时，上述函数集就称为是归一化正交的。

如果在正交函数集$\{g_1(t),g_2(t),\cdots,g_n(t)\}$之外，不存在任何函数 $\varphi(t)(\neq 0)$满足

$$\int_{t_1}^{t_2}g_i(t)\varphi^*(t)\mathrm{d}t=0\quad(i=1,2,\cdots,n) \tag{2.1-6}$$

则称此函数集为完备正交函数集。也就是说，如能找到一个函数 $\varphi(t)$ 使得式(2.1-6)成立，即 $\varphi(t)$ 与函数集$\{g_i(t)\}$的每一个函数都正交，那么它本身就应属于此函数集。显然不包含 $\varphi(t)$ 的集是不完备的。

例如,三角函数集$\{1,\cos(n\Omega_0t),\sin(n\Omega_0t),n=1,2,\cdots\}$和虚指数函数集$\{e^{jn\Omega_0t},n=0,\pm1,\pm2,\cdots\}$是两组典型的在区间$(t_0,t_0+T)$$(T=2\pi/\Omega_0)$上的完备正交函数集。

因为

$$\int_{t_0}^{t_0+T}\cos(m\Omega_0 t)\cos(n\Omega_0 t)\,\mathrm{d}t=\begin{cases}0 & \text{当 } m\neq n\\ \dfrac{T}{2} & \text{当 } m=n\neq 0\\ T & \text{当 } m=n=0\end{cases}\tag{2.1-7}$$

$$\int_{t_0}^{t_0+T}\sin(m\Omega_0 t)\sin(n\Omega_0 t)\,\mathrm{d}t=\begin{cases}0 & \text{当 } m\neq n\\ \dfrac{T}{2} & \text{当 } m=n\neq 0\end{cases}\tag{2.1-8}$$

$$\int_{t_0}^{t_0+T}\sin(m\Omega_0 t)\cos(n\Omega_0 t)\,\mathrm{d}t=0,\text{对于所有的 } m \text{ 和 } n\tag{2.1-9}$$

$$\int_{t_0}^{t_0+T}\mathrm{e}^{\mathrm{j}m\Omega_0 t}(\mathrm{e}^{\mathrm{j}n\Omega_0 t})^*\,\mathrm{d}t=\int_{t_0}^{t_0+T}\mathrm{e}^{\mathrm{j}(m-n)\Omega_0 t}\,\mathrm{d}t=\begin{cases}0, & m\neq n\\ T, & m=n\end{cases}\tag{2.1-10}$$

2.1.2 信号的正交分解

设有 n 个函数 $g_1(t),g_2(t),\cdots,g_n(t)$ 在区间 (t_1,t_2) 上构成一个正交函数集，将任一函数 $f(t)$ 用这 n 个正交函数的线性组合来近似，可以表示为

$$f(t)\approx c_1g_1(t)+c_2g_2(t)+\cdots+c_ig_i(t)+\cdots+c_ng_n(t)=\sum_{i=1}^{n}c_ig_i(t)\tag{2.1-11}$$

这里的问题是,如何选择 c_i 才能得到最佳近似。显然，应选取系数 c_i 使得实际函数与近似函数之间误差在区间 (t_1,t_2) 内最小。这里“误差最小”不是指平均误差最小，因为平均误差很小甚至等于零时，也可能出现较大的正误差与较大的负误差在平均过程中相互抵消，以致不能正确反映两函数的近似程度。通常选择误差的均方值最小。误差的均方值也称为均方误差，用符号 $\overline{\varepsilon^2}$ 表示

$$\overline{\varepsilon^2}=\frac{1}{t_2-t_1}\int_{t_1}^{t_2}\left[f(t)-\sum_{j=1}^{n}c_jg_j(t)\right]^2\mathrm{d}t\tag{2.1-12}$$

在 $j=1,2,\cdots,i,\cdots n$ 中，为求得使均方误差最小的第 i 个系数 c_i，必须使

$$\frac{\partial\overline{\varepsilon^2}}{\partial c_i}=0\tag{2.1-13}$$

即

$$\frac{\partial}{\partial c_i}\left\{\int_{t_1}^{t_2}\left[f(t)-\sum_{j=1}^{n}c_jg_j(t)\right]^2\mathrm{d}t\right\}=0\tag{2.1-14}$$

展开上式的被积函数，因为不同的正交函数相乘的各项其积分均为零，且所有不包含 c_i 的各项对 c_i 求导也等于零。这样式(2.1-14)可化简为

$$\frac{\partial}{\partial c_i}\left\{\int_{t_1}^{t_2}\left[-2c_if(t)g_i(t)+c_i^2g_i^2(t)\right]\mathrm{d}t\right\}=0$$

交换微分与积分次序，得

$$-2\int_{t_1}^{t_2}f(t)g_i(t)\,\mathrm{d}t+2c_i\int_{t_1}^{t_2}g_i^2(t)\,\mathrm{d}t=0$$

于是可求得

$$c_i=\frac{\displaystyle\int_{t_1}^{t_2}f(t)g_i(t)\,\mathrm{d}t}{\displaystyle\int_{t_1}^{t_2}g_i^2(t)\,\mathrm{d}t}\tag{2.1-15}$$

这就是在满足最小均方误差的条件下，式(2.1-11)中各系数 c_i 的表示式。

2.2 周期信号的频谱分析——傅里叶级数

2.2.1 三角形式的傅里叶级数

早在18世纪中叶，丹尼尔·伯努利在解决弦振动问题时就提出了这样的见解：任何复杂的振动都可以分解成一系列谐振动之和。这一事实用数学语言来描述即为：在一定的条件下，任何周期为 $T(=2\pi/\Omega_0)$ 的函数 $f(t)$，都可用一系列以 T 为周期的正弦函数所组成的级数来表示，即

$$f(t) = A_0 + \sum_{n=1}^{\infty} A_n \sin(n\Omega_0 t + \varphi_n) \tag{2.2-1}$$

式中，$A_0, A_n, \varphi_n (n=1,2,3,\cdots)$ 都是常数。

19世纪初，法国数学家傅里叶曾大胆地断言：任意函数都可以展成三角级数。虽然他没有给出明确的条件和严格的证明，但是毕竟由此开创了“傅里叶分析”这一重要的数学分支，拓广了传统的函数概念。傅里叶的工作被认为是19世纪科学迈出的极为重要的第一步，它对数学的发展产生的影响是他本人及同时代的其他人都难以预料的。而且，这种影响至今还在发展之中。这里所介绍的知识主要是由傅里叶以及与他同时代的德国数学家狄里赫利等人的研究结果。

周期信号 $f(t)$，周期为 T，基波角频率为 $\Omega_0=2\pi/T$，在满足狄里赫利条件时，可展成

$$f(t) = \frac{a_0}{2} + \sum_{n=1}^{\infty} (a_n \cos n\Omega_0 t + b_n \sin n\Omega_0 t) \tag{2.2-2}$$

称为三角形式的傅里叶级数，由正、余弦正交条件及式(2.1-15)可得傅里叶系数：

直流分量：
$$a_0 = \frac{2}{T}\int_{t_0}^{t_0+T} f(t)\,\mathrm{d}t \tag{2.2-3}$$

余弦分量的幅度：
$$a_n = \frac{2}{T}\int_{t_0}^{t_0+T} f(t)\cos(n\Omega_0 t)\,\mathrm{d}t \qquad n=1,2,3,\cdots \tag{2.2-4}$$

正弦分量的幅度：
$$b_n = \frac{2}{T}\int_{t_0}^{t_0+T} f(t)\sin(n\Omega_0 t)\,\mathrm{d}t \qquad n=1,2,3,\cdots \tag{2.2-5}$$

由式(2.2-4)和式(2.2-5)可见，傅里叶系数 a_n 和 b_n 都是 n(或 $n\Omega_0$)的函数。其中 a_n 是 n(或 $n\Omega_0$)的偶函数，即有 $a_n=a_{-n}$。b_n 是 n(或 $n\Omega_0$)的奇函数，即有 $b_n=-b_{-n}$。在确定上述积分时，只要积分区间是一个周期即可，对积分区间的起止并无特别要求。

根据三角函数的运算法则，式(2.2-2)还可写成如下形式：

$$\begin{aligned} f(t) &= \frac{A_0}{2} + \sum_{n=1}^{\infty} A_n \cos(n\Omega_0 t + \varphi_n) \\ &= \frac{A_0}{2} + A_1\cos(\Omega_0 t + \varphi_1) + A_2\cos(2\Omega_0 t + \varphi_2) + \cdots \end{aligned} \tag{2.2-6}$$

其中

$$A_0 = a_0 \tag{2.2-7}$$

$$A_n = \sqrt{a_n^2 + b_n^2} \qquad n = 1, 2, \cdots \tag{2.2-8}$$

$$\varphi_n = -\arctan\left(\frac{b_n}{a_n}\right) \qquad n = 1, 2, \cdots \tag{2.2-9}$$

由式(2.2-7)～(2.2-9)可知，A_n 是 n(或 $n\Omega_0$)的偶函数，即有 $A_n = A_{-n}$；φ_n 是 n(或 $n\Omega_0$)的奇函数，即有 $\varphi_n = -\varphi_{-n}$。傅里叶系数的这些性质是很有用的。

式(2.2-6)表明，任何满足狄里赫利条件的周期信号可分解为直流和许多余弦(或正弦)分量。其中第一项 $A_0/2$ 是常数项，它是周期信号中所包含的直流分量；式中第二项 $A_1\cos(\Omega_0 t + \varphi_1)$ 为基波或一次谐波，它的角频率 Ω_0 与原信号相同，A_1 是基波振幅，φ_1 是基波初相角；式中第三项 $A_2\cos(2\Omega_0 t + \varphi_2)$ 称为二次谐波，它的频率是基波频率的两倍，A_2 是二次谐波振幅，φ_2 是二次谐波初相角。依此类推，还有三次、四次等谐波。一般而言，$A_n\cos(n\Omega_0 t + \varphi_n)$ 称为 n 次谐波，A_n 是 n 次谐波振幅，φ_n 是 n 次谐波初相角。

周期信号傅里叶级数的物理意义在于:周期信号可以分解为一个直流分量与许多谐波分量之加权和。A_n 是信号在一个周期内的平均值，也就是信号的直流分量。A_n 是对信号 $f(t)$ 中的每一个谐波分量的大小作出的度量，称为傅里叶级数的系数或频谱系数(或称为加权系数)。针对不同的信号，其 A_n 不一样，则频谱图不同。频谱图绘出了信号的频谱特性，如信号由哪些谐波分量构成；分量的大小、分布等信息。它与信号的时域波形表示是等价的。

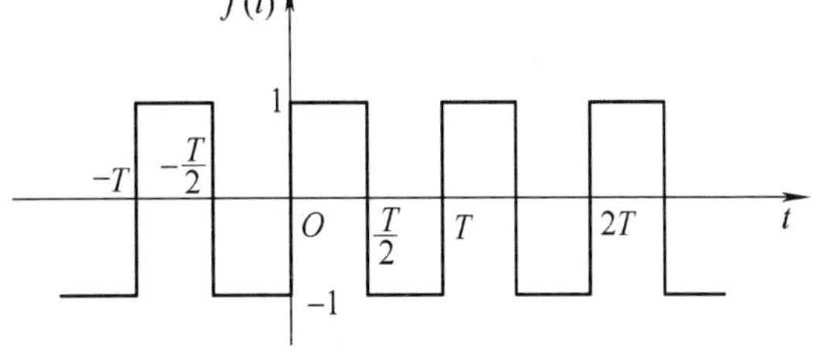

图 2-2　方波信号

例 2-1　试将图 2-2 所示的方波信号 $f(t)$ 展开为傅里叶级数。

解:将信号按式(2.2-2)分解成傅里叶级数，并按式(2.2-3)、式(2.2-4)和式(2.2-5)分别计算 a_0、a_n 及 b_n。

$$a_0 = \frac{2}{T}\int_{-\frac{T}{2}}^{\frac{T}{2}} f(t)\,\mathrm{d}t = 0$$

$$\begin{aligned}
a_n &= \frac{2}{T}\int_{-\frac{T}{2}}^{\frac{T}{2}} f(t)\cos(n\Omega_0 t)\,\mathrm{d}t \\
&= \frac{2}{T}\int_{-\frac{T}{2}}^{0}(-1)\cos(n\Omega_0 t)\,\mathrm{d}t + \frac{2}{T}\int_{0}^{\frac{T}{2}} 1 \times \cos(n\Omega_0 t)\,\mathrm{d}t \\
&= \frac{2}{T}\frac{1}{n\Omega_0}\left[-\sin(n\Omega_0 t)\right]\Bigg|_{-\frac{T}{2}}^{0} + \frac{2}{T}\frac{1}{n\Omega_0}\left[\sin(n\Omega_0 t)\right]\Bigg|_{0}^{\frac{T}{2}} \\
&= 0
\end{aligned}$$

$$\begin{aligned}
b_n &= \frac{2}{T}\int_{-\frac{T}{2}}^{\frac{T}{2}} f(t)\sin(n\Omega_0 t)\,\mathrm{d}t \\
&= \frac{2}{T}\int_{-\frac{T}{2}}^{0} -\sin(n\Omega_0 t)\,\mathrm{d}t + \frac{2}{T}\int_{0}^{\frac{T}{2}}\sin(n\Omega_0 t)\,\mathrm{d}t
\end{aligned}$$

$$= \frac{2}{T}\frac{1}{n\Omega_0}\cos(n\Omega_0 t)\Big|_{-\frac{T}{2}}^{0} + \frac{2}{T}\frac{1}{n\Omega_0}[-\cos(n\Omega_0 t)]\Big|_{0}^{\frac{T}{2}}$$

$$= \frac{2}{n\pi}[1-\cos(n\pi)]$$

$$= \begin{cases} 0 & n=2,4,6,\cdots \\ \dfrac{4}{n\pi} & n=1,3,5,\cdots \end{cases}$$

$$f(t) = \frac{4}{\pi}\left[\sin(2\pi ft) + \frac{1}{3}\sin(6\pi ft) + \frac{1}{5}\sin(10\pi f) + \cdots + \frac{1}{n}\sin(2\pi ft) + \cdots\right] \quad n=1,3,5,\cdots$$

由图2-3还可以看到，合成波形所包含的谐波分量越多，除间断点附近外，它越接近于原方波信号。在间断点附近，随着所含谐波次数的增高，合成波形的尖峰越靠近间断点，但尖峰幅度并未明显减小。可以证明(见理想低通滤波器的响应)，既使合成波形所含谐波次数 $n\to\infty$，在间断点处仍有约9%的偏差，这种现象称为吉布斯(Gibbs)现象。

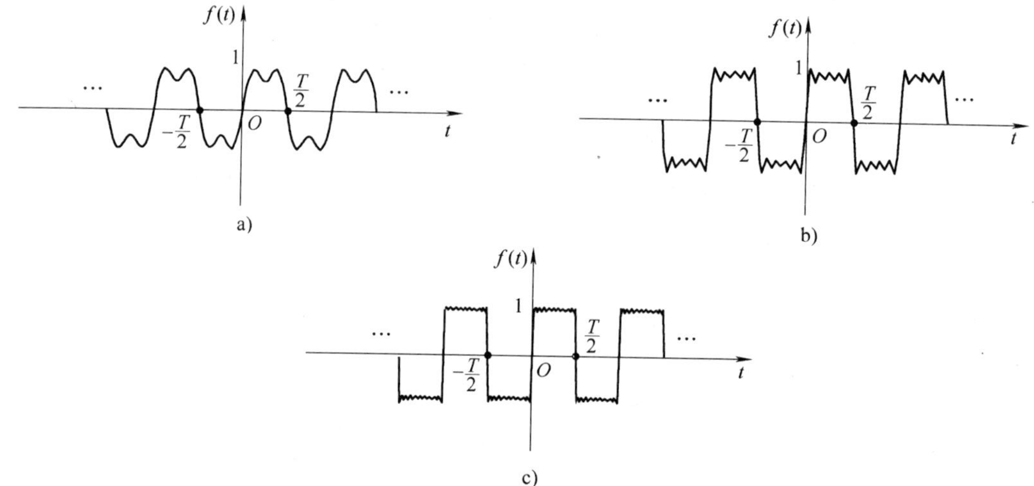

图2-3 方波傅里叶级数的部分和

a）最高谐波次数=3 b）最高谐波次数=9 c）最高谐波次数=35

2.2.2 指数形式的傅里叶级数

利用欧拉公式

$$\sin n\Omega_0 t = \frac{1}{2j}(e^{jn\Omega_0 t} - e^{-jn\Omega_0 t}) \tag{2.2-10}$$

$$\cos n\Omega_0 t = \frac{1}{2}(e^{jn\Omega_0 t} + e^{-jn\Omega_0 t}) \tag{2.2-11}$$

式(2.2-6)可表示为

$$f(t) = \frac{a_0}{2} + \sum_{n=1}^{\infty}(a_n\cos n\Omega_0 t + b_n\sin n\Omega_0 t)$$

$$= \frac{A_0}{2} + \sum_{n=1}^{\infty}A_n\cos(n\Omega_0 t + \varphi_n)$$

$$= \frac{A_0}{2} + \sum_{n=1}^{\infty} \frac{A_n}{2}\left[\mathrm{e}^{\mathrm{j}(n\Omega_0 t+\varphi_n)} + \mathrm{e}^{-\mathrm{j}(n\Omega_0 t+\varphi_n)} \right]$$

$$= \frac{A_0}{2} + \frac{1}{2}\sum_{n=1}^{\infty} A_n \mathrm{e}^{\mathrm{j}\varphi_n}\mathrm{e}^{\mathrm{j}n\Omega_0 t} + \frac{1}{2}\sum_{n=1}^{\infty} A_n \mathrm{e}^{-\mathrm{j}\varphi_n}\mathrm{e}^{-\mathrm{j}n\Omega_0 t}$$

将上式第三项中的 n 用 $-n$ 代换，并考虑 A_n 是 n(或 $n\Omega_0$)的偶函数，$A_n=A_{-n}$，φ_n 是 n(或 $n\Omega_0$)的奇函数，$\varphi_n=-\varphi_{-n}$。则上式可写成

$$f(t) = \frac{A_0}{2} + \frac{1}{2}\sum_{n=1}^{\infty} A_n \mathrm{e}^{\mathrm{j}\varphi_n}\mathrm{e}^{\mathrm{j}n\Omega_0 t} + \frac{1}{2}\sum_{n=-1}^{-\infty} A_{-n} \mathrm{e}^{-\mathrm{j}\varphi_{-n}}\mathrm{e}^{\mathrm{j}n\Omega_0 t}$$

$$= \frac{A_0}{2} + \frac{1}{2}\sum_{n=1}^{\infty} A_n \mathrm{e}^{\mathrm{j}\varphi_n}\mathrm{e}^{\mathrm{j}n\Omega_0 t} + \frac{1}{2}\sum_{n=-1}^{-\infty} A_n \mathrm{e}^{\mathrm{j}\varphi_n}\mathrm{e}^{\mathrm{j}n\Omega_0 t}$$

将 A_0 写成 $A_0\mathrm{e}^{\mathrm{j}\varphi_0}\mathrm{e}^{\mathrm{j}0\Omega_0 t}$，$\varphi_0=0$，则上式可写成

$$f(t) = \frac{1}{2}\sum_{n=-\infty}^{\infty} A_n \mathrm{e}^{\mathrm{j}\varphi_n}\mathrm{e}^{\mathrm{j}n\Omega_0 t} \tag{2.2-12}$$

令复向量 $F_n=\frac{1}{2}A_n\mathrm{e}^{\mathrm{j}\varphi_n}$，称为复傅里叶系数。则得到傅里叶级数的复数形式

$$f(t) = \sum_{n=-\infty}^{\infty} F_n \mathrm{e}^{\mathrm{j}n\Omega_0 t} \tag{2.2-13}$$

式(2.2-13)表明:任意周期信号 $f(t)$ 可分解为许多不同频率的复指数 $\mathrm{e}^{\mathrm{j}n\Omega_0 t}$ 之加权和，其各分量的复数幅度或相量(或称为复加权系数)为 F_n。

下面综合一下三角函数型和指数型傅里叶系数之间的关系。

$$\left.\begin{aligned} F_n &= |F_n|\mathrm{e}^{\mathrm{j}\varphi_n} \\ |F_n| &= \frac{1}{2}A_n = \frac{1}{2}\sqrt{a_n^2+b_n^2} \\ \varphi_n &= -\arctan\left(\frac{b_n}{a_n}\right) \end{aligned}\right\} \tag{2.2-14}$$

$$\left.\begin{aligned} a_n &= A_n\cos\varphi_n = F_n + F_{-n} \\ b_n &= -A_n\sin\varphi_n = \mathrm{j}(F_n - F_{-n}) \end{aligned}\right\} \tag{2.2-15}$$

$$\left.\begin{aligned} a_n &= \frac{2}{T}\int_{t_0}^{t_0+T} f(t)\cos n\Omega_0 t\mathrm{d}t \qquad n=1,2,3,\cdots \\ b_n &= \frac{2}{T}\int_{t_0}^{t_0+T} f(t)\sin n\Omega_0 t\mathrm{d}t \qquad n=1,2,3,\cdots \end{aligned}\right\} \tag{2.2-16}$$

$$F_0 = A_0 = a_0 \tag{2.2-17}$$

由于

$$F_n = |F_n|\mathrm{e}^{\mathrm{j}\varphi_n} = \frac{1}{2}A_n\mathrm{e}^{\mathrm{j}\varphi_n} = \frac{1}{2}\left[A_n\cos\varphi_n + \mathrm{j}A_n\sin\varphi_n\right]$$

$$= \frac{1}{T}\left[\int_{-\frac{T}{2}}^{\frac{T}{2}} f(t)\cos(n\Omega_0 t)\mathrm{d}t - \mathrm{j}\int_{-\frac{T}{2}}^{\frac{T}{2}} f(t)\sin(n\Omega_0 t)\mathrm{d}t\right]$$

$$= \frac{1}{T}\int_{-\frac{T}{2}}^{\frac{T}{2}} f(t)\left[\cos(n\Omega_0 t) - \mathrm{j}\sin(n\Omega_0 t)\right]\mathrm{d}t$$

从而有

$$F_n = \frac{1}{T}\int_{-\frac{T}{2}}^{\frac{T}{2}} f(t)\mathrm{e}^{-\mathrm{j}n\Omega_0 t}\mathrm{d}t \tag{2.2-18}$$

上式表明，只要给定周期信号$f(t)$，则复系数F_n可以在一个周期内积分确定，继而可写出复指数形式的傅里叶级数。式(2.2-13)和式(2.2-18)是表示周期信号的一对重要关系。

需要进一步说明的是，由于

$$F_n = |F_n|\mathrm{e}^{\mathrm{j}\varphi_n}$$

有

$$F_{-n} = |F_n|\mathrm{e}^{-\mathrm{j}\varphi_n} \tag{2.2-19}$$

所以式(2.2-13)中每对相同n值的正、负频率项就合成一个余弦实函数，即

$$\begin{aligned}F_n\mathrm{e}^{\mathrm{j}n\Omega_0 t} + F_{-n}\mathrm{e}^{-\mathrm{j}n\Omega_0 t} &= |F_n|\mathrm{e}^{\mathrm{j}\varphi_n}\mathrm{e}^{\mathrm{j}n\Omega_0 t} + |F_n|\mathrm{e}^{-\mathrm{j}\varphi_n}\mathrm{e}^{-\mathrm{j}n\Omega_0 t}\\ &= |F_n|\left[\mathrm{e}^{\mathrm{j}(\varphi_n + n\Omega_0 t)} + \mathrm{e}^{-\mathrm{j}(\varphi_n + n\Omega_0 t)}\right]\\ &= 2|F_n|\cos(n\Omega_0 t + \varphi_n)\end{aligned} \tag{2.2-20}$$

值得注意的是:单一负频率的出现无物理意义，只是数学表达，同一$|n|$值正负频率分量总是共轭出现，其和才是一个频率分量的幅值。

由上分析可以看出周期信号$f(t)$的三角函数型和指数型傅里叶形式只是同一信号的两种不同表示方法。前者为实数形式，后者为复数形式，都是把周期信号表示为不同频率的各分量之和。

2.2.3 信号的性质与傅里叶系数之间的关系

若给定的信号$f(t)$具有某种特点，那么，其傅里叶系数的有些值将等于零，从而使傅里叶系数的计算较为方便。

1. $f(t)$为偶对称信号

若信号$f(t)$是时间t的偶函数(见图2-4)，即$f(t)=f(-t)$。此时波形相对于纵轴是对称的，称为偶对称信号。由于$f(t)\cos(n\Omega_0 t)$是偶函数，$f(t)\sin(n\Omega_0 t)$是奇函数。利用式(2.2-2)求傅里叶系数时，有

$$b_n = 0,\ a_n = \frac{4}{T}\int_0^{T/2} f(t)\cos(n\Omega_0 t)\mathrm{d}t \tag{2.2-21}$$

由此可知，偶对称信号的傅里叶级数中不包含正弦项，只可能有直流项和余弦项。其傅里叶复系数为

$$F_n = F_{-n} = \frac{a_n}{2},\ \varphi_n = 0 \tag{2.2-22}$$

由式(2.2-22)可知，偶对称信号的傅里叶级数的复系数是实的，且是n的偶函数。

2. $f(t)$为奇对称信号

若信号$f(t)$是时间t的奇函数(如图2-5所示)，即$f(t) = -f(-t)$。此时波形相对于原点是对称的，称为奇对称信号。由于$f(t)\cos(n\Omega_0 t)$是奇函数，$f(t)\sin(n\Omega_0 t)$是偶函数。利用式

(2.2-2)求傅里叶系数时，有

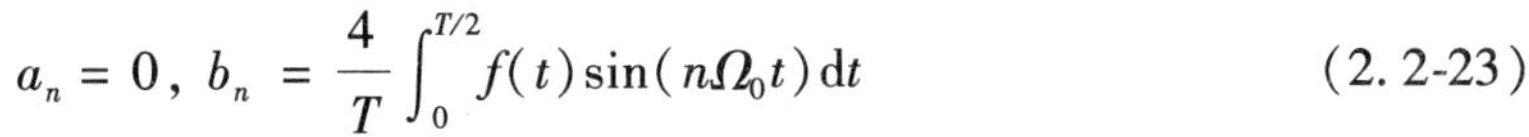

$$a_n = 0,\ b_n = \frac{4}{T}\int_0^{T/2} f(t)\sin(n\Omega_0 t)\,\mathrm{d}t \qquad (2.2\text{-}23)$$

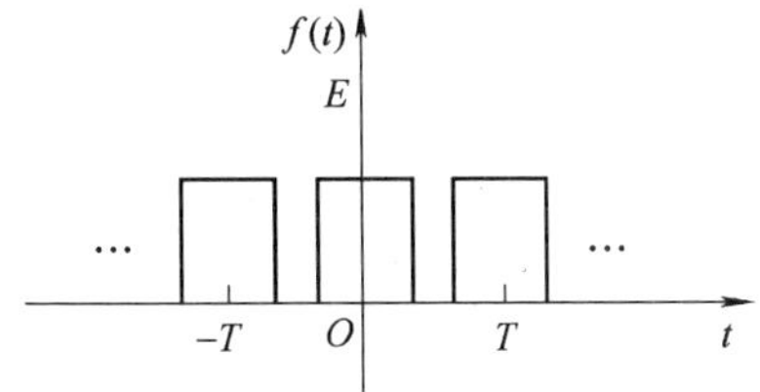

图 2-4　偶对称信号的波形

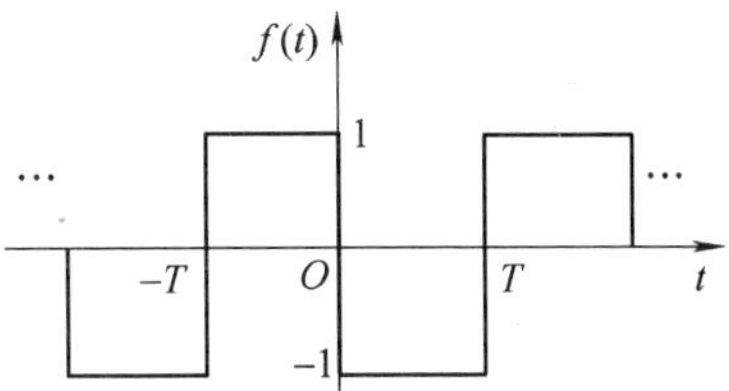

图 2-5　奇对称信号的波形

由此可知，偶对称信号的傅里叶级数中不包含直流项和余弦项，只可能有正弦项。其傅里叶复系数为

$$F_n = -F_{-n} = -\mathrm{j}\frac{b_n}{2},\ \varphi_n = -\frac{\pi}{2} \qquad (2.2\text{-}24)$$

由式(2.2-24)可知，奇对称信号的傅里叶级数的复系数是纯虚数，且是 n 的奇函数。

3. $f(t)$ 为奇谐信号

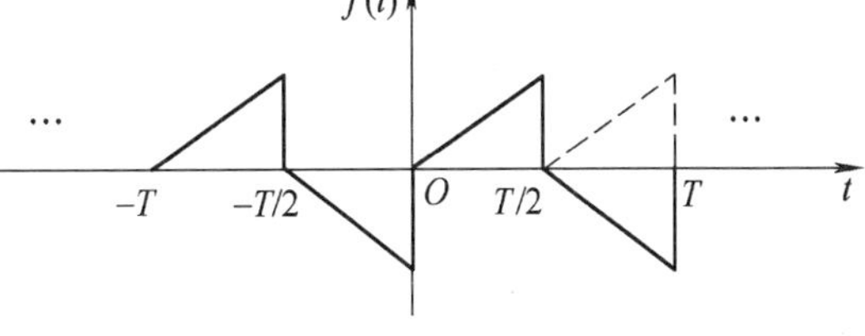

图 2-6　奇谐信号的波形

若信号 $f(t)$ 的前半周期波形沿时间轴平移半个周期后，与半周期波形对称于横轴，即满足

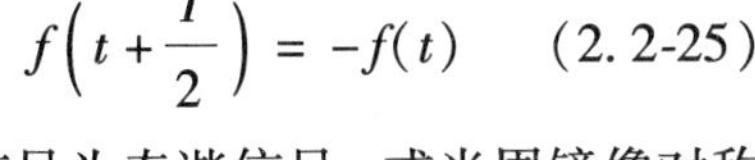

$$f\left(t+\frac{T}{2}\right) = -f(t) \qquad (2.2\text{-}25)$$

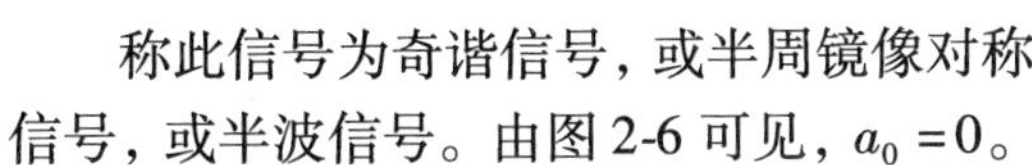

称此信号为奇谐信号，或半周镜像对称信号，或半波信号。由图 2-6 可见，$a_0 = 0$。

先求傅里叶级数的复系数有

$$\begin{aligned} F_n &= \frac{1}{T}\int_0^{T/2} f(t)\mathrm{e}^{-\mathrm{j}n\Omega_0 t}\mathrm{d}t + \frac{1}{T}\int_{-T/2}^{0} f(t)\mathrm{e}^{-\mathrm{j}n\Omega_0 t}\mathrm{d}t \\ &= \frac{1}{T}\int_0^{T/2} f(t)\mathrm{e}^{-\mathrm{j}n\Omega_0 t}\mathrm{d}t - \frac{1}{T}\int_{-T/2}^{0} f\left(t+\frac{T}{2}\right)\mathrm{e}^{-\mathrm{j}n\Omega_0 t}\mathrm{d}t \\ &= \frac{1}{T}\int_0^{T/2} f(t)\mathrm{e}^{-\mathrm{j}n\Omega_0 t}\mathrm{d}t - \frac{1}{T}\int_{-T/2}^{0} f(t)\mathrm{e}^{-\mathrm{j}n\Omega_0 t}\mathrm{e}^{\mathrm{j}n\Omega_0 T/2}\mathrm{d}t \\ &= [1-(-1)^n]\frac{1}{T}\int_0^{T/2} f(t)\mathrm{e}^{-\mathrm{j}n\Omega_0 t}\mathrm{d}t \\ &= \begin{cases} 0 & n = 2,4,6,\cdots \\ \dfrac{2}{T}\displaystyle\int_0^{T/2} f(t)\mathrm{e}^{-\mathrm{j}n\Omega_0 t}\mathrm{d}t & n = 1,3,5,\cdots \end{cases} \end{aligned}$$

由上式可见，只有当 n 为奇数时，F_n 才存在。即半波对称信号的傅里叶级数中，只有奇次谐波项，不存在偶次谐波项。由上式可得

当 $n = 2,4,6,\cdots$ 时，$a_n = b_n = 0$，当 $n = 1,3,5,\cdots$ 时

$$\begin{cases} a_n = \dfrac{4}{T}\displaystyle\int_0^{T/2} f(t)\cos n\Omega_0 t\mathrm{d}t \\ b_n = \dfrac{4}{T}\displaystyle\int_0^{T/2} f(t)\sin n\Omega_0 t\mathrm{d}t \end{cases}$$

4. $f(t)$为偶谐信号

若信号$f(t)$的前半周期波形沿时间轴平移半个周期后，与原波形重合，即满足

$$f(t) = f\left(t \pm \frac{T}{2}\right) \qquad (2.2\text{-}26)$$

称此信号为偶谐信号，或半周重叠对称信号。由图 2-7 可见，$a_0 = 0$。

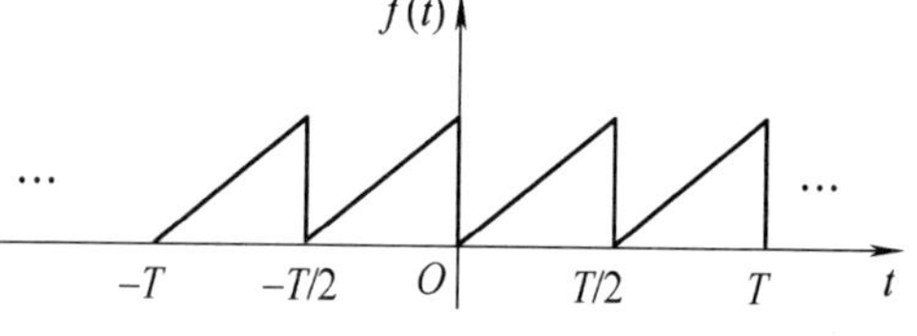

图 2-7 偶谐信号的波形

可以求得信号$f(t)$的傅氏级数奇次谐波为零，只有偶次谐波分量。

当$n = 1,3,5,\cdots$时 $a_n = b_n = 0$，当$n = 2,4,6,\cdots$时

$$\begin{cases} a_n = \dfrac{4}{T}\displaystyle\int_0^{T/2} f(t)\cos n\Omega_0 t\mathrm{d}t \\ b_n = \dfrac{4}{T}\displaystyle\int_0^{T/2} f(t)\sin n\Omega_0 t\mathrm{d}t \end{cases}$$

2.2.4 周期信号的频谱

1. 频谱的概念

如前所述，周期信号可以分解成一系列余弦或虚指数信号的加权和，即

$$f(t) = \frac{A_0}{2} + \sum_{n=1}^{\infty} A_n \cos(n\Omega_0 t + \varphi_n) \qquad (2.2\text{-}27)$$

或

$$f(t) = \sum_{n=-\infty}^{\infty} F_n \mathrm{e}^{\mathrm{j}n\Omega_0 t} \qquad (2.2\text{-}28)$$

式中，$F_n = |F_n|\mathrm{e}^{\mathrm{j}\varphi_n} = \dfrac{1}{2}A_n\mathrm{e}^{\mathrm{j}\varphi_n}$。为了直观地表示信号所含各分量的振幅，以频率(或角频率)为横坐标，以各谐波的振幅A_n或虚指数信号的幅度$|F_n|$为纵坐标，画出如图 2-8a、b 所示的图形，称之为幅度(或振幅)频谱，简称幅度谱。

在图 2-8a 中，信号分解为各余弦分量，图中每一条谱线表示该次谐波的振幅，是$\Omega \sim A_n$曲线谱。只有正频率出现，称之为单边幅度谱。图 2-8a 中，信号分解为各虚指数信号分量，图中每一条谱线表示各分量的幅度F_n，是$\Omega \sim |F_n|$曲线谱。正负频率均出现，称之为双边幅度谱(且有$|F_n| = \dfrac{1}{2}A_n$)。由图 2-8 可见，周期信号的谱线只出现在频率为$0,\Omega_0,2\Omega_0,\cdots$等离散频率上，即周期信号的频谱是离散谱。

类似地，也可画出各谐波初角φ_n与频率(或角频率)的线图，如图 2-8c、d 所示，称之为相位频谱。如果F_n是实的，则可以用F_n的正负来表示φ_n为 0 或 π，这时将幅度谱和相位谱画在一个图上。

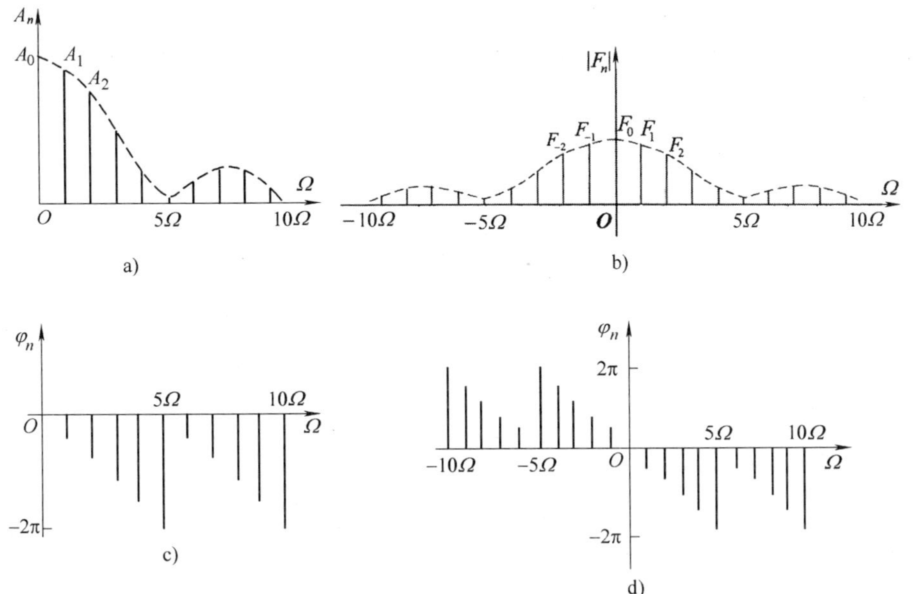

图 2-8　信号的幅度谱和相位谱

a）单边幅度谱　b）双边幅度谱　c）单边相位谱　d）双边相位谱

2. 周期矩形信号的频谱

（1）周期矩形信号

由上节的讨论可知，将周期信号分解为傅里叶级数，为在频域认识信号特征提供了重要的手段。因为在时域内给出的不同信号，不易简明地比较出它们各自的特征，而当周期信号分解为傅里叶级数后，得到的是直流量和无穷多个正弦分量的加权和，从而可在频域内方便地给予比较。

下面以周期性矩形脉冲为例，说明周期信号频谱的特点。

例 2-2　设有一幅度为 1，脉冲宽度为 τ 的周期矩形脉冲，其周期为 T，如图 2-9 所示，求其傅里叶系数。

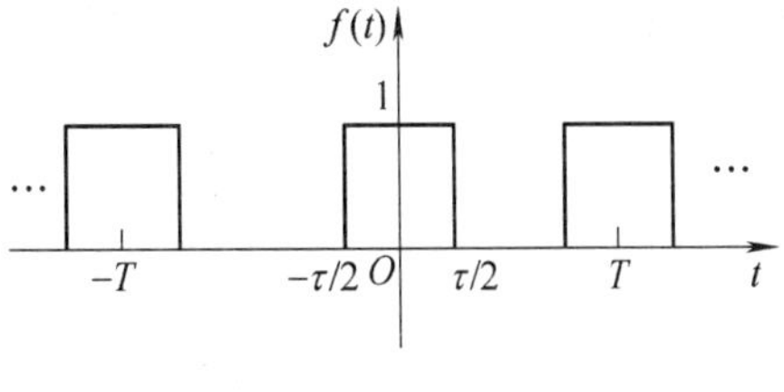

图 2-9　周期矩形脉冲

解：根据式(2.2-28)，可得其傅里叶系数

$$F_n = \frac{1}{T}\int_{-\frac{T}{2}}^{\frac{T}{2}} f(t)\mathrm{e}^{-\mathrm{j}n\Omega_0 t}\mathrm{d}t = \frac{1}{T}\int_{-\frac{\tau}{2}}^{\frac{\tau}{2}} \mathrm{e}^{-\mathrm{j}n\Omega_0 t}\mathrm{d}t$$

$$= \frac{1}{T}\left.\frac{\mathrm{e}^{-\mathrm{j}n\Omega_0 t}}{-\mathrm{j}n\Omega_0}\right|_{-\frac{\tau}{2}}^{\frac{\tau}{2}} = \frac{2}{T}\frac{\sin\left(\frac{n\Omega_0\tau}{2}\right)}{n\Omega_0} \qquad n = 0, \pm1, \pm2, \cdots$$

考虑 $\Omega_0 = \frac{2\pi}{T}$，上式可写为

$$F_n = \frac{\tau}{T}\frac{\sin\left(\frac{n\pi\tau}{T}\right)}{\frac{n\pi\tau}{T}} \qquad n=0,\pm1,\pm2,\cdots \tag{2.2-29}$$

若令

$$Sa(x) = \frac{\sin x}{x} \tag{2.2-30}$$

称之为取样函数。它是偶函数，当 $x\to0$ 时，$Sa(x)=1$。式(2.2-30)可以写成

$$F_n = \frac{\tau}{T}Sa\left(\frac{n\pi\tau}{T}\right) = \frac{\tau}{T}Sa\left(\frac{n\Omega_0\tau}{2}\right) \qquad n=0,\pm1,\pm2,\cdots \tag{2.2-31}$$

则该周期矩形脉冲的指数形式傅里叶级数展开式为

$$f(t) = \sum_{n=-\infty}^{\infty}F_n e^{jn\Omega_0 t} = \frac{\tau}{T}\sum_{n=-\infty}^{\infty}Sa\left(\frac{n\Omega_0\tau}{2}\right)e^{jn\Omega_0 t} \tag{2.2-32}$$

(2) 频谱图

根据式(2.2-27)、式(2.2-28)可以分别画出周期矩形脉冲信号的三角形式表示的频谱图和指数形式表示的频谱图。由于 A_n 及 F_n 都是实数，因此可将幅度谱与相位谱合画在一起，也可将幅度谱与相位谱分开画。以上各频谱图如图 2-10 所示。

下面详细讨论周期矩形脉冲频谱的特点：

1) 周期矩形脉冲信号如同一般的周期信号那样，其频谱是离散的，谱线只出现在基波频率 Ω_0 的整数倍频率(即各次谐波频率)上。谱线的间隔为 $\Omega_0(\Omega=2\pi T)$，谱线间隔与脉冲重复周期 T 成反比，T 愈大，谱线愈密集。

2) 直流分量、基波及各次谐波分量的大小正比于脉冲幅度和脉冲宽度 τ，反比于周期 T。各谱线的幅度包络线按取样函数 $Sa\left(\frac{n\Omega_0\tau}{2}\right)$ 的规律变化。当 $\frac{n\Omega_0\tau}{2}$ 为 π 的整数倍，即令 $\sin\left(\frac{n\Omega_0\tau}{2}\right)=0$，求过零点的坐标有

$$\frac{n\Omega_0\tau}{2} = \pm k\pi, \qquad k=1,2,3,\cdots \tag{2.2-33}$$

即

$$n\Omega_0 = \pm\frac{2k\pi}{\tau}, \qquad k=1,2,3,\cdots \tag{2.2-34}$$

此时谱线的包络线经过零点,同样可以求得当 $n\Omega_0=\pm0,\frac{3\pi}{\tau},\frac{5\pi}{\tau},\cdots$时，谱线的包络线为极值点。

3) 频率 Ω 从 0 到第一个零值点之间，或任意两个相邻的零值点之间的谱线条数是与信号的脉宽和周期的比值有关。实际上图 2-11 所示的频谱图是对应着 $\frac{\tau}{T}=\frac{1}{5}$ 的情况。因为

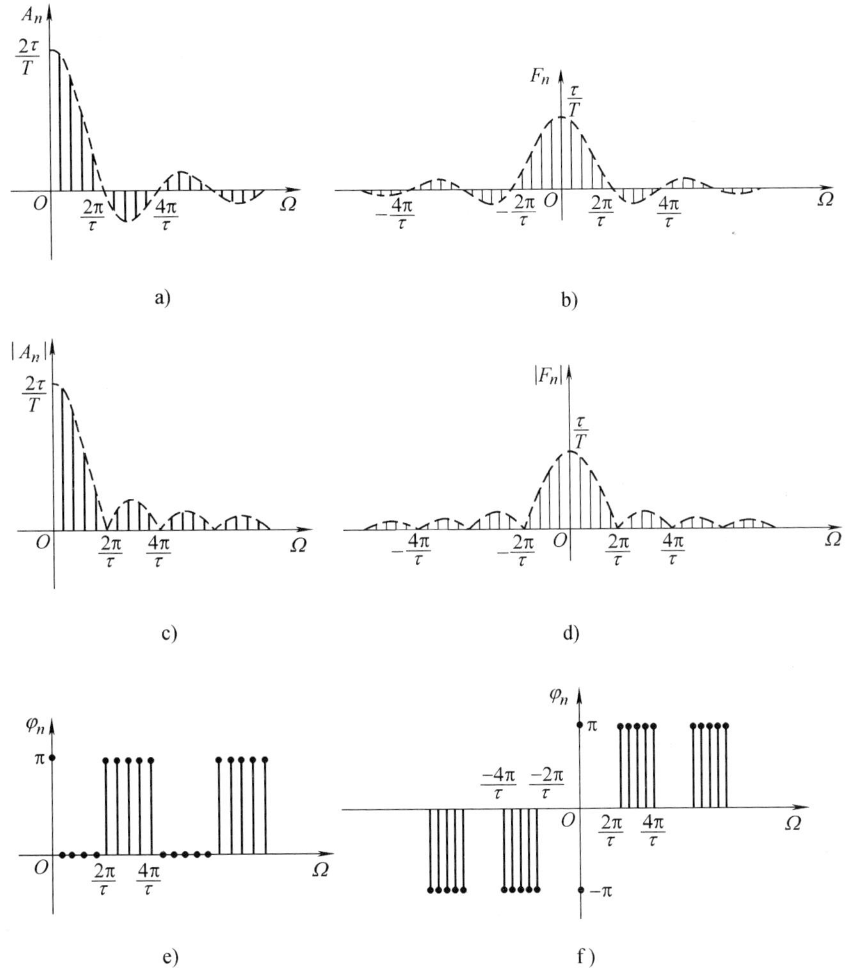

图 2-10 周期矩形脉冲的频谱

a)周期矩形脉冲信号的三角形式频谱图 b)周期矩形脉冲信号的指数形式频谱图
c)周期矩形脉冲信号的三角形式幅频特性 d)周期矩形脉冲信号的指数形式幅频特性
e)周期矩形脉冲信号的三角形式相频特性 f)周期矩形脉冲信号的指数形式相频特性

$\Omega_0=\dfrac{2\pi}{T}=\dfrac{2\pi}{5\tau}=\dfrac{1}{5}\left(\dfrac{2\pi}{\tau}\right)$，而$\dfrac{2\pi}{\tau}$是第一个零值点处的频率，所以，频率 Ω 在 $0\sim\dfrac{2\pi}{\tau}$内有 4 根谱线。因此可推广出如下规律：若$\dfrac{\tau}{T}=\dfrac{1}{n}$，则频率 Ω 从 0 到第一个零值点之间或任意两个相邻的零值点之间就有 $n-1$ 条谱线。

4）周期矩形脉冲信号包含无穷多条谱线。也就是说，它可以分解成无穷多个频率分量。随着频率的增高，谱线幅度变化的总趋势收敛于零。但主要能量集中在第一个零值点之内。实际上，在允许一定失真的条件下，可以舍弃 $\Omega>\dfrac{2\pi}{\tau}$的频率分量，而把 $\Omega=0\sim\dfrac{2\pi}{\tau}$这段频率范围称为矩形脉冲信号的频带宽度，记作 B_Ω(或 B_f)和 Δ_Ω(或 Δ_f)，于是

$$B_\Omega = \frac{2\pi}{\tau} \tag{2.2-35}$$

和

$$\Delta_\Omega = \frac{1}{\tau} \tag{2.2-36}$$

显然，频带宽度只与脉冲宽度 τ(信号的持续时间)有关，而且成反比关系。信号的持续时间愈长，其频带宽度愈窄，反之，信号脉冲愈窄，其频带宽度愈宽。这种信号的频宽与时宽成反比的性质是信号分析中最基本的特性，它将贯穿于信号与系统分析的全过程。

顺便说明，对于其他具体信号频带宽度的确定，具有一定的随意性。在实用中，对于包络线为取样函数的频谱，通常把从零频率开始到频谱包络线第一次过零点的频率之间的频带作为信号的频带宽度，如本例中 $B = 2\pi/\tau$。对于一般的频谱，通常把从零频率开始到频谱振幅降为包络线最大值的1/10的频率之间的频带定义为信号的频带宽度。例如，对于单调衰减的频谱函数，可以取幅度衰减到最大值的 $1/\sqrt{2}$、1/10 或 1/100 的频率来确定其频带宽度。

综上所述，周期信号频谱具有以下特点：

1）$\Omega_0 = \dfrac{2\pi}{T}$为基波频率，$F_n$ 在 $\Omega = n\Omega_0$ 处有值，称为谱线，即谱线只在基波频率的整数倍频率上出现。

2）频谱图由频率离散的谱线组成，每根谱线代表一个谐波分量。这样的频谱称为不连续频谱或离散频谱。

3）频谱中各分量的高度，随着谐波次数的增高而逐渐减小。当谐波次数无限增多时，谐波分量的振幅趋于无穷小。

以上三个特点，分别称为周期信号频谱的谐波性、离散性和收敛性。这些特点虽然是从具体的信号得出，但除了少数特例外，大多数周期信号的频谱都具有这些特点。

(3) 频谱结构与波形参数(T,τ)之间的关系

为了说明在不同的脉宽 τ 和不同的周期 T 的情况下周期矩形脉冲信号频谱的变化规律，下面分两种情况来讨论。

1）图2-11画出了当 T 保持不变，而 $\tau = T/2, \tau = T/4, \tau = T/8$ 三种情况时的频谱。T 不变，谱线间隔 $\Omega_0 = 2\pi/T$ 不变；τ 减小，第一个零值点 $2\pi/\tau$ 增大，频带宽度 $B_\Omega = 2\pi/\tau$ 增大，频带宽度内谱线增多，频谱幅度$|F_n|$减小。由此可见，当保持周期 T 不变的情况下，而将脉冲宽度 τ 减小时，则频谱幅度$|F_n|$随之减小，谱线间隔不变，频谱包络线过零点的频率增高，频带宽度内频率增多，频谱幅度$|F_n|$收敛相应变慢。

2）图2-12画出了当 τ 保持不变，而 $T = 4\tau, T = 8\tau, T = \infty$ 三种情况时的频谱。随着 T 的增大，频谱幅度$|F_n|$随之减小；频谱包络线过零点 $2k\pi/\tau$ 不变；谱线间隔 $\Omega_0 = 2\pi/T$ 变小，谱线变密，周期愈大，谱线愈密，当 $T\to\infty$ 时，就变成了与包络线形状相同的连续谱，对此将在下一节专门讨论。

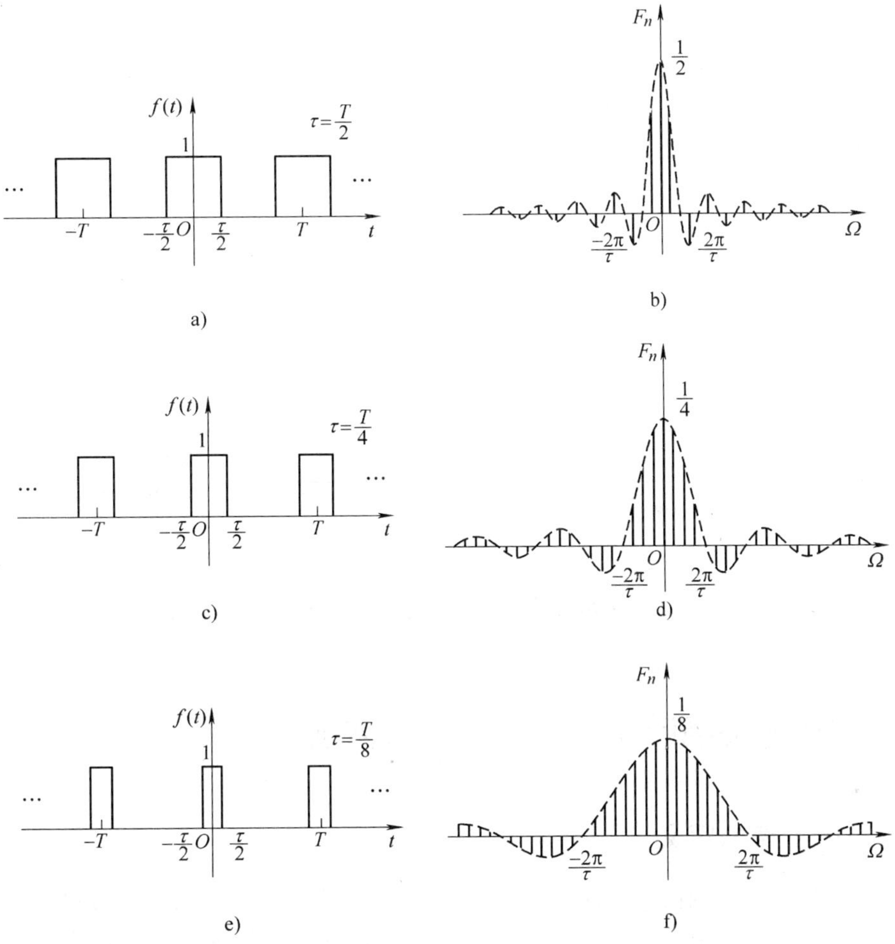

图 2-11　T 不变 τ 减小时周期矩形脉冲信号的频谱示意图

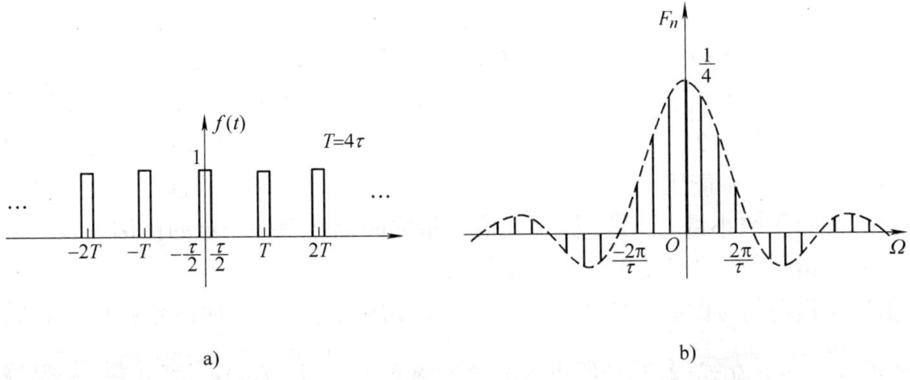

图 2-12　τ 不变 T 增大时周期矩形脉冲信号的频谱示意图

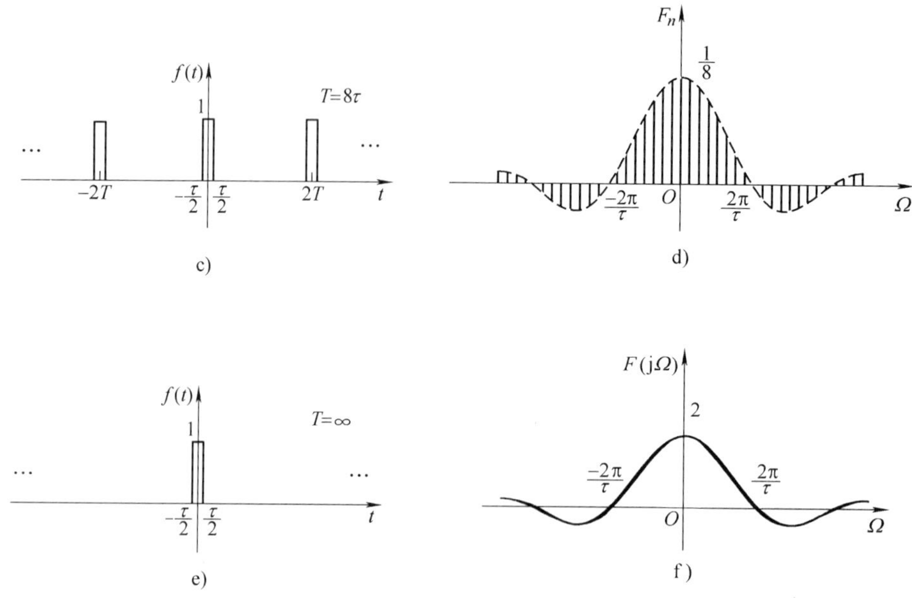

图 2-12　τ 不变 T 增大时周期矩形脉冲信号的频谱示意图(续)

2.3　非周期信号的频谱分析——傅里叶变换

2.3.1　傅里叶变换的定义

前几节已经讨论了周期信号的傅里叶级数，并得到了它的离散频谱。本节将上述傅里叶分析方法推广到非周期信号中去，导出傅里叶变换(Fourier Transform)。考虑图 2-12 所示的周期矩形脉冲信号，当周期 T 无限增大时，则周期信号就转化为非周期的单脉冲信号。因为在此情况下，周期的脉冲序列中相邻的脉冲将在 t 等于 $\pm\infty$ 处才出现，所以函数只包含单独的脉冲。这说明在一定条件下，周期信号可以转化成非周期信号，转化的条件就是周期 T 趋于无限大。换句话说，可以把非周期信号看成是周期 T 趋于无限大的周期信号。在 2.2 节中已经指出，当周期信号的周期 T 增大时，谱线的间隔 $\Omega_0=2\pi/T$ 变小，若周期 T 趋于无限大，则谱线的间隔 $\Omega_0=2\pi/T$ 趋于无限小，这样周期信号的离散频谱就变成了非周期信号的连续频谱了(演变过程见图 2-12)，同时由于周期 T 趋于无限大，由式(2.2-18)可知，谱线的长度 $|F_n|$ 趋于零。这样，就不能用式(2.2-18)来表示非周期信号的频谱。这时，信号中各频率分量的振幅虽然都是无穷小量，但是，这些无穷小量之间仍然保持一定的比例关系。为了表达非周期信号的频谱特性，有必要引用一个新的量。

为了描述非周期信号的频谱特性，引入频谱密度的概念，非周期信号 $f(t)$ 可看成是周期 $T\to\infty$ 时的周期信号。在式(2.2-6)所表示的复振幅 $F_n=\frac{1}{T}\int_{-\frac{T}{2}}^{\frac{T}{2}}f(t)\mathrm{e}^{-\mathrm{j}n\Omega_0 t}\mathrm{d}t$ 中，如果等式两边都乘以 T，则当 T 趋于无限大时，这个量可以不趋于零，这个极限量用符号 $F(\mathrm{j}\Omega)$ 来表示，当周期 T 趋于无限大时，离散频率变成连续频率。令

$$F(\mathrm{j}\Omega) = \lim_{T\to\infty} TF_n = \lim_{T\to\infty} \frac{T}{2}A_n = \int_{-\frac{T}{2}}^{\frac{T}{2}} f(t)\mathrm{e}^{-\mathrm{j}n\Omega_0 t}\mathrm{d}t \tag{2.3-1}$$

称 $F(\mathrm{j}\Omega)$ 为 $f(t)$ 的频谱密度函数（简称频谱函数）或傅里叶变换。考虑到 $T\to\infty$ 时，$\Omega_0\to$ 无穷小，记为 $\mathrm{d}\Omega$；$n\Omega\to\Omega$（由离散量变为连续量），有

$$F(\mathrm{j}\Omega) = \lim_{T\to\infty} \int_{-\frac{T}{2}}^{\frac{T}{2}} f(t)\mathrm{e}^{-\mathrm{j}n\Omega_0 t}\mathrm{d}t = \int_{-\infty}^{\infty} f(t)\mathrm{e}^{-\mathrm{j}\Omega_0 t}\mathrm{d}t \tag{2.3-2}$$

又由
$$f(t) = \lim_{T\to\infty} \sum_{n=-\infty}^{\infty} \frac{T}{2}A_n \mathrm{e}^{\mathrm{j}n\Omega_0 t} \cdot \frac{1}{T}$$

而 $T\to\infty$ 时，$\frac{1}{T}=\frac{\Omega}{2\pi}\to\frac{\mathrm{d}\Omega}{2\pi}$，同时，求和 $\sum$ 变成积分 $\int$，于是有

$$f(t) = \frac{1}{2\pi}\int_{-\infty}^{\infty} F(\mathrm{j}\Omega)\mathrm{e}^{\mathrm{j}\Omega t}\mathrm{d}\Omega \tag{2.3-3}$$

称 $f(t)$ 为 $F(\mathrm{j}\Omega)$ 的原函数或傅里叶反变换。这就是非周期信号的傅里叶积分表示式，它与周期信号的傅里叶级数相当。

式(2.3-2)和式(2.3-3)是一对很重要的变换式，重写如下：

$$\left.\begin{aligned} F(\mathrm{j}\Omega) &= \int_{-\infty}^{\infty} f(t)\mathrm{e}^{-\mathrm{j}\Omega t}\mathrm{d}t \\ f(t) &= \frac{1}{2\pi}\int_{-\infty}^{\infty} F(\mathrm{j}\Omega)\mathrm{e}^{\mathrm{j}\Omega t}\mathrm{d}\Omega \end{aligned}\right\} \tag{2.3-4}$$

前者是由信号的时间函数变换为频率函数，称为傅里叶正变换式；后者是由信号的频率函数变换为时间函数，称为傅里叶反变换式。也可简记为

$$\begin{aligned} F(\mathrm{j}\Omega) &= \mathscr{F}\{f(t)\} \\ f(t) &= \mathscr{F}^{-1}\{F(\mathrm{j}\Omega)\} \end{aligned} \tag{2.3-5}$$

或

$$f(t)\leftrightarrow F(\mathrm{j}\Omega) \tag{2.3-6}$$

有时为了强调频率变量仅仅是 Ω，傅里叶变换可写成 $F(\Omega)$。此时，式(2.3-4)至式(2.3-6)可分别写成

$$\left.\begin{aligned} F(\Omega) &= \int_{-\infty}^{\infty} f(t)\mathrm{e}^{-\mathrm{j}\Omega t}\mathrm{d}t \\ f(t) &= \frac{1}{2\pi}\int_{-\infty}^{\infty} F(\Omega)\mathrm{e}^{\mathrm{j}\Omega t}\mathrm{d}\Omega \end{aligned}\right\} \tag{2.3-7}$$

$$\left.\begin{aligned} F(\Omega) &= \mathscr{F}\{f(t)\} \\ f(t) &= \mathscr{F}^{-1}\{F(\Omega)\} \end{aligned}\right\} \tag{2.3-8}$$

或

$$f(t)\leftrightarrow F(\Omega) \tag{2.3-9}$$

非周期信号的傅里叶变换也应该满足一定的条件才能存在。这种条件类似于傅里叶级数的狄里赫利条件，不同之处仅仅在于时间范围从一个周期扩展为无限区间，即要求信号 $f(t)$ 在无限区间内绝对可积。但这仅是充分条件，而不是必要条件，自从引入了广义函数的概念以后，对于许多并不满足绝对可积条件的函数（如阶跃信号、符号信号及周期信号等），其傅

里叶变换可以有确定的表示式。

定义：函数$f(t)$的傅里叶变换$F(\mathrm{j}\Omega)$存在的充分条件（并非必要条件）是$f(t)$在无限区间内绝对可积，即$\int_{-\infty}^{\infty}|f(t)|\mathrm{d}t<\infty$。

证明：因为

$$F(\mathrm{j}\Omega)=\int_{-\infty}^{\infty}f(t)\mathrm{e}^{-\mathrm{j}\Omega t}\mathrm{d}t$$

要使$F(\mathrm{j}\Omega)$存在，必须满足

$$F(\mathrm{j}\Omega)=\int_{-\infty}^{\infty}f(t)\mathrm{e}^{-\mathrm{j}\Omega t}\mathrm{d}t<\infty$$

而

$$\int_{-\infty}^{\infty}f(t)\mathrm{e}^{-\mathrm{j}\Omega t}\mathrm{d}t\leqslant\int_{-\infty}^{\infty}|f(t)\mathrm{e}^{-\mathrm{j}\Omega t}|\mathrm{d}t=\int_{-\infty}^{\infty}|f(t)||\mathrm{e}^{-\mathrm{j}\Omega t}|\mathrm{d}t$$

又因为$|\mathrm{e}^{-\mathrm{j}\Omega t}|=1$

$$\int_{-\infty}^{\infty}f(t)\mathrm{e}^{-\mathrm{j}\Omega t}\mathrm{d}t\leqslant\int_{-\infty}^{\infty}|f(t)|\mathrm{d}t$$

如果$\int_{-\infty}^{\infty}|f(t)|\mathrm{d}t<\infty$，则$F(\mathrm{j}\Omega)=\int_{-\infty}^{\infty}f(t)\mathrm{e}^{-\mathrm{j}\Omega t}\mathrm{d}t$必然存在。

2.3.2　傅里叶变换的物理意义——频谱和频谱密度函数

因为

$$F(\mathrm{j}\Omega)=\lim_{T\to\infty}TF_n=\lim_{\Omega_0\to 0}\frac{2\pi F_n}{\Omega_0}=\frac{2\pi F_n}{\mathrm{d}\Omega}=\frac{F_n}{\mathrm{d}f}\tag{2.3-10}$$

从上式可以看出，$F(\mathrm{j}\Omega)$具有单位频带复振幅的量纲，因此这个新的量$F(\mathrm{j}\Omega)$称为原函数$f(t)$的频谱密度函数（Spectrum Density Function），简称频谱函数。如同单位体积内的质量为物体的密度一样。一般情况下，频谱函数是一个复函数，它可以写成

$$F(\mathrm{j}\Omega)=|F(\mathrm{j}\Omega)|\mathrm{e}^{\mathrm{j}\varphi(\Omega)}\tag{2.3-11}$$

$|F(\mathrm{j}\Omega)|$也称为幅度频谱，它是频率的函数，它代表信号中各频率分量的相对大小，而各频率分量的实际幅度是$\frac{F(\mathrm{j}\Omega)\mathrm{d}\Omega}{2\pi}$，它是一无穷小量。$\varphi(\Omega)$称为相位频谱，它也是频率的函数，它代表有关频率分量的相位。和2.2节讨论的谐波振幅$|F(\mathrm{j}\Omega)|$和相位$\varphi(\Omega)$一样，这里$|F(\mathrm{j}\Omega)|$是频率Ω的偶函数，$\varphi(\Omega)$则是Ω的奇函数。和周期信号一样，这里也可以把函数$f(t)$写成三角函数的形式

$$\begin{aligned}f(t)&=\frac{1}{2\pi}\int_{-\infty}^{\infty}F(\mathrm{j}\Omega)\mathrm{e}^{\mathrm{j}\Omega t}\mathrm{d}\Omega=\frac{1}{2\pi}\int_{-\infty}^{\infty}|F(\mathrm{j}\Omega)|\mathrm{e}^{\mathrm{j}[\Omega t+\varphi(\Omega)]}\mathrm{d}\Omega\\&=\frac{1}{2\pi}\int_{-\infty}^{\infty}|F(\mathrm{j}\Omega)|\cos[\Omega t+\varphi(\Omega)]\mathrm{d}\Omega+\frac{\mathrm{j}}{\pi}\int_{-\infty}^{\infty}|F(\mathrm{j}\Omega)|\sin[\Omega t+\varphi(\Omega)]\mathrm{d}\Omega\end{aligned}$$

因为$|F(\mathrm{j}\Omega)|$是频率Ω的偶函数，而$\varphi(\Omega)$是Ω的奇函数。所以上式第二个积分的被积函数是奇函数，积分值应为零；第一个积分的被积函数则是偶函数，故有

$$f(t)=\frac{1}{2\pi}\int_{-\infty}^{\infty}|F(\mathrm{j}\Omega)|\cos[\Omega t+\varphi(\Omega)]\mathrm{d}\Omega\tag{2.3-12}$$

式(2.3-12)表明,任意非周期信号$f(t)$可分解为无穷多不同余弦(或正弦)分量之加权和，其各分量的加权系数为无穷小量$\frac{F(\mathrm{j}\Omega)\mathrm{d}\Omega}{2\pi}$。$\frac{F(\mathrm{j}\Omega)\mathrm{d}\Omega}{2\pi}$相当于各分量的振幅。

可见，非周期信号也和周期信号一样，可以分解为许多不同频率的正弦分量。所不同的是，由于非周期信号的周期趋于无限大，基波频率就趋于无限小，因此组成信号的分量的频率包含了从零到无穷大之间的一切频率。同时随着周期的无限增大，组成信号的分量的振幅$\frac{F(\mathrm{j}\Omega)\mathrm{d}\Omega}{2\pi}$则无限减小，所以频谱不能直接用振幅作出，而必须用它的密度函数来作出。密度函数的模量$|F(\mathrm{j}\Omega)|$对频率Ω作出的连续曲线代表信号的幅度频谱；密度函数的相角$\varphi(\Omega)$对频率Ω作出的连续曲线则是信号的相位频谱。下节将对几种典型非周期信号的频谱进行研究。

2.3.3 常用信号的傅里叶变换

1. 单边指数信号

单边指数信号(Single-sided Exponential Signal)的表示式为

$$f(t)=\begin{cases}\mathrm{e}^{-\alpha t} & t>0\\ 0 & t<0\end{cases}\quad \alpha>0$$

傅里叶变换为

$$F(\mathrm{j}\Omega)=\int_{-\infty}^{\infty}f(t)\mathrm{e}^{-\mathrm{j}\Omega t}\mathrm{d}t=\int_{0}^{\infty}\mathrm{e}^{-\alpha t}\mathrm{e}^{-\mathrm{j}\Omega t}\mathrm{d}t=\frac{1}{\alpha+\mathrm{j}\Omega}\tag{2.3-13}$$

由此得,$f(t)$的幅度频谱、相位频谱分别为

$$|F(\mathrm{j}\Omega)|=\frac{1}{\sqrt{\alpha^2+\Omega^2}}\tag{2.3-14}$$

$$\varphi(\Omega)=-\arctan\left(\frac{\Omega}{\alpha}\right)\tag{2.3-15}$$

单边指数信号的波形$f(t)$、幅度谱$|F(\mathrm{j}\Omega)|$和相位谱$\varphi(\Omega)$如图2-13所示。

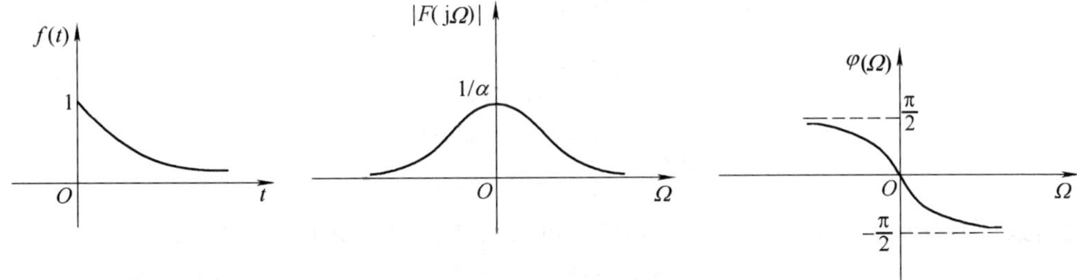

图2-13 单边指数信号的波形和频谱

2. 偶双边指数信号

偶双边指数信号(Two-sided Exponential Signal)的表示式为

$$f(t)=\mathrm{e}^{-\alpha|t|}\quad -\infty<t<\infty,\ \alpha>0$$

利用公式，可求得此信号的傅里叶变换为

$$F(\mathrm{j}\Omega)=\int_{-\infty}^{\infty}f(t)\mathrm{e}^{-\mathrm{j}\Omega t}\mathrm{d}t=\int_{-\infty}^{0}\mathrm{e}^{\alpha t}\mathrm{e}^{-\mathrm{j}\Omega t}\mathrm{d}t+\int_{0}^{\infty}\mathrm{e}^{-\alpha t}\mathrm{e}^{-\mathrm{j}\Omega t}\mathrm{d}t$$

$$=\frac{1}{\alpha-\mathrm{j}\Omega}+\frac{1}{\alpha+\mathrm{j}\Omega}=\frac{2\alpha}{\alpha^2+\Omega^2} \tag{2.3-16}$$

由此得，偶双边指数信号的幅度频谱、相位频谱分别为

$$|F(\mathrm{j}\Omega)|=\frac{2\alpha}{\alpha^2+\Omega^2} \tag{2.3-17}$$

$$\varphi(\Omega)=0 \tag{2.3-18}$$

偶双边指数信号的波形 $f(t)$、幅度谱 $|F(\mathrm{j}\Omega)|$ 如图 2-14 所示。

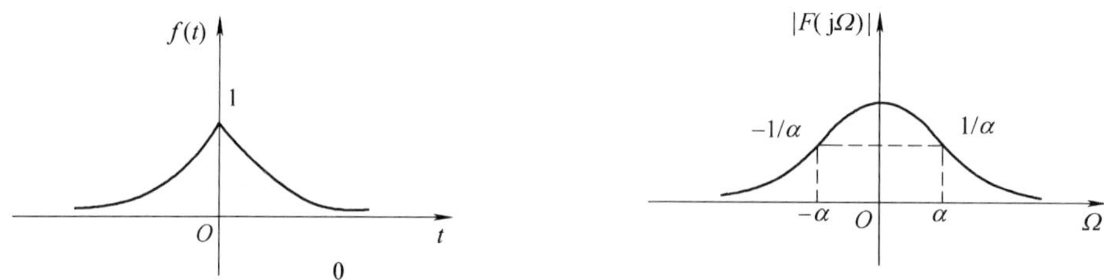

图 2-14　偶双边指数信号的波形及其频谱

3. 奇双边指数信号

奇双边指数信号(Single-sided Exponential Signal)的表示式为

$$f(t)=\begin{cases}\mathrm{e}^{-\alpha t} & t>0\\ -\mathrm{e}^{\alpha t} & t<0\end{cases}\quad \alpha>0$$

利用公式，可求得此信号的傅里叶变换为

$$F(\mathrm{j}\Omega)=\int_{-\infty}^{\infty}f(t)\mathrm{e}^{-\mathrm{j}\Omega t}\mathrm{d}t=-\int_{-\infty}^{0}\mathrm{e}^{\alpha t}\mathrm{e}^{-\mathrm{j}\Omega t}\mathrm{d}t+\int_{0}^{\infty}\mathrm{e}^{-\alpha t}\mathrm{e}^{-\mathrm{j}\Omega t}\mathrm{d}t$$

$$=\frac{-1}{\alpha-\mathrm{j}\Omega}+\frac{1}{\alpha+\mathrm{j}\Omega}=-\mathrm{j}\frac{2\Omega}{\alpha^2+\Omega^2} \tag{2.3-19}$$

由此得，奇双边指数信号的幅度频谱、相位频谱为

$$|F(\mathrm{j}\Omega)|=\left|\frac{2\Omega}{\alpha^2+\Omega^2}\right| \tag{2.3-20}$$

$$\varphi(\Omega)=\begin{cases}\pi/2 & \Omega<0\\ -\pi/2 & \Omega>0\end{cases} \tag{2.3-21}$$

奇双边指数信号的波形 $f(t)$、幅度谱 $|F(\mathrm{j}\Omega)|$ 和相位谱 $\varphi(\Omega)$ 如图 2-15 所示。

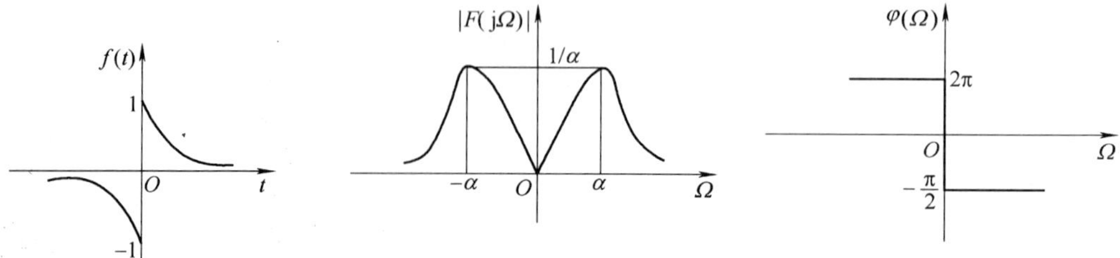

图 2-15　奇双边指数信号的波形及其幅度谱

4. 对称矩形脉冲信号

对称矩形脉冲信号(又称门函数)(Symmetry Rectangular Pulse Signal)的表示式为

$$g_\tau(t)=\begin{cases}E & |t|<\tau/2\\0 & |t|>\tau/2\end{cases}$$

式中，E 为脉冲幅度；τ 为脉冲宽度。傅里叶变换为

$$F(\mathrm{j}\Omega)=\int_{-\tau/2}^{\tau/2}E\mathrm{e}^{-\mathrm{j}\Omega t}\mathrm{d}t=\left.\frac{E}{-\mathrm{j}\Omega}\mathrm{e}^{-\mathrm{j}\Omega t}\right|_{-\frac{\tau}{2}}^{\frac{\tau}{2}}=\frac{2E}{\Omega}\cdot\sin\left(\frac{\Omega\tau}{2}\right)$$

$$=E\tau\left[\frac{\sin(\frac{\Omega\tau}{2})}{\frac{\Omega\tau}{2}}\right]=E\tau Sa(\frac{\Omega\tau}{2}) \tag{2.3-22}$$

矩形脉冲信号的波形 $g_\tau(t)$ 及频谱图如图 2-16 所示。其中图 a 为波形，图 b 为频谱图 $F(\mathrm{j}\Omega)$，既包含了幅度信息，也包含了相位信息。也可将图 b 的 $F(\mathrm{j}\Omega)$ 画成两张图，其一是幅度谱，如图 c 所示，其二是相位谱，如图 d 所示。

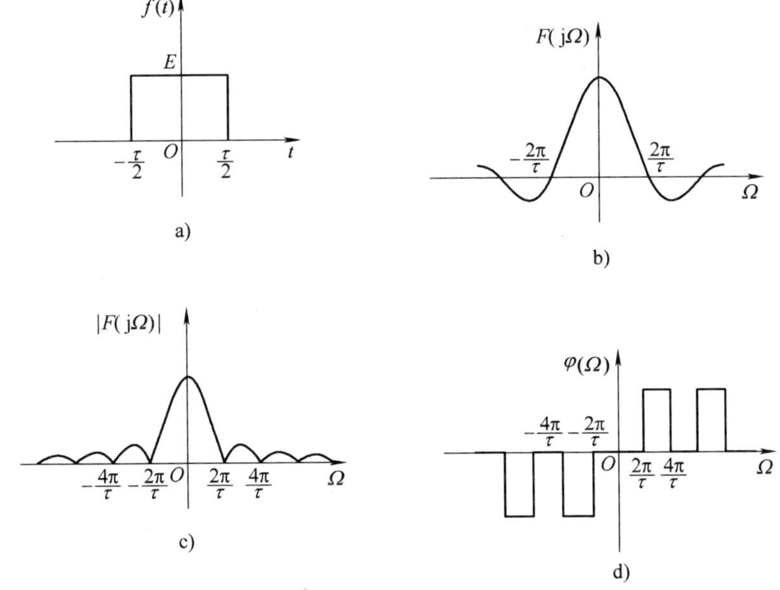

图 2-16　对称矩形脉冲信号的波形及其频谱

比较图 2-16 与图 2-11 可以看出，非周期矩形单脉冲的频谱函数曲线与周期矩形脉冲离散频谱的包络线形状完全相同，都具有取样函数的形状。和周期脉冲的频谱一样，单脉冲频谱也具有收敛性，信号的绝大部分能量集中在 $f=0\sim\frac{1}{\tau}$ 频率范围内。因而，通常认为这种信号占有的频率范围，即频带宽度 B_f(Band Width))近似为 $\frac{1}{\tau}$，即

$$B_f=\frac{1}{\tau}$$

5. 符号函数

符号函数(Sign Function)的表示式为

$$\text{sgn}(t)=\begin{cases}1 & t>0\\ -1 & t<0\end{cases}$$

显然，符号函数 sgn(t)不满足绝对可积的条件，但它存在傅里叶变换，可以借助于符号函数与奇双边指数信号$f(t)$相乘，先求出此乘积信号$f_1(t)$的频谱，然后取极限，从而得出符号函数 sgn(t)的频谱。

奇双边指数函数的表示式为

$$f(t)=\begin{cases}e^{-\alpha t} & t>0\\ -e^{\alpha t} & t<0\end{cases}\quad \alpha>0$$

当$\alpha\to 0$时，有$\lim\limits_{\alpha\to 0}f(t)=\text{sgn}(t)$，定义乘积信号$f_1(t)$(见图 2-17)为符号函数。

$$f_1(t)=\text{sgn}(t)f(t)=-e^{\alpha t}u(-t)+e^{-\alpha t}u(t)$$

其傅里叶变换为

$$\begin{aligned}F_1(j\Omega)&=\int_{-\infty}^{\infty}f(t)e^{-j\Omega t}dt=-\int_{-\infty}^{0}e^{\alpha t}e^{-j\Omega t}dt+\int_{0}^{\infty}e^{-\alpha t}e^{-j\Omega t}dt\\&=\frac{-1}{\alpha-j\Omega}+\frac{1}{\alpha+j\Omega}=-j\frac{2\Omega}{\alpha^2+\Omega^2}\end{aligned}$$

符号函数可看作是当$\alpha\to 0$时$f_1(t)$的极限(见图 2-18)。因此，它的频谱函数也是$f_1(t)$的频谱函数$F_1(j\Omega)$在$\alpha\to 0$时的极限。所以

$$F(j\Omega)=\lim_{\alpha\to 0}F_1(j\Omega)=\lim_{\alpha\to 0}-j\frac{2\Omega}{\alpha^2+\Omega^2}=\frac{2}{j\Omega}\tag{2.3-23}$$

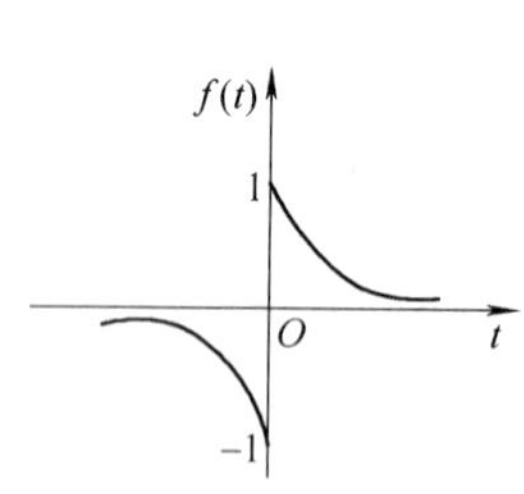

图 2-17 $f_1(t)$的波形

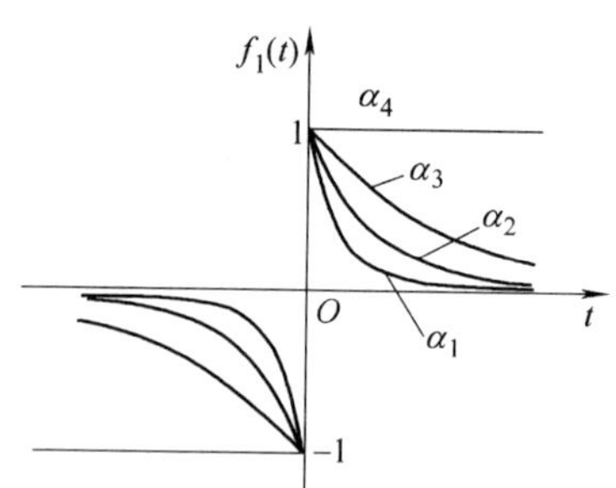

图 2-18 从$f_1(t)$演变到 sgn(t)的过程

由此得，sgn(t)的幅度频谱、相位频谱分别为

$$|F(j\Omega)|=\frac{2}{|\Omega|}$$

$$\varphi(\Omega)=\begin{cases}\pi/2 & \Omega<0\\ -\pi/2 & \Omega>0\end{cases}$$

sgn(t)信号的波形$f(t)$、幅度谱$|F(j\Omega)|\frac{\pi}{2}$和相位谱$\varphi(\Omega)$如图 2-19 所示。

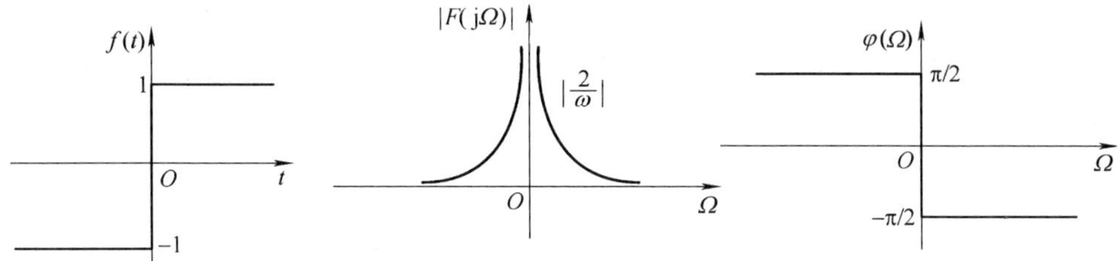

图 2-19　sgn(t)信号的波形及其频谱

6. 单位直流信号

信号(Direct Current Signal)的表示式为

$$f(t)=1,\quad -\infty<t<\infty$$

可见该信号也不满足绝对可积条件，但可利用上述偶双边指数信号取极限，求得其傅里叶变换，即

$$f(t)=\lim_{\alpha\to 0}e^{-\alpha|t|}=1$$

故

$$F(\mathrm{j}\Omega)=\lim_{\alpha\to 0}\frac{2\alpha}{\alpha^2+\Omega^2}=\begin{cases}0 & \Omega\neq 0\\ \infty & \Omega=0\end{cases}$$

由上式可见，它是一个以 Ω 为自变量的冲激信号。根据冲激信号的定义，该冲激信号的强度为

$$\int_{-\infty}^{\infty}\frac{2\alpha}{\alpha^2+\Omega^2}\mathrm{d}\Omega=2\int_{-\infty}^{\infty}\frac{\alpha}{\alpha^2+\Omega^2}\mathrm{d}\Omega=2\int_{-\infty}^{\infty}\frac{\frac{1}{\alpha}}{1+\left(\frac{\Omega}{\alpha}\right)^2}\mathrm{d}\Omega=2\int_{-\infty}^{\infty}\frac{1}{1+\left(\frac{\Omega}{\alpha}\right)^2}\mathrm{d}\left(\frac{\Omega}{\alpha}\right)$$

$$=2\arctan\left(\frac{\Omega}{\alpha}\right)\Bigg|_{-\infty}^{\infty}=2\left[\frac{\pi}{2}-\left(-\frac{\pi}{2}\right)\right]=2\pi$$

这表明 $F(\mathrm{j}\Omega)$ 为一个冲激强度为 2π，出现在 $\Omega=0$ 处的冲激信号，所以有

$$F(\mathrm{j}\Omega)=2\pi\delta(\Omega)\tag{2.3-24}$$

此结果表明，直流信号的频谱是冲激信号。或者反过来说，若某时间函数的频谱中包含有冲激信号 $\delta(\Omega)$，则它所对应的时间函数中必包含有直流分量。单位直流信号的波形 $f(t)$、频谱 $F(\mathrm{j}\Omega)$ 如图 2-20 所示。

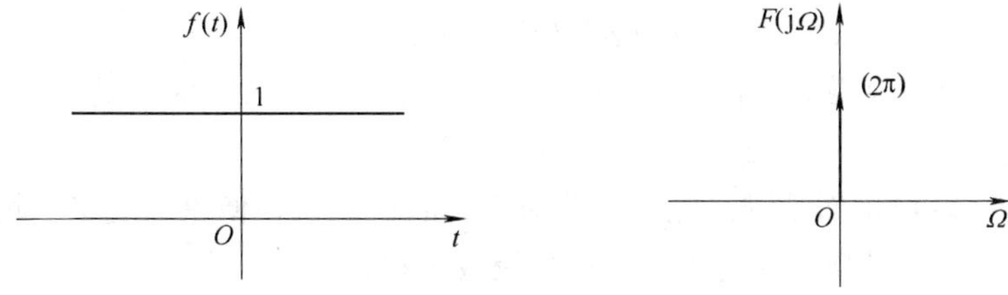

图 2-20　单位直流信号的波形及其频谱

7. 单位冲激信号

根据傅里叶变换的定义式(2.3-2)以及冲激信号的取样性质，可求出单位冲激信号 $\delta(t)$ 的傅里叶变换为

$$F(\mathrm{j}\Omega) = \int_{-\infty}^{\infty} \delta(t) \mathrm{e}^{-\mathrm{j}\Omega t} \mathrm{d}t = 1 \tag{2.3-25}$$

即单位冲激信号的频谱是常数1，在整个频率范围内频谱是均匀分布的，也就是说它的频带宽度为无穷大。因此这种频谱常常被叫作“均匀谱”或“白色频谱”。$\delta(t)$ 信号的波形及其幅度谱 $|F(\mathrm{j}\Omega)|$ 如图2-21所示。

图2-21　$\delta(t)$ 信号的波形及其频谱

由式(2.3-24)和式(2.3-25)知，直流信号的频谱是冲激信号，冲激信号的傅里叶变换是直流信号，直流信号与冲激信号是一对傅里叶变换对。直流信号 $f(t)$ 的时域持续时间无限，而其频谱 $F(\mathrm{j}\Omega)=2\pi\delta(\Omega)$ 在频域为冲激信号，频宽有限；单位冲激信号 $\delta(t)$ 时域持续时间有限，而其频谱 $F(\mathrm{j}\Omega)=1$ 的频宽在频域无限。

8. 冲激偶函数

因为 $\mathscr{F}[\delta(t)]=1$，所以

$$\delta(t) = \frac{1}{2\pi}\int_{-\infty}^{\infty} \mathrm{e}^{\mathrm{j}\Omega t} \mathrm{d}\Omega$$

将上式两边对 t 求导，

$$\frac{\mathrm{d}}{\mathrm{d}t}[\delta(t)] = \frac{1}{2\pi}\int_{-\infty}^{\infty} (\mathrm{j}\Omega) \mathrm{e}^{\mathrm{j}\Omega t} \mathrm{d}\Omega$$

所以

$$\mathscr{F}\left\{\frac{\mathrm{d}}{\mathrm{d}t}[\delta(t)]\right\} = \mathscr{F}[\delta'(t)] = \mathrm{j}\Omega \tag{2.3-26}$$

同理可得

$$\mathscr{F}[\delta^{(n)}(t)] = (\mathrm{j}\Omega)^n \tag{2.3-27}$$

在2.4节中将要讨论微分特性，从而可以直接得到式(2.3-27)的结果。

9. 阶跃信号

单位阶跃信号 $u(t)$ 虽然不满足绝对可积条件，但它仍存在傅里叶变换。可将 $u(t)$ 看作是幅度为1/2的直流信号与幅度为1/2的符号函数之和，即

$$u(t) = \frac{1}{2} + \frac{1}{2}\mathrm{sgn}(t)$$

上式两边进行傅里叶变换可得

$$\mathscr{F}\left[u(t)\right]=\mathscr{F}\left[\frac{1}{2}\right]+\mathscr{F}\left[\frac{1}{2}\mathrm{sgn}(t)\right]$$

由式(2.3-23)和式(2.3-24)，可得 $u(t)$ 的傅里叶变换为

$$\mathscr{F}\left[u(t)\right]=\pi\delta(\Omega)+\frac{1}{\mathrm{j}\Omega} \tag{2.3-28}$$

单位阶跃信号 $u(t)$ 的幅度谱和相位谱如图 2-22 所示。

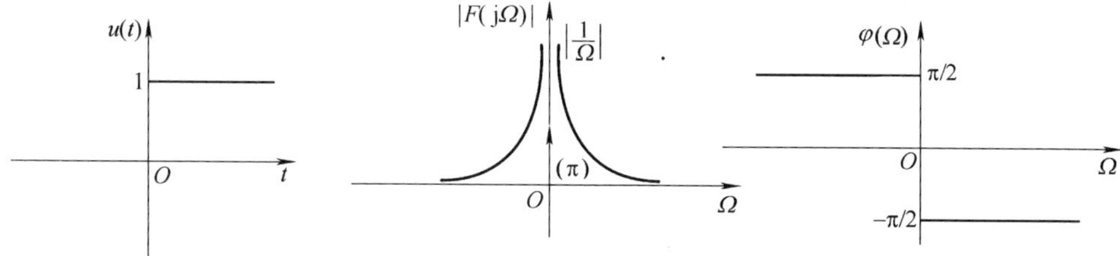

图 2-22　单位阶跃信号的波形和频谱

可见，单位阶跃信号 $u(t)$ 的频谱在 $\Omega=0$ 点存在一个冲激信号 $\pi\delta(\Omega)$，这就说明 $u(t)$ 含有直流分量 1/2。又由于 $u(t)$ 不是纯直流信号，它在 $t=0$ 点有跳变，因此在频谱中还包含有丰富的其他的频率分量。

一些常见信号的傅里叶变换见表 2-1。归纳以上分析，可以得到如下重要结论：

1）非周期信号的频谱是连续谱。

2）信号 $f(t)$ 在时域中的持续时间与其频谱 $F(\mathrm{j}\Omega)$ 在频域的带宽成反比。信号的持续时间愈长，其频带宽度愈窄，反之，信号脉冲愈窄，其频带宽度愈宽。

3）绝大部分信号的能量一般都集中在低频范围内。

表 2-1　常见信号的傅里叶变换及其频谱图

序号	信号名称	波　形　图	$f(t)\leftrightarrow F(\mathrm{j}\Omega)$	频　谱　图
1	单边指数信号	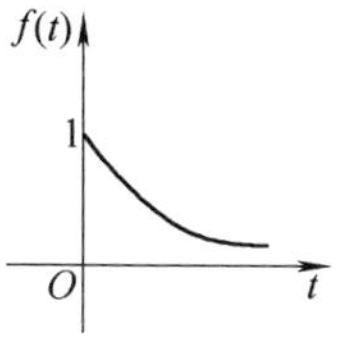	$f(t)=\begin{cases}\mathrm{e}^{-\alpha t} & t>0\\ 0 & t<0\end{cases}\quad \alpha>0$ $F(\mathrm{j}\Omega)=\dfrac{1}{\alpha+\mathrm{j}\Omega}$	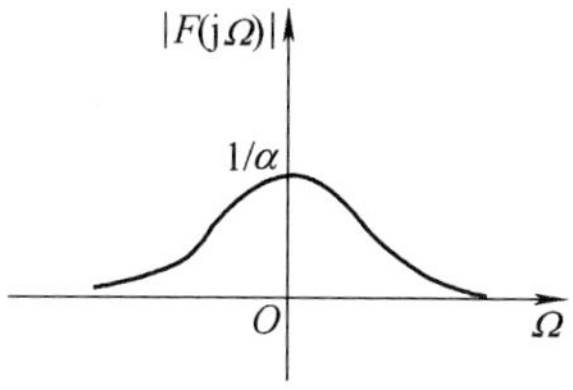 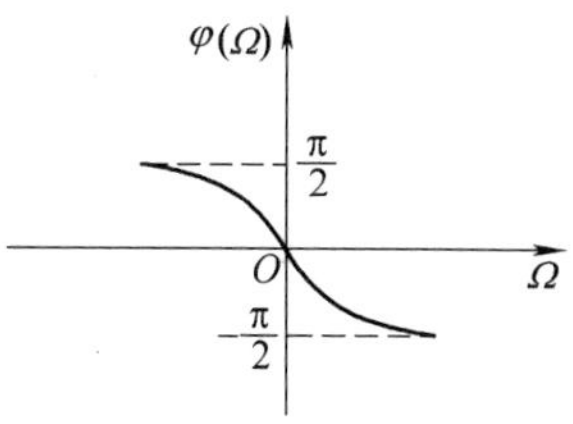

(续)

序号	信号名称	波形图	$f(t)\leftrightarrow F(j\Omega)$	频谱图
2	偶双边指数信号	$f(t)$, 1, O, t	$f(t)=e^{-\alpha\|t\|}$ $-\infty<t<\infty,\alpha>0$ $F(j\Omega)=\dfrac{2\alpha}{\alpha^2+\Omega^2}$	$F(j\Omega)$, $\frac{2}{\alpha}$, $-1/\alpha$, $1/\alpha$, $-\alpha$, O, α, Ω
3	对称矩形脉冲信号	$f(t)$, E, $-\frac{\tau}{2}$, O, $\frac{\tau}{2}$, t	$G_\tau(t)=\begin{cases}E & \|t\|<\tau/2\\0 & \|t\|>\tau/2\end{cases}$ $F(j\Omega)=E\tau Sa\left(\dfrac{\Omega\tau}{2}\right)$	$\|F(j\Omega)\|$, $-\frac{4\pi}{\tau}$, $-\frac{2\pi}{\tau}$, O, $\frac{2\pi}{\tau}$, $\frac{4\pi}{\tau}$, Ω $\varphi(\Omega)$, $-\frac{4\pi}{\tau}$, $-\frac{2\pi}{\tau}$, O, $\frac{2\pi}{\tau}$, $\frac{4\pi}{\tau}$, Ω
4	符号函数	$f(t)$, 1, O, t, -1	$\mathrm{sgn}(t)=\begin{cases}1 & t>0\\-1 & t<0\end{cases}$ $F(j\Omega)=\dfrac{2}{j\Omega}$	$F(j\Omega)$, $\left\|\frac{2}{\Omega}\right\|$, O, Ω $\varphi(\Omega)$, $\frac{\pi}{2}$, O, Ω, $-\frac{\pi}{2}$
5	单位直流信号	$f(t)$, 1, O, t	$f(t)=1$ $-\infty<t<\infty$ $F(j\Omega)=2\pi\delta(\Omega)$	$F(j\Omega)$, (2π), O, Ω

（续）

序号	信号名称	波　形　图	$f(t)\leftrightarrow F(\mathrm{j}\Omega)$	频　谱　图
6	单位冲激信号	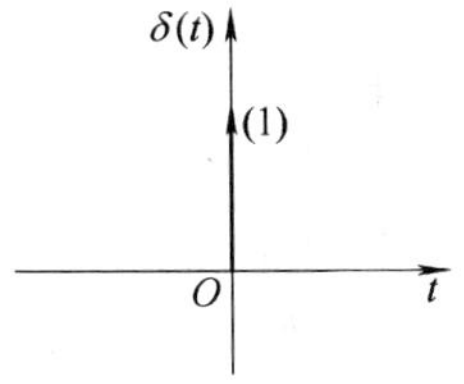	$\left.\begin{array}{l}\delta(t)=0,t\neq 0\\ \int_{-\infty}^{\infty}\delta(t)\mathrm{d}t=1\end{array}\right\}$ $F(\mathrm{j}\Omega)=1$	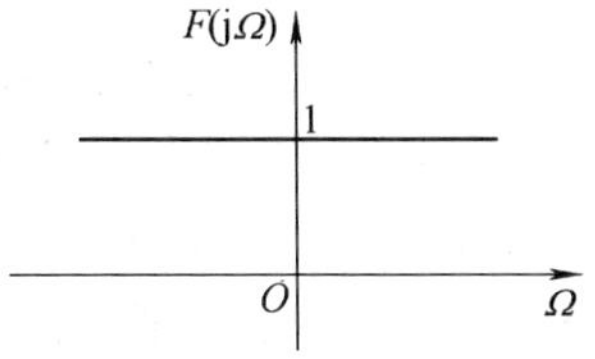
7	阶跃信号	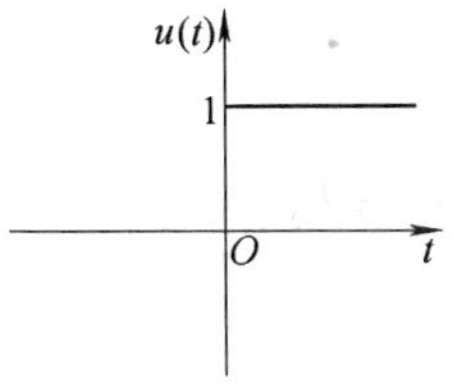	$u(t)=\frac{1}{2}+\frac{1}{2}\mathrm{sgn}(t)$ $F(\mathrm{j}\Omega)=\pi\delta(\Omega)+\frac{1}{\mathrm{j}\Omega}$	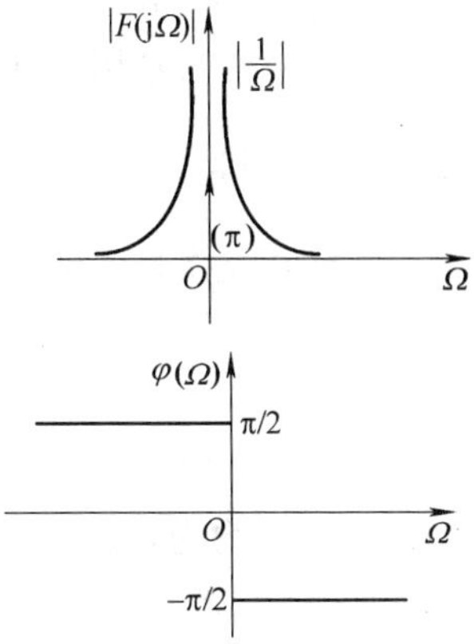
8	余弦信号	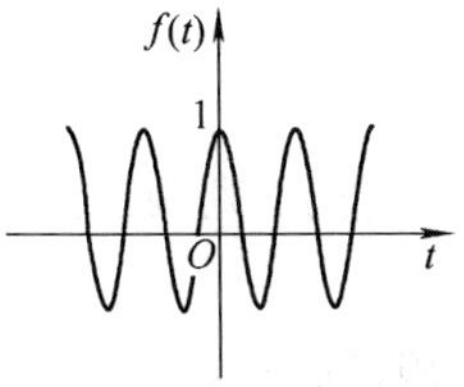	$f(t)=\cos\Omega_0 t$ $F(\mathrm{j}\Omega)=\pi[\delta(\Omega+\Omega_0)+\delta(\Omega-\Omega_0)]$	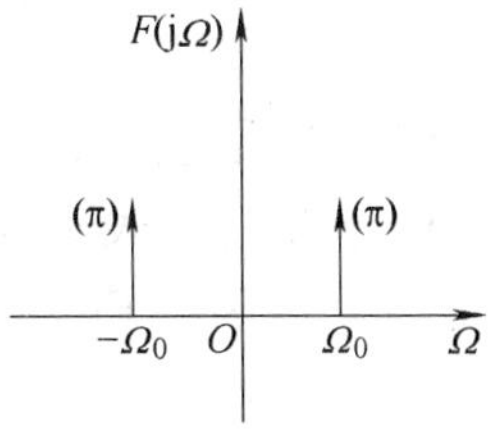
9	正弦信号	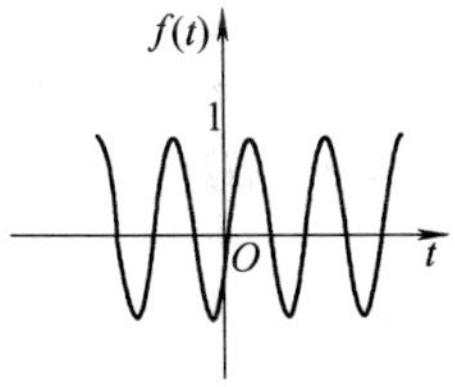	$f(t)=\sin\Omega_0 t$ $F(\mathrm{j}\Omega)=\mathrm{j}\pi[\delta(\Omega+\Omega_0)-\delta(\Omega-\Omega_0)]$	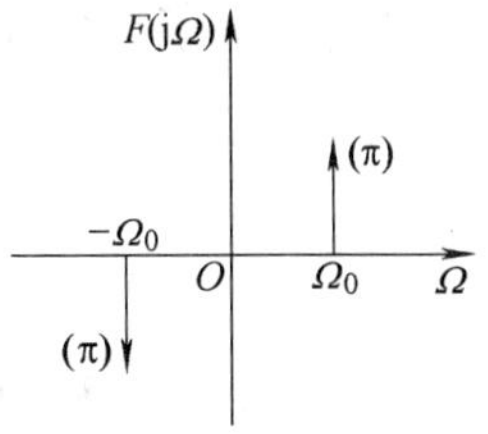
10	冲激串信号	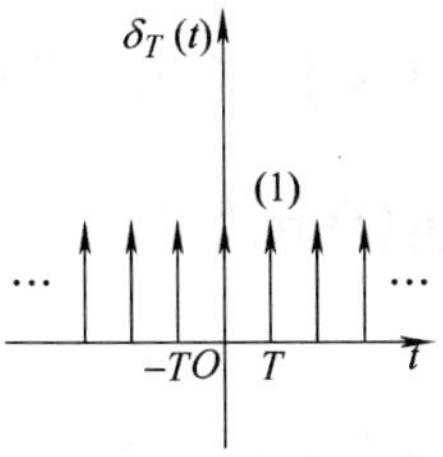	$\delta_T(t)=\sum_{n=-\infty}^{\infty}\delta(t-nT)$ $F(\mathrm{j}\Omega)=\Omega_0\sum_{n=-\infty}^{\infty}\delta(\Omega-n\Omega_0)$	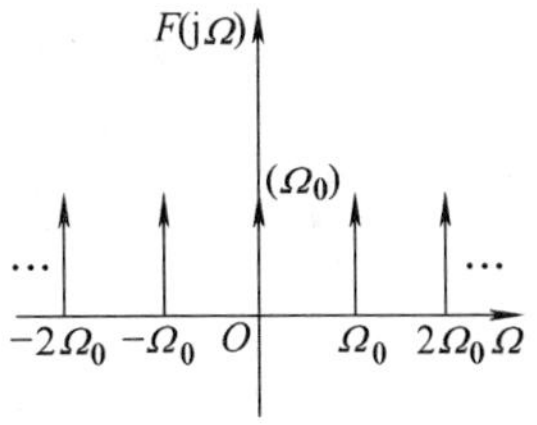

2.4 傅里叶变换的基本性质

前面已经讨论了信号的时间函数和频谱函数之间用傅里叶正反变换互求的一般关系。这一对变换式说明，信号的特性可以在时域中用时间函数$f(t)$完整地表示出来，也可以在频域中用频谱函数$F(\mathrm{j}\Omega)$完整地表示出来，而且两者之间有着密切的联系，即傅里叶正反变换已经给出了信号的时域特性与频域特性之间的一般关系。但是，如果进一步研究一下傅里叶正反变换式，还可以得出两者之间的若干特定对应关系。因此有必要讨论傅里叶变换的基本性质，并说明其应用。本节将研究在某域中对函数进行某种运算，在另一域中所引起的效应。下面就几个较为常用的性质分别加以讨论。

2.4.1 线性

傅里叶变换是一种线性(Linearity)运算，若

$$\mathscr{F}[f_1(t)]=F_1(\mathrm{j}\Omega),\ \mathscr{F}[f_2(t)]=F_2(\mathrm{j}\Omega)$$

则

$$\mathscr{F}[af_1(t)+bf_2(t)]=aF_1(\mathrm{j}\Omega)+bF_2(\mathrm{j}\Omega) \tag{2.4-1}$$

式中,a 和 b 均为常数，其证明只需根据傅里叶变换的定义即可得出。

简记为，若

$$f_1(t)\leftrightarrow F_1(\mathrm{j}\Omega),\ f_2(t)\leftrightarrow F_2(\mathrm{j}\Omega)$$

则

$$af_1(t)+bf_2(t)\leftrightarrow aF_1(\mathrm{j}\Omega)+bF_2(\mathrm{j}\Omega) \tag{2.4-2}$$

线性性质包含两个含义：

1）齐次性。表明若信号$f(t)$乘以常数a(即信号增大a倍)，则频谱函数$F(\mathrm{j}\Omega)$也乘以常数a(即频谱函数$F(\mathrm{j}\Omega)$也增大a倍)。

2）可加性。表明几个信号之和的频谱等于各个信号频谱函数之和。

下面对式(2.4-1)加以证明。

证明:1)证明可加性。

设

$$\mathscr{F}[f_1(t)]=F_1(\mathrm{j}\Omega),\ \mathscr{F}[f_2(t)]=F_2(\mathrm{j}\Omega)$$

有

$$F_1(\Omega)=\int_{-\infty}^{\infty}f_1(t)\mathrm{e}^{-\mathrm{j}\Omega t}\mathrm{d}t,\ F_2(\Omega)=\int_{-\infty}^{\infty}f_2(t)\mathrm{e}^{-\mathrm{j}\Omega t}\mathrm{d}t$$

则

$$\begin{aligned}\mathscr{F}[f_1(t)]+\mathscr{F}[f_2(t)]&=\int_{-\infty}^{\infty}f_1(t)\mathrm{e}^{-\mathrm{j}\Omega t}\mathrm{d}t+\int_{-\infty}^{\infty}f_2(t)\mathrm{e}^{-\mathrm{j}\Omega t}\mathrm{d}t\\&=\int_{-\infty}^{\infty}[f_1(t)+f_2(t)]\mathrm{e}^{-\mathrm{j}\Omega t}\mathrm{d}t\end{aligned} \tag{2.4-3a}$$

又

$$\mathscr{F}[f_1(t)+f_2(t)]=\int_{-\infty}^{\infty}[f_1(t)+f_2(t)]\mathrm{e}^{-\mathrm{j}\Omega t}\mathrm{d}t \tag{2.4-3b}$$

式(2.4-3a)与式(2.4-3b)相同，所以

$$\mathscr{F}[f_1(t)]+\mathscr{F}[f_2(t)]=\mathscr{F}[f_1(t)+f_2(t)]$$

满足可加性。

2）证明齐次性。

设

$$\mathscr{F}[f(t)]=F(\mathrm{j}\Omega)$$

则

$$\mathscr{F}[af(t)]=\int_{-\infty}^{\infty}[af(t)]\mathrm{e}^{-\mathrm{j}\Omega t}\mathrm{d}t=a\int_{-\infty}^{\infty}f(t)\mathrm{e}^{-\mathrm{j}\Omega t}\mathrm{d}t=a\mathscr{F}[f(t)]=aF(\mathrm{j}\Omega)$$

满足齐次性。

也可以同时证明可加性和齐次性。

$$\begin{aligned}\mathscr{F}[af_1(t)+bf_2(t)]&=\int_{-\infty}^{\infty}[af_1(t)+bf_2(t)]\mathrm{e}^{-\mathrm{j}\Omega t}\mathrm{d}t\\&=\int_{-\infty}^{\infty}[af_1(t)]\mathrm{e}^{-\mathrm{j}\Omega t}\mathrm{d}t+\int_{-\infty}^{\infty}[bf_2(t)]\mathrm{d}t\\&=a\int_{-\infty}^{\infty}f_1(t)\mathrm{e}^{-\mathrm{j}\Omega t}\mathrm{d}t+b\int_{-\infty}^{\infty}f_2(t)\mathrm{d}t\\&=a\mathscr{F}[f_1(t)]+b\mathscr{F}[f_2(t)]\\&=aF_1(\mathrm{j}\Omega)+bF_2(\mathrm{j}\Omega)\end{aligned}$$

例 2-3 利用傅里叶变换的线性性质求单位阶跃信号的傅里叶变换。

解：

因为

$$u(t)=\frac{1}{2}[1+\mathrm{sgn}(t)]=\frac{1}{2}+\frac{1}{2}\mathrm{sgn}(t)$$

$$\mathscr{F}[u(t)]=\mathscr{F}\left[\frac{1}{2}\right]+\mathscr{F}\left[\frac{1}{2}\mathrm{sgn}(t)\right]=\frac{1}{2}\times2\pi\delta(\Omega)+\frac{1}{2}\times\frac{2}{\mathrm{j}\Omega}=\pi\delta(\Omega)+\frac{1}{\mathrm{j}\Omega}$$

2.4.2 奇偶性

根据傅里叶变换的定义，信号$f(t)$的傅里叶变换

$$F(\mathrm{j}\Omega)=\int_{-\infty}^{\infty}f(t)\mathrm{e}^{-\mathrm{j}\Omega t}\mathrm{d}t$$

在一般情况下是频率Ω的复函数，它可以表示成模（即幅度频谱$|F(\mathrm{j}\Omega)|$）和相位（即相位频谱$\varphi(\Omega)$）的函数，即写成

$$F(\mathrm{j}\Omega)=|F(\mathrm{j}\Omega)|\mathrm{e}^{\mathrm{j}\varphi(\Omega)}$$

也可以表示成实部$R(\Omega)$和虚部$X(\Omega)$的形式，即有

$$F(\mathrm{j}\Omega)=\mathrm{Re}[F(\mathrm{j}\Omega)]+\mathrm{j}\mathrm{Im}[F(\mathrm{j}\Omega)]=R(\Omega)+\mathrm{j}X(\Omega) \tag{2.4-4}$$

且有

$$|F(\mathrm{j}\Omega)|=\sqrt{R^2(\Omega)+X^2(\Omega)} \tag{2.4-5}$$

$$\varphi(\Omega)=\arctan\frac{X(\Omega)}{R(\Omega)} \tag{2.4-6}$$

下面针对信号$f(t)$是实函数和虚函数两种特定情况分别讨论信号对称性。

1）若$f(t)$是实函数，则其频谱函数$F(\mathrm{j}\Omega)$是共轭对称函数，即其实部$R(\Omega)$是偶函数、虚部$X(\Omega)$是奇函数。

因为

$$F(\Omega)=\int_{-\infty}^{\infty}f(t)\mathrm{e}^{-\mathrm{j}\Omega t}\mathrm{d}t=\int_{-\infty}^{\infty}f(t)\cos(\Omega t)\mathrm{d}t-\mathrm{j}\int_{-\infty}^{\infty}f(t)\sin(\Omega t)\mathrm{d}t=R(\Omega)+\mathrm{j}X(\Omega)$$

显然，其实部

$$R(\Omega)=\int_{-\infty}^{\infty}f(t)\cos(\Omega t)\mathrm{d}t=R(-\Omega)$$

是偶函数，其虚部

$$X(\Omega)=-\int_{-\infty}^{\infty}f(t)\sin(\Omega t)\mathrm{d}t=-X(-\Omega)$$

是奇函数，从而有

$$F(\mathrm{j}\Omega)=R(\Omega)+\mathrm{j}X(\Omega)=[R(\Omega)-\mathrm{j}X(\Omega)]^{*}=[R(\Omega)+\mathrm{j}X(-\Omega)]^{*}=F^{*}(-\mathrm{j}\Omega) \tag{2.4-7}$$

由于$R(\Omega)$是偶函数、$X(\Omega)$是奇函数，利用式(2.4-5)和式(2.4-6)可以证明$|F(\mathrm{j}\Omega)|$是偶函数、$\varphi(\Omega)$是奇函数。

当$f(t)$是实偶函数时，有

$$X(\Omega)=0,\ F(\mathrm{j}\Omega)=R(\Omega) \tag{2.4-8}$$

表明，实偶函数的频谱函数亦是实偶函数。

当$f(t)$是实奇函数时，有

$$R(\Omega)=0,\ F(\mathrm{j}\Omega)=\mathrm{j}X(\Omega) \tag{2.4-9}$$

表明，实奇函数的频谱函数是虚奇函数。

2）若$f(t)$是虚函数，则其频谱函数$F(\mathrm{j}\Omega)$是共轭反对称函数，即其实部$R(\Omega)$是奇函数、虚部$X(\Omega)$是偶函数。

令$f(t)=\mathrm{j}x(t)$，这里$x(t)=x^{*}(t)$，则$f(t)$的傅里叶变换可写成

$$F(\Omega)=\int_{-\infty}^{\infty}\mathrm{j}x(t)\mathrm{e}^{-\mathrm{j}\Omega t}\mathrm{d}t=\int_{-\infty}^{\infty}x(t)\sin(\Omega t)\mathrm{d}t+\mathrm{j}\int_{-\infty}^{\infty}x(t)\cos(\Omega t)\mathrm{d}t=R(\Omega)+\mathrm{j}X(\Omega)$$

显然，其实部

$$R(\Omega)=\int_{-\infty}^{\infty}x(t)\sin(\Omega t)\mathrm{d}t=-R(-\Omega) \tag{2.4-10}$$

是奇函数，其虚部

$$X(\Omega)=\int_{-\infty}^{\infty}x(t)\cos(\Omega t)\mathrm{d}t=X(-\Omega) \tag{2.4-11}$$

是偶函数，且有

$$F(\mathrm{j}\Omega)=R(\Omega)+\mathrm{j}X(\Omega)=[R(\Omega)-\mathrm{j}X(\Omega)]^{*}=-[R(-\Omega)+\mathrm{j}X(-\Omega)]^{*}=-F^{*}(-\mathrm{j}\Omega) \tag{2.4-12}$$

应注意，$f(t)$是虚函数时，其幅度频谱

$$|F(\mathrm{j}\Omega)| = \sqrt{R^2(\Omega) + X^2(\Omega)}$$

仍为偶函数，相位频谱

$$\varphi(\Omega) = \arctan\frac{R(\Omega)}{X(\Omega)}$$

仍是奇函数。

2.4.3 对称性

若

$$f(t) \leftrightarrow F(\mathrm{j}\Omega)$$

则

$$F(\mathrm{j}t) \leftrightarrow 2\pi f(-\Omega) \tag{2.4-13}$$

对称性(symmetry)表明，与信号$f(t)$的频谱函数$F(\mathrm{j}\Omega)$形式相同的时间函数$f(\mathrm{j}t)$的傅里叶变换为$2\pi f(-\Omega)$。这里的$F(\mathrm{j}\Omega)$与原信号$f(t)$有相同的形式(见图2-23)。现在进行证明。

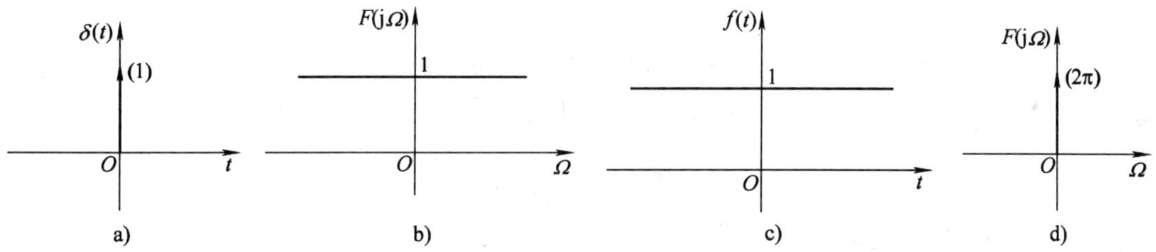

图2-23 傅里叶变换的对称性

证明:因为

$$f(t) = \frac{1}{2\pi}\int_{-\infty}^{\infty} F(\mathrm{j}\Omega)\mathrm{e}^{\mathrm{j}\Omega t}\mathrm{d}\Omega$$

所以

$$2\pi f(t) = \int_{-\infty}^{\infty} F(\mathrm{j}\Omega)\mathrm{e}^{\mathrm{j}\Omega t}\mathrm{d}\Omega$$

将上式中的自变量t换为$-t$，得

$$2\pi f(-t) = \int_{-\infty}^{\infty} F(\mathrm{j}\Omega)\mathrm{e}^{-\mathrm{j}\Omega t}\mathrm{d}\Omega$$

将上式中的变量Ω换为x，积分结果不变，即

$$2\pi f(-t) = \int_{-\infty}^{\infty} F(\mathrm{j}x)\mathrm{e}^{-\mathrm{j}xt}\mathrm{d}x$$

再将t用Ω代之，上述关系依然成立，即

$$2\pi f(-\Omega) = \int_{-\infty}^{\infty} F(\mathrm{j}x)\mathrm{e}^{-\mathrm{j}\Omega x}\mathrm{d}x$$

最后再将 x 用 t 代替，得

$$2\pi f(-\Omega) = \int_{-\infty}^{\infty} F(\mathrm{j}t)\mathrm{e}^{-\mathrm{j}\Omega t}\mathrm{d}t = \mathscr{F}[F(\mathrm{j}t)]$$

所以

$$F(\mathrm{j}t) \leftrightarrow 2\pi f(-\Omega)$$

当 $f(t)$ 是实偶函数时，由式(2.4-8)知，它的频谱函数亦是实偶函数，即有

$$F(\mathrm{j}\Omega) = R(\Omega) = R(-\Omega) \tag{2.4-14}$$

于是此时对称性可写成

$$R(t) \leftrightarrow 2\pi f(\Omega) \tag{2.4-15}$$

例如，单位冲激信号 $\delta(t)$ 是实偶函数，它的傅里叶变换是常数 1，即

$$\delta(t) \leftrightarrow 1$$

根据式(2.4-13)可知，在时域中为常数 1 的直流信号，其频谱函数应是 $2\pi\delta(\Omega)$，即

$$1 \leftrightarrow 2\pi\delta(\Omega)$$

当 $f(t)$ 是实奇函数时，由式(2.4-9)可知，它的频谱函数是虚奇函数，即有

$$F(\mathrm{j}\Omega) = \mathrm{j}X(\Omega) = -\mathrm{j}X(-\Omega)$$

于是，此时对称性可写成

$$\mathrm{j}X(t) \leftrightarrow 2\pi f(-\Omega) \leftrightarrow -2\pi f(\Omega) \tag{2.4-16}$$

或

$$X(t) \leftrightarrow -\mathrm{j}2\pi f(-\Omega) \leftrightarrow \mathrm{j}2\pi f(\Omega) \tag{2.4-17}$$

例如，符号函数 sgn(t) 是奇函数，它的傅里叶变换是虚奇函数 $2/\mathrm{j}\Omega$，即

$$\mathrm{sgn}(t) \leftrightarrow \frac{2}{\mathrm{j}\Omega}$$

根据式(2.4-17)可以求得

$$\frac{1}{t} \leftrightarrow -\mathrm{j}\pi\mathrm{sgn}(\Omega)$$

利用对称性，可以将求傅里叶反变换的问题转化成求傅里叶变换来进行。

例 2-4 若信号 $f(t)$ 的傅里叶变换为

$$F(\mathrm{j}\Omega) = \begin{cases} 2\pi A & |\Omega| < \tau/2 \\ 0 & |\Omega| > \tau/2 \end{cases}$$

如图 2-24a 所示，试求其反变换 $f(t)$。

解：将 $F(\mathrm{j}\Omega)$ 中的 Ω 换成 t，有

$$F(\mathrm{j}t) = \begin{cases} 2\pi A & |t| < \tau/2 \\ 0 & |t| > \tau/2 \end{cases}$$

这是一个幅度为 $2\pi A$，宽度为 τ 的矩形脉冲。

根据对称性，其傅里叶变换为

$$F(\mathrm{j}t) \leftrightarrow 2\pi A f(-\Omega)$$

由于

$$g_\tau(t) \leftrightarrow \tau Sa\left(\frac{\Omega\tau}{2}\right)$$

故

$$F(\mathrm{j}t)\leftrightarrow 2\pi A\tau Sa\left(\frac{\Omega\tau}{2}\right)$$

所以

$$f(t)=\frac{1}{2\pi}\left[2\pi A\tau Sa\left(\frac{\Omega\tau}{2}\right)\right]\Big|_{\Omega=-t}=A\tau Sa\left(\frac{t\tau}{2}\right)$$

上例表明，矩形脉冲形式的频谱函数，其时间函数$f(t)$为取样函数，如图 2-24b 所示。由式(2.4-17)得知，矩形脉冲信号的频谱函数是取样函数。这充分说明傅里叶变换具有对称性。

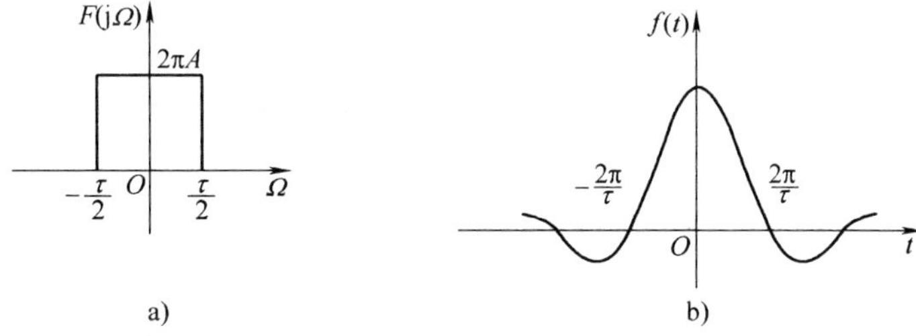

图 2-24　取样函数及其频谱函数

信号$f(t)$的傅里叶变换$F(\mathrm{j}\Omega)$其他的对称特性表现在下列各式：

$$F(-t)\leftrightarrow 2\pi f(-\mathrm{j}\Omega) \tag{2.4-18}$$

$$F^*(t)\leftrightarrow 2\pi f^*(-\mathrm{j}\Omega) \tag{2.4-19}$$

$$F^*(-t)\leftrightarrow 2\pi f^*(\mathrm{j}\Omega) \tag{2.4-20}$$

2.4.4　时移特性

若

$$f(t)\leftrightarrow F(\mathrm{j}\Omega)$$

则

$$f(t\pm t_0)\leftrightarrow F(\mathrm{j}\Omega)\mathrm{e}^{\pm \mathrm{j}\Omega t_0} \tag{2.4-21}$$

证明：

根据傅里叶变换定义，有

$$\mathscr{F}[f(t-t_0)]=\int_{-\infty}^{\infty}f(t-t_0)\mathrm{e}^{-\mathrm{j}\Omega t}\mathrm{d}t$$

令$x=t-t_0$，则有

$$\mathscr{F}[f(t-t_0)]=\int_{-\infty}^{\infty}f(x)\mathrm{e}^{-\mathrm{j}\Omega(x+t_0)}\mathrm{d}x=\mathrm{e}^{-\mathrm{j}\Omega t_0}\int_{-\infty}^{\infty}f(x)\mathrm{e}^{-\mathrm{j}\Omega x}\mathrm{d}x=F(\mathrm{j}\Omega)\mathrm{e}^{-\mathrm{j}\Omega t_0}$$

同理，有

$$\mathscr{F}[f(t+t_0)]=F(\mathrm{j}\Omega)\mathrm{e}^{\mathrm{j}\Omega t_0}$$

时移特性(Time-Shifting Property)表明，信号$f(t)$在时域中沿时间轴右移t_0，等效于在频域中乘以相位因子$e^{-j\Omega t_0}$。或者说，信号$f(t)$在时域中沿时间轴右移t_0后，其幅度频谱不变，而相位频谱产生$-\Omega t_0$的附加变化。

例 2-5 求图 2-25a 所示的单边矩形脉冲信号的频谱函数。

解:图 2-25a 所示的单边矩形脉冲可以看作是将图 2-24a 对称矩形脉冲在时间上延迟$\tau/2$得到的。于是根据时移特性，单边矩形脉冲信号的频谱函数应等于例 2-4 乘以$e^{-j\Omega\frac{\tau}{2}}$，即为

$$F(j\Omega)=E\tau Sa\left(\frac{\tau\Omega}{2}\right)e^{-j\Omega\frac{\tau}{2}}$$

显然，它的幅度谱与图 2-16b 完全一样，将其重画在图 2-25b 中，而它的相位频谱要在图 2-16d 所示的相位频谱基础上增加一附加相位$-\Omega t_0$，如图 2-25c 所示。

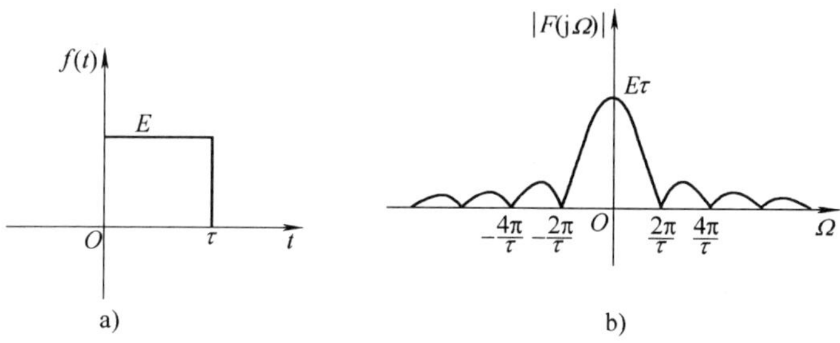

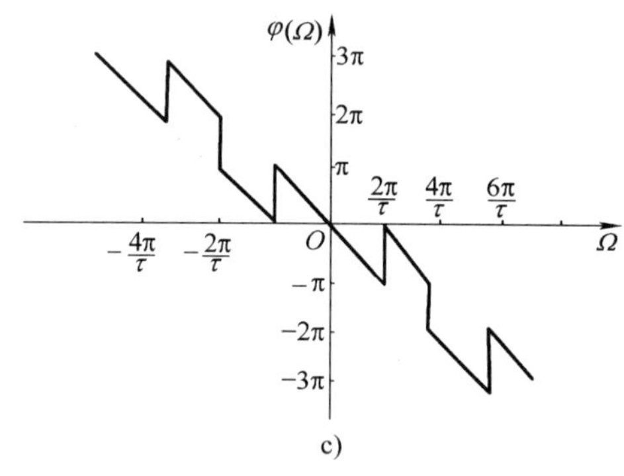

图 2-25 单边矩形脉冲的频谱函数

a）波形 b）幅度谱 c）相位谱

2.4.5 频移特性

若

$$f(t)\leftrightarrow=F(j\Omega)$$

则

$$f(t)e^{\pm j\Omega_0 t}\leftrightarrow F[j(\Omega\mp\Omega_0)] \tag{2.4-22}$$

式中，Ω_0为常数。

证明:

根据傅里叶变换定义，有

$$\mathscr{F}[f(t)\mathrm{e}^{\mathrm{j}\Omega_0 t}] = \int_{-\infty}^{\infty} f(t)\mathrm{e}^{-\mathrm{j}\Omega t}\mathrm{e}^{-\mathrm{j}\Omega_0 t}\mathrm{d}t = \int_{-\infty}^{\infty} f(t)\mathrm{e}^{-\mathrm{j}(\Omega-\Omega_0)t}\mathrm{d}t = F[\mathrm{j}(\Omega-\Omega_0)]$$

同理可证

$$\mathscr{F}[f(t)\mathrm{e}^{-\mathrm{j}\Omega_0 t}] = F[\mathrm{j}(\Omega+\Omega_0)]$$

频移特性(或称调制定理,Modulation Theorem)表明，信号$f(t)$在时域中乘以$\mathrm{e}^{\mathrm{j}\Omega_0 t}$，等效于$f(t)$的频谱$F(\mathrm{j}\Omega)$在频域中沿频率轴右移$\Omega_0$。也就是说，如果$f(t)$的频谱原来在$\Omega=0$附近(基带信号)。若将$f(t)$乘以$\mathrm{e}^{\mathrm{j}\Omega_0 t}$，就可以使其频谱搬移到$\Omega=\Omega_0$附近，在通信中，这样的过程叫做调制(Modulation)(在下面的节中,将对调制信号进行较详细的研究)。反之，如果$f(t)$的频谱原来在$\Omega=\Omega_0$附近(高频信号)，若将$f(t)$乘以$\mathrm{e}^{-\mathrm{j}\Omega_0 t}$，就可以使其频谱搬移到$\Omega=0$附近。在通信中，这样的过程叫做解调(Demodulation)。而如果$f(t)$的频谱原来在$\Omega=\Omega_c$附近，若将$f(t)$乘以$\mathrm{e}^{\mathrm{j}\Omega_0 t}$后，其频谱将搬移到$\Omega=\Omega_c+\Omega_0$附近，这样的过程就是变频(Frequency Conversion)。

由于实际中不可能获得复指数信号，因此频谱搬移的实现原理是将信号$f(t)$乘以载波信号$\cos(\Omega_0 t)$或$\sin(\Omega_0 t)$，下面来分析这种相乘作用引起的频谱搬移。

根据欧拉公式，有

$$\cos(\Omega_0 t) = \frac{1}{2}(\mathrm{e}^{\mathrm{j}\Omega_0 t}+\mathrm{e}^{-\mathrm{j}\Omega_0 t})$$

$$\sin(\Omega_0 t) = \frac{1}{2}(\mathrm{e}^{\mathrm{j}\Omega_0 t}-\mathrm{e}^{-\mathrm{j}\Omega_0 t})$$

由式（2.4-22）可得

$$\mathscr{F}[f(t)\cos(\Omega t)] = \frac{1}{2}\{F[\mathrm{j}(\Omega+\Omega_0)]+F[\mathrm{j}(\Omega-\Omega_0)]\} \tag{2.4-23}$$

$$\mathscr{F}[f(t)\sin(\Omega t)] = \frac{\mathrm{j}}{2}\{F[\mathrm{j}(\Omega+\Omega_0)]-F[\mathrm{j}(\Omega-\Omega_0)]\} \tag{2.4-24}$$

式（2.4-23）表明，若时间信号$f(t)$乘以$\cos(\Omega_0 t)$等效$f(t)$的频谱$F(\mathrm{j}\Omega)$一分为二，沿频率轴向左、向右各平移Ω_0。式（2.4-24）也类似。

例 2-6 求$\mathrm{e}^{\mathrm{j}\Omega_0 t}$，$\cos(\Omega_0 t)$及$\sin(\Omega_0 t)$的频谱。

解: 由$\mathscr{F}[\delta(t)]=1$以及根据式（2.4-22）、式（2.4-23）及式（2.4-24）分别得到

$$\mathscr{F}[\mathrm{e}^{\mathrm{j}\Omega_0 t}] = 2\pi\delta(\Omega-\Omega_0) \tag{2.4-25}$$

$$\mathscr{F}[\cos(\Omega_0 t)] = \pi[\delta(\Omega+\Omega_0)+\delta(\Omega-\Omega_0)] \tag{2.4-26}$$

$$\mathscr{F}[\sin(\Omega_0 t)] = \mathrm{j}\pi[\delta(\Omega+\Omega_0)-\delta(\Omega-\Omega_0)] \tag{2.4-27}$$

例 2-7 求图 2-26a 所示的矩形脉冲调幅信号的频谱。

解: 该矩形脉冲调幅信号可记为

$$f(t) = g_\tau(t)\cos(\Omega_0 t)$$

其中

$$g_\tau(t) = \begin{cases} E & |t|<\tau/2 \\ 0 & |t|>\tau/2 \end{cases}$$

因为$g_\tau(t)$的频谱$G(\mathrm{j}\Omega)$为

$$G(\mathrm{j}\Omega)=E\tau Sa\left(\frac{\Omega\tau}{2}\right)$$

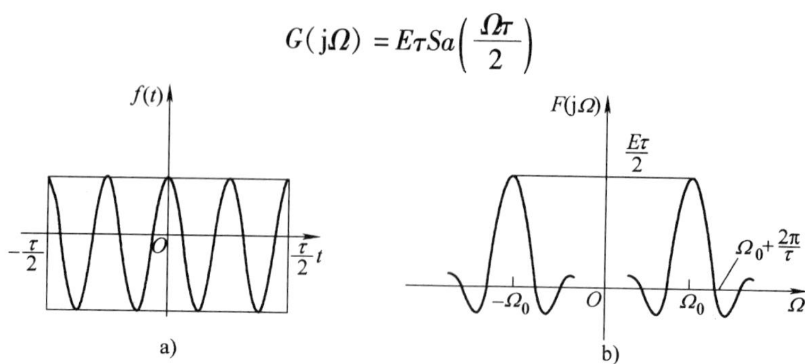

图 2-26　矩形脉冲调幅信号的波形和频谱

所以，根据式（2.4-23）可求出$f(t)$的频谱 $F(\mathrm{j}\Omega)$

$$\begin{aligned}F(\mathrm{j}\Omega)&=\frac{1}{2}\{F[\mathrm{j}(\Omega+\Omega_0)]+F[\mathrm{j}(\Omega-\Omega_0)]\}\\&=\frac{E\tau}{2}Sa\left[(\Omega+\Omega_0)\frac{\tau}{2}\right]+\frac{E\tau}{2}Sa\left[(\Omega-\Omega_0)\frac{\tau}{2}\right]\end{aligned}$$

可见，矩形调幅信号的频谱等于将包络线的频谱一分为二，沿频率轴向左和向右各移动载频 Ω_0。矩形调幅信号的频谱 $F(\mathrm{j}\Omega)$ 如图 2-26b 所示。

2.4.6　尺度变换特性

若

$$f(t)\leftrightarrow F(\mathrm{j}\Omega)$$

则

$$f(at)\leftrightarrow\frac{1}{|a|}F\left(\mathrm{j}\frac{\Omega}{a}\right)\tag{2.4-28}$$

式中，a 为大于零的常数。

证明：因为

$$\mathscr{F}[f(at)]=\int_{-\infty}^{\infty}f(at)\mathrm{e}^{-\mathrm{j}\Omega t}\mathrm{d}t$$

令 $x=at$，则当 $a>0$ 时，有

$$\mathscr{F}[f(at)]=\frac{1}{a}\int_{-\infty}^{\infty}f(x)\mathrm{e}^{-\mathrm{j}\left(\frac{\Omega}{a}\right)t}\mathrm{d}t=\frac{1}{a}F\left(\mathrm{j}\frac{\Omega}{a}\right)$$

而当 $a<0$ 时，有

$$\mathscr{F}[f(at)]=\frac{1}{a}\int_{\infty}^{-\infty}f(x)\mathrm{e}^{-\mathrm{j}\left(\frac{\Omega}{a}\right)t}\mathrm{d}t=-\frac{1}{a}\int_{-\infty}^{\infty}f(x)\mathrm{e}^{-\mathrm{j}\left(\frac{\Omega}{a}\right)t}\mathrm{d}t=-\frac{1}{a}F\left(\mathrm{j}\frac{\Omega}{a}\right)$$

综合上述两种情况，得到

$$\mathscr{F}[f(at)]=\frac{1}{|a|}F\left(\mathrm{j}\frac{\Omega}{a}\right)$$

特例：令 $a=-1$，可得

$$\mathscr{F}[f(-t)]=F(-\mathrm{j}\Omega)\tag{2.4-29}$$

此式就是前面介绍过的式（2.4-18）。

尺度变换特性（Scaling Property）表明，信号在时域中压缩($a>1$)等效于在频域中扩展；反之，信号在时域中扩展($a<1$)则等效于在频域中压缩。对于 $a=-1$ 的特例，它说明信号在时域中以纵轴为轴反褶等效于频域中频谱也以纵轴为轴反褶。上述结论是不难理解的，因为信号的波形压缩 a 倍，信号随时间变化加快 a 倍，所以它所包含的频率分量增加 a 倍，也就是说，频谱展宽 a 倍。根据能量守恒原理，各频率分量的大小必然减小 a 倍，为了说明尺度变换特性，在图 2-27 中画出了矩形脉冲及其频谱展缩情况。从图中可见，$f(t)$沿时间轴扩展 2 倍而成为$f\left(\frac{t}{2}\right)$，表现为脉冲宽度由 τ 增大为 2τ；对应的频谱 $F(\mathrm{j}\Omega)$则沿频率轴压缩 2 倍而成为 $2F(\mathrm{j}2\Omega)$，表现为第一个零值点由 $2\pi/\tau$ 变为 π/τ。如果以频谱主瓣宽度作为矩形脉冲信号的有效频带宽度，则它与脉冲宽度成反比，这与前面分析周期矩形脉冲信号的频谱时的情况是一致的。若要压缩信号的持续时间，就不得不以展宽频带为代价，而若要压缩信号的频带宽度，则又不得不以增加信号的持续时间为代价。这就是通信中时长与带宽的矛盾，或者通信速度与信道容量的矛盾。

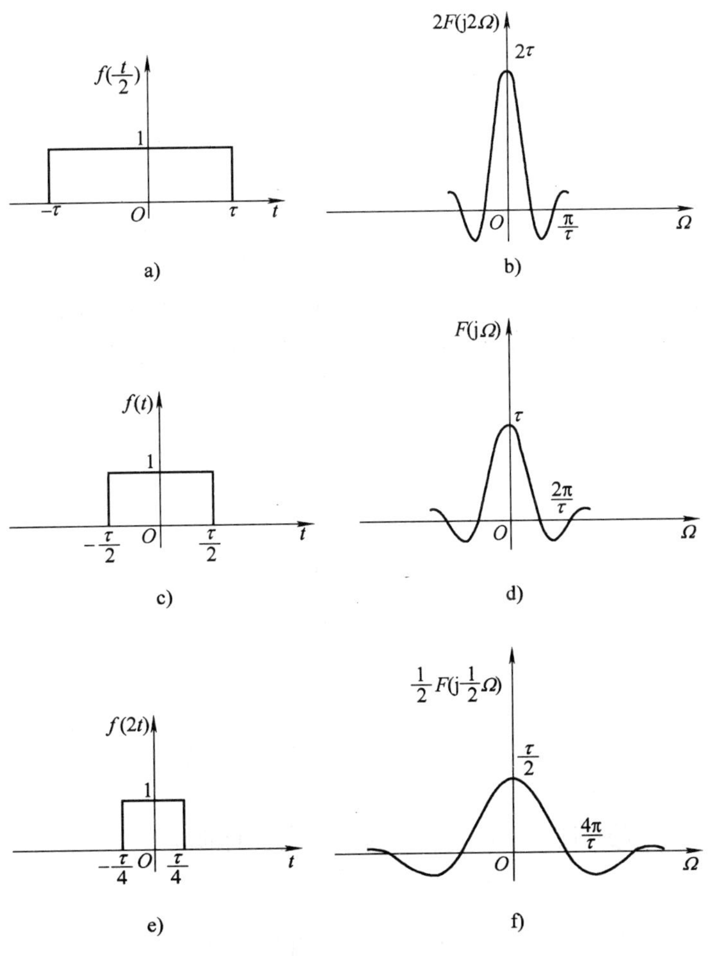

图 2-27　矩形脉冲的尺度变换特性

2.4.7 时域微分

若

$$f(t)\leftrightarrow F(\mathrm{j}\Omega)$$

则

$$\frac{\mathrm{d}f(t)}{\mathrm{d}t}\leftrightarrow \mathrm{j}\Omega F(\mathrm{j}\Omega) \tag{2.4-30}$$

证明：因为

$$\mathscr{F}[f(t)] = \int_{-\infty}^{\infty} f(t)\mathrm{e}^{-\mathrm{j}\Omega t}\mathrm{d}t$$

得

$$\mathscr{F}\left[\frac{\mathrm{d}f(t)}{\mathrm{d}t}\right] = \int_{-\infty}^{\infty}\left[\frac{\mathrm{d}f(t)}{\mathrm{d}t}\right]\mathrm{e}^{-\mathrm{j}\Omega t}\mathrm{d}t$$

应用分部积分，$u=\mathrm{e}^{-\mathrm{j}\Omega t}$，$\mathrm{d}v=\left[\frac{\mathrm{d}f\ (t)}{\mathrm{d}t}\right]$，可得

$$\mathscr{F}\left[\frac{\mathrm{d}f(t)}{\mathrm{d}t}\right] = f(t)\mathrm{e}^{-\mathrm{j}\Omega t}\Big|_{-\infty}^{\infty} + \mathrm{j}\Omega\int_{-\infty}^{\infty} f(t)\mathrm{e}^{-\mathrm{j}\Omega t}\mathrm{d}t$$

如果当$|t|\to\infty$时，$f(t)\to 0$，得

$$\frac{\mathrm{d}f(t)}{\mathrm{d}t}\leftrightarrow \mathrm{j}\Omega F(\mathrm{j}\Omega) \tag{2.4-31}$$

同理可推导出

$$\frac{\mathrm{d}^n f(t)}{\mathrm{d}t^n}\leftrightarrow (\mathrm{j}\Omega)^n F(\mathrm{j}\Omega) \tag{2.4-32}$$

利用时域微分(Differentiation in Time Domain)特性可以用原函数的傅里叶变换求得微分后函数的傅里叶变换。利用时域微分特性就容易求出一些由定义式不容易求得的函数的傅里叶变换。例如

$$\delta(t)\leftrightarrow 1$$

可得

$$\delta'(t)\leftrightarrow \mathrm{j}\Omega$$
$$\delta^{(n)}(t)\leftrightarrow (\mathrm{j}\Omega)^n$$

例 2-8 求图 2-28a 所示的三角脉冲信号

$$f(t)=\begin{cases} E\left(1-\frac{2}{\tau}|t|\right), & |t|<\frac{\tau}{2} \\ 0 & |t|>\frac{\tau}{2} \end{cases}$$

的频谱函数 $F(\mathrm{j}\Omega)$。

解：首先求出$f(t)$的一阶导数和二阶导数，得到它们的波形分别如图 2-28b、c 所示。可得

$$\frac{\mathrm{d}^2}{\mathrm{d}t^2}f(t)=\frac{2E}{\tau}\left[\delta\left(t+\frac{\tau}{2}\right)+\delta\left(t-\frac{\tau}{2}\right)-2\delta(t)\right]$$

利用微分特性，对上式两边取傅氏变换，由于$|t|\to\infty$时，$f(t)\to 0$，便有

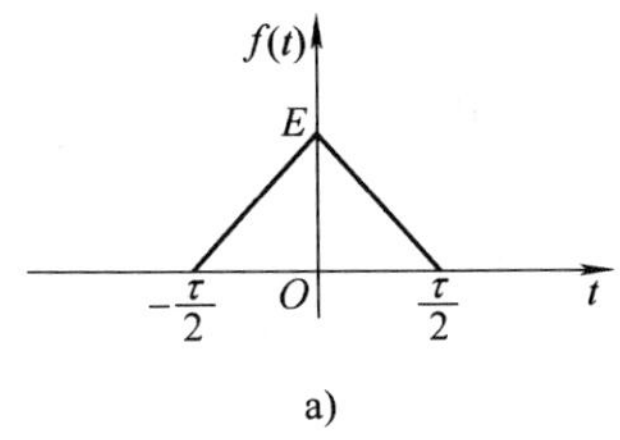

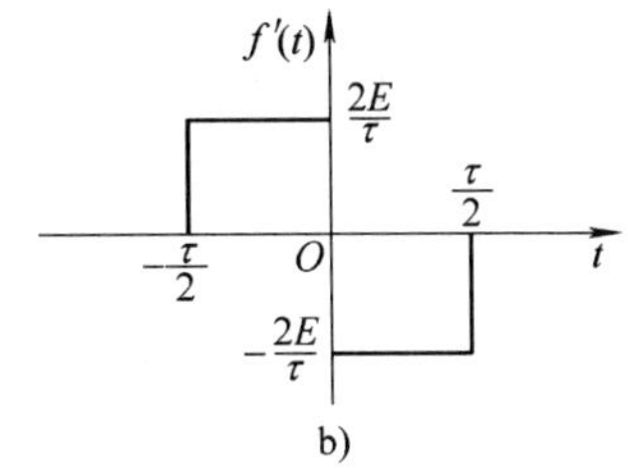

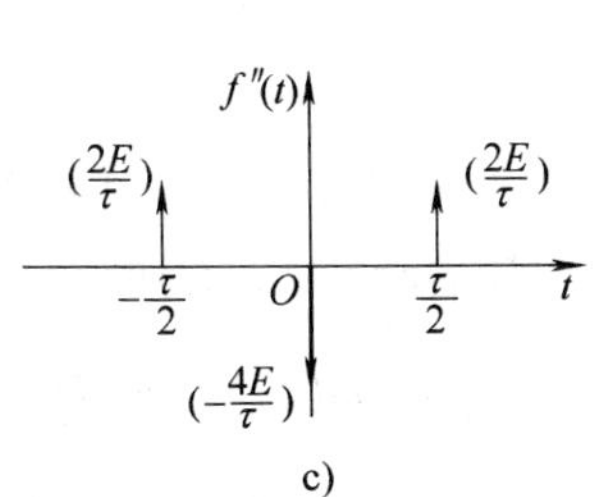

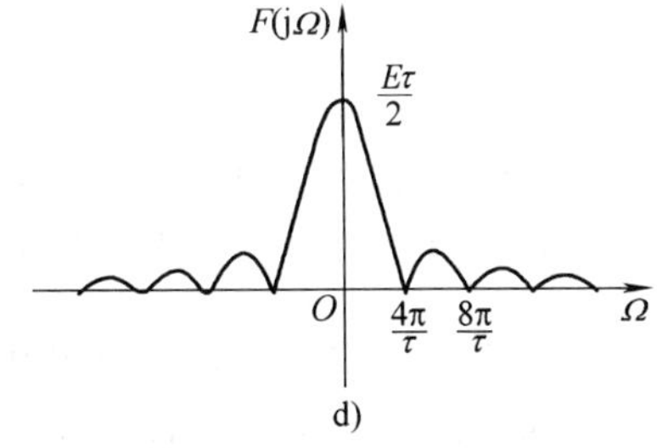

图 2-28　三角脉冲信号的波形和频谱

$$(\mathrm{j}\Omega)^2F(\mathrm{j}\Omega)=\frac{2E}{\tau}[\mathrm{e}^{\mathrm{j}\Omega\frac{\tau}{2}}+\mathrm{e}^{-\mathrm{j}\Omega\frac{\tau}{2}}-2]=-\frac{E\tau\Omega^2}{2}Sa^2\left(\frac{\Omega\tau}{4}\right)$$

所以可以利用$f(t)$的二阶导数的频谱来求其原函数$f(t)$的频谱。得

$$F(\mathrm{j}\Omega)=-\frac{E\tau}{2}Sa^2\left(\frac{\Omega\tau}{4}\right)$$

如图 2-28d 所示。

2.4.8　时域积分

若

$$f(t)\leftrightarrow F(\mathrm{j}\Omega)$$

则

$$\int_{-\infty}^{t}f(\tau)\,\mathrm{d}\tau\leftrightarrow\frac{F(\mathrm{j}\Omega)}{\mathrm{j}\Omega}+\pi F(0)\delta(\Omega)\tag{2.4-33}$$

式中，$F(0)=F(\mathrm{j}\Omega)|_{\Omega=0}$

证明：由傅里叶变换的定义式可知

$$\begin{aligned}\mathscr{F}\left[\int_{-\infty}^{t}f(\tau)\,\mathrm{d}\tau\right]&=\int_{-\infty}^{\infty}\left[\int_{-\infty}^{t}f(\tau)\,\mathrm{d}\tau\right]\mathrm{e}^{-\mathrm{j}\Omega t}\mathrm{d}t\\&=\int_{-\infty}^{\infty}\left[\int_{-\infty}^{\infty}f(\tau)u(t-\tau)\,\mathrm{d}\tau\right]\mathrm{e}^{-\mathrm{j}\Omega t}\mathrm{d}t\end{aligned}$$

交换上式中的积分次序，可变为

$$\mathscr{F}\left[\int_{-\infty}^{t}f(\tau)\,\mathrm{d}\tau\right]=\int_{-\infty}^{\infty}f(\tau)\left[\int_{-\infty}^{\infty}u(t-\tau)\mathrm{e}^{-\mathrm{j}\Omega t}\mathrm{d}t\right]\mathrm{d}\tau$$

上式中方括号内是阶跃信号$u(t-\tau)$的傅里叶变换。根据时移特性，$u(t-\tau)$的频谱函数为

$$\left(\pi\delta(\Omega)+\frac{1}{\mathrm{j}\Omega}\right)\mathrm{e}^{-\mathrm{j}\Omega\tau}=\pi\delta(\Omega)+\frac{1}{\mathrm{j}\Omega}\mathrm{e}^{-\mathrm{j}\Omega\tau}$$

代入前式则得

$$\begin{aligned}\mathscr{F}\left[\int_{-\infty}^{t}f(\tau)\mathrm{d}\tau\right]&=\int_{-\infty}^{\infty}f(\tau)\pi\delta(\Omega)\mathrm{d}\tau+\int_{-\infty}^{\infty}f(\tau)\frac{1}{\mathrm{j}\Omega}\mathrm{e}^{-\mathrm{j}\Omega\tau}\mathrm{d}\tau\\&=\frac{F(\mathrm{j}\Omega)}{\mathrm{j}\Omega}+\pi F(0)\delta(\Omega)\end{aligned}$$

如果 $F(0)=0$，则式（2.4-32）变成

$$\int_{-\infty}^{t}f(\tau)\mathrm{d}\tau\leftrightarrow\frac{F(\mathrm{j}\Omega)}{\mathrm{j}\Omega}\tag{2.4-34}$$

时域积分(Integration in Time Domain)特性表明，可以利用原函数的傅里叶变换直接求取积分后函数的傅里叶变换。利用积分特性求取信号 $f(t)$ 的频谱函数 $F(\mathrm{j}\Omega)$ 时，往往先将信号 $f(t)$ 微分，即作 $\varphi(t)=\frac{\mathrm{d}}{\mathrm{d}t}f(t)$，并求其傅里叶变换 $\Phi(\mathrm{j}\Omega)=\mathscr{F}[\varphi(t)]$，然后再利用积分特性导出原信号 $f(t)$ 的傅里叶变换 $F(\mathrm{j}\Omega)$。这样做是因为 $\Phi(\mathrm{j}\Omega)$ 往往容易取得，然而应当注意，原信号经微分之后去掉其直流分量，再积分就不一定恢复原来信号，存在着一个积分常数问题。例如，$u(t)$ 和 $\frac{1}{2}\mathrm{sgn}(t)$ 的微分都是 $\delta(t)$，然而 $\delta(t)$ 的积分只等于 $u(t)$，却不等于 $\frac{1}{2}\mathrm{sgn}(t)$。对于一般的信号，用求导法计算其频谱时时域积分特性应修正为

$$F(\mathrm{j}\Omega)=\frac{\Phi(\mathrm{j}\Omega)}{\mathrm{j}\Omega}+[f(\infty)+f(-\infty)]\pi\delta(\Omega)\tag{2.4-35}$$

式中

$$F(\mathrm{j}\Omega)=\mathscr{F}[f(t)]$$

$$\Phi(\mathrm{j}\Omega)=\mathscr{F}[\varphi(t)]=\mathscr{F}\left[\frac{\mathrm{d}}{\mathrm{d}t}f(t)\right]$$

$$f(\infty)=\lim_{t\to\infty}f(t)$$

$$f(-\infty)=\lim_{t\to-\infty}f(t)$$

且 $f(\infty)$ 和 $f(-\infty)$ 应为有限值。

证明：因为

$$\mathscr{F}\left[\int_{-\infty}^{t}\varphi(\tau)\mathrm{d}\tau\right]=\frac{\Phi(\mathrm{j}\Omega)}{\mathrm{j}\Omega}+\pi\Phi(0)\delta(\Omega)$$

式中

$$\Phi(0)=\int_{-\infty}^{\infty}\frac{\mathrm{d}}{\mathrm{d}t}f(t)\mathrm{d}t=f(t)\big|_{-\infty}^{\infty}=f(\infty)-f(-\infty)$$

所以

$$\mathscr{F}\left[\int_{-\infty}^{t}\varphi(\tau)\mathrm{d}\tau\right]=\frac{\Phi(\mathrm{j}\Omega)}{\mathrm{j}\Omega}+\pi[f(\infty)-f(-\infty)]\delta(\Omega)\tag{2.4-36}$$

又因为

$$\int_{-\infty}^{t}\varphi(\tau)\mathrm{d}\tau=\int_{-\infty}^{t}\frac{\mathrm{d}}{\mathrm{d}t}f(t)\mathrm{d}\tau=f(t)-f(-\infty)$$

则又可得

$$\mathscr{F}\left[\int_{-\infty}^{t}\varphi(\tau)\mathrm{d}\tau\right]=F(\mathrm{j}\Omega)-2\pi f(-\infty)\delta(\Omega) \tag{2.4-37}$$

由式（2.4-36）和式（2.4-37）有

$$F(\mathrm{j}\Omega)-2\pi f(-\infty)\delta(\Omega)=\frac{\Phi(\mathrm{j}\Omega)}{\mathrm{j}\Omega}+\pi[f(\infty)-f(-\infty)]\delta(\Omega)$$

所以

$$F(\mathrm{j}\Omega)=\frac{\Phi(\mathrm{j}\Omega)}{\mathrm{j}\Omega}+[f(\infty)+f(-\infty)]\pi\delta(\Omega)$$

当$f(\infty)=f(-\infty)=0$时，有

$$F(\mathrm{j}\Omega)=\frac{\Phi(\mathrm{j}\Omega)}{\mathrm{j}\Omega} \tag{2.4-38}$$

例 2-9　求$u(t)$和$\frac{1}{2}\mathrm{sgn}(t)$的傅里叶变换。

解：当$f(t)=u(t)$时，$\varphi(t)=\frac{\mathrm{d}}{\mathrm{d}t}f(t)=\delta(t)$，且$\Phi(\mathrm{j}\Omega)=1$。$f(-\infty)=0$和$f(\infty)=1$。则由式（2.4-35）可知，$f(t)=u(t)$的傅里叶变换为

$$\mathscr{F}[u(t)]=\frac{1}{\mathrm{j}\Omega}+\pi\delta(\Omega)$$

而当$f(t)=\frac{1}{2}\mathrm{sgn}(t)$时，$\varphi(t)=\frac{\mathrm{d}}{\mathrm{d}t}f(t)=\delta(t)$，且$\Phi(\mathrm{j}\Omega)=1$。$f(-\infty)=-\frac{1}{2}$和$f(\infty)=\frac{1}{2}$。则由式（2.4-35）可知$f(t)=\frac{1}{2}\mathrm{sgn}(t)$的傅里叶变换为

$$\mathscr{F}\left[\frac{1}{2}\mathrm{sgn}(t)\right]=\frac{1}{\mathrm{j}\Omega}$$

便有

$$\mathscr{F}[\mathrm{sgn}(t)]=\frac{2}{\mathrm{j}\Omega}$$

与式（2.3-23）相同。

例 2-10　求图 2-29 所示截平斜变信号$f(t)$的傅里叶变换。

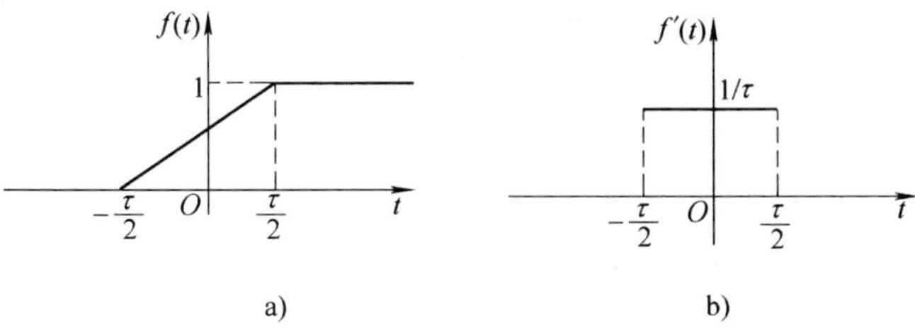

图 2-29　截平斜变信号及其导数

a）截平斜变信号　b）截平斜变信号的导数

解：$f(t)$对t求一次微分，得

$$f'(t)=\frac{1}{\tau}G_{\tau}(t)\leftrightarrow Sa\left(\frac{\Omega\tau}{2}\right)$$

根据时域积分性

$$\int_{-\infty}^{t} f'(\tau)\,\mathrm{d}\tau \leftrightarrow \frac{1}{\mathrm{j}\Omega}Sa\left(\frac{\Omega\tau}{2}\right) + \pi\delta(\Omega)$$

得

$$f(t) - f(-\infty) \leftrightarrow \frac{1}{\mathrm{j}\Omega}Sa\left(\frac{\Omega\tau}{2}\right) + \pi\delta(\Omega)$$

又因为$f(-\infty)=0$

故有

$$f(t) \leftrightarrow \frac{1}{\mathrm{j}\Omega}Sa\left(\frac{\Omega\tau}{2}\right) + \pi\delta(\Omega)$$

2.4.9 频域微分

若

$$f(t) \leftrightarrow F(\mathrm{j}\Omega)$$

则

$$-\mathrm{j}tf(t) \leftrightarrow \frac{\mathrm{d}F(\mathrm{j}\Omega)}{\mathrm{d}\Omega} \tag{2.4-39}$$

$$(-\mathrm{j}t)^n f(t) \leftrightarrow \frac{\mathrm{d}^n F(\mathrm{j}\Omega)}{\mathrm{d}\Omega^n} \tag{2.4-40}$$

证明：对傅里叶变换式 $F(\mathrm{j}\Omega) = \int_{-\infty}^{\infty} f(t)\mathrm{e}^{-\mathrm{j}\Omega t}\mathrm{d}t$ 两边对 Ω 求导，得

$$\frac{\mathrm{d}F(\mathrm{j}\Omega)}{\mathrm{d}\Omega} = \int_{-\infty}^{\infty} -\mathrm{j}t\,f(t)\mathrm{e}^{-\mathrm{j}\Omega t}\mathrm{d}t$$

所以

$$-\mathrm{j}t\,f(t) \leftrightarrow \frac{\mathrm{d}F(\mathrm{j}\Omega)}{\mathrm{d}\Omega}$$

同理可证

$$(-\mathrm{j}t)^n f(t) \leftrightarrow \frac{\mathrm{d}^n F(\mathrm{j}\Omega)}{\mathrm{d}\Omega^n}$$

利用频域微分(Differentiation in Frequency Domain)特性可以求得一些在通常意义下不便进行变换的信号的频谱，例如，由 $\mathscr{F}[1]=2\pi\delta(\Omega)$，可得

$$\mathscr{F}[t] = 2\pi\mathrm{j}\delta'(\Omega) \tag{2.4-41}$$

$$\mathscr{F}[t^n] = 2\pi\mathrm{j}^n\delta^n(\Omega) \tag{2.4-42}$$

又由 $\mathscr{F}[u(t)] = \frac{1}{\mathrm{j}\Omega} + \pi\delta(\Omega)$，可得

$$\mathscr{F}[tu(t)] = -\frac{1}{\Omega^2} + \pi\mathrm{j}\delta'(\Omega) \tag{2.4-43}$$

2.4.10 频域积分

若

$$f(t) \leftrightarrow F(\mathrm{j}\Omega)$$

则

$$\pi f(0)\delta(t)+\mathrm{j}\frac{f(t)}{t}\leftrightarrow\int_{-\infty}^{\Omega}F(\mathrm{j}x)\mathrm{d}x \tag{2.4-44}$$

证明：因为

$$\int_{-\infty}^{\Omega}F(\mathrm{j}x)\mathrm{d}x=\int_{-\infty}^{\Omega}F(\mathrm{j}x)\mathrm{d}x*\delta(\Omega)$$

根据卷积的微分与积分性质，上式为

$$\int_{-\infty}^{\Omega}F(\mathrm{j}x)\mathrm{d}x=F(\mathrm{j}\Omega)*u(\Omega)$$

利用将要介绍的频域卷积定理，即式（2.4-48）可得

$$\mathscr{F}^{-1}\int_{-\infty}^{\Omega}F(\mathrm{j}x)\mathrm{d}x=\mathscr{F}^{-1}[F(\mathrm{j}\Omega)*u(\Omega)]=2\pi f(t)\mathscr{F}^{-1}[u(\Omega)] \tag{2.4-45}$$

由于

$$\mathscr{F}[u(t)]=\frac{1}{\mathrm{j}\Omega}+\pi\delta(\Omega)$$

以及利用对称性可得

$$\mathscr{F}^{-1}[u(\Omega)]=\frac{1}{2\pi}\left[\frac{1}{\mathrm{j}\Omega}+\pi\delta(\Omega)\right]\Big|_{\Omega=-t}=\frac{1}{2}\delta(t)-\frac{1}{2\pi}\frac{1}{\mathrm{j}t}$$

将上式代入式（2.4-45）中，即得

$$\mathscr{F}^{-1}\int_{-\infty}^{\Omega}F(\mathrm{j}x)\mathrm{d}x=2\pi f(t)\left[\frac{1}{2}\delta(t)-\frac{1}{2\pi}\frac{1}{\mathrm{j}t}\right]=\pi f(0)\delta(t)+\mathrm{j}\frac{f(t)}{t}$$

若 $f(0)=0$，则

$$\mathscr{F}^{-1}\int_{-\infty}^{\Omega}F(\mathrm{j}x)\mathrm{d}x=\mathrm{j}\frac{f(t)}{t} \tag{2.4-46}$$

2.4.11 时域卷积定理

若

$$f_1(t)\leftrightarrow F_1(\mathrm{j}\Omega),\ f_2(t)\leftrightarrow F_2(\mathrm{j}\Omega)$$

则

$$f_1(t)*f_2(t)\leftrightarrow F_1(\mathrm{j}\Omega)F_2(\mathrm{j}\Omega) \tag{2.4-47}$$

证明：根据卷积的定义，可得

$$f_1(t)*f_2(t)=\int_{-\infty}^{\infty}f_1(\tau)f_2(t-\tau)\mathrm{d}\tau$$

因此

$$\mathscr{F}[f_1(t)*f_2(t)]=\int_{-\infty}^{\infty}\left[\int_{-\infty}^{\infty}f_1(\tau)f_2(t-\tau)\mathrm{d}\tau\right]\mathrm{e}^{-\mathrm{j}\Omega t}\mathrm{d}t$$

交换积分次序，并利用时移特性，得

$$\begin{aligned}\mathscr{F}[f_1(t)*f_2(t)]&=\int_{-\infty}^{\infty}f_1(\tau)\left[\int_{-\infty}^{\infty}f_2(t-\tau)\mathrm{e}^{-\mathrm{j}\Omega(t-\tau)}\mathrm{d}(t-\tau)\right]\mathrm{e}^{-\mathrm{j}\Omega\tau}\mathrm{d}\tau\\&=\int_{-\infty}^{\infty}f_1(\tau)F_2(\mathrm{j}\Omega)\mathrm{e}^{-\mathrm{j}\Omega\tau}\mathrm{d}\tau=F_2(\mathrm{j}\Omega)\int_{-\infty}^{\infty}f_1(\tau)\mathrm{e}^{-\mathrm{j}\Omega\tau}\mathrm{d}\tau\\&=F_1(\mathrm{j}\Omega)F_2(\mathrm{j}\Omega)\end{aligned}$$

时域卷积定理(Convolution Theorem in the Time Domain)表明，两个时间函数卷积的频谱等于各个时间函数频谱的乘积，即在时域中两函数的卷积对应于频域中两函数频谱的乘积。

2.4.12 频域卷积定理

若

$$f_1(t) \leftrightarrow F_1(\mathrm{j}\Omega),\ f_2(t) \leftrightarrow F_2(\mathrm{j}\Omega)$$

则

$$f_1(t)f_2(t) \leftrightarrow \frac{1}{2\pi}F_1(\mathrm{j}\Omega) * F_2(\mathrm{j}\Omega) \tag{2.4-48}$$

证明：

$$\mathscr{F}[f_1(t)f_2(t)] = \int_{-\infty}^{\infty} f_1(t)f_2(t)\mathrm{e}^{-\mathrm{j}\Omega t}\mathrm{d}t$$

又

$$f_1(t) = \frac{1}{2\pi}\int_{-\infty}^{\infty} F_1(\mathrm{j}\theta)\mathrm{e}^{\mathrm{j}\theta t}\mathrm{d}\theta$$

有

$$\mathscr{F}[f_1(t)f_2(t)] = \int_{-\infty}^{\infty}\left[\frac{1}{2\pi}\int_{-\infty}^{\infty} F_1(\mathrm{j}\theta)\mathrm{e}^{\mathrm{j}\theta t}\mathrm{d}\theta\right]f_2(t)\mathrm{e}^{-\mathrm{j}\Omega t}\mathrm{d}t$$

交换积分次序，得

$$\begin{aligned}\mathscr{F}[f_1(t)f_2(t)] &= \frac{1}{2\pi}\int_{-\infty}^{\infty} F_1(\mathrm{j}\theta)\left[\int_{-\infty}^{\infty} f_2(t)\mathrm{e}^{-\mathrm{j}(\Omega-\theta)t}\mathrm{d}t\right]\mathrm{d}\theta \\ &= \frac{1}{2\pi}\int_{-\infty}^{\infty} F_1(\mathrm{j}\theta)F_2[\mathrm{j}(\Omega-\theta)]\mathrm{d}\theta \\ &= \frac{1}{2\pi}F_1(\mathrm{j}\Omega) * F_2(\mathrm{j}\Omega)\end{aligned}$$

频域卷积定理(Convolution Theorem in the Frequency Domain)表明，两时间函数乘积的频谱等于各个函数频谱的卷积乘以$\frac{1}{2\pi}$，即在时域中两函数的乘积对应于频域中两函数频谱的卷积。

2.4.13 帕塞瓦尔定理

若

$$f(t) \leftrightarrow F(\mathrm{j}\Omega)$$

则

$$\int_{-\infty}^{\infty} |f(t)|^2\mathrm{d}t = \frac{1}{2\pi}\int_{-\infty}^{\infty} |F(\mathrm{j}\Omega)|^2\mathrm{d}\Omega \tag{2.4-49}$$

证明：

$$\begin{aligned}\int_{-\infty}^{\infty} |f(t)|^2\mathrm{d}t &= \int_{-\infty}^{\infty} f(t)f^*(t)\mathrm{d}t = \int_{-\infty}^{\infty}\left[\frac{1}{2\pi}\int_{-\infty}^{\infty} F(\mathrm{j}\Omega)\mathrm{e}^{\mathrm{j}\Omega t_1}\mathrm{d}t_1\right]f^*(t)\mathrm{d}t \\ &= \frac{1}{2\pi}\int_{-\infty}^{\infty} F(\mathrm{j}\Omega)\left[\int_{-\infty}^{\infty} f^*(t)\mathrm{e}^{\mathrm{j}\Omega t}\mathrm{d}t\right]\mathrm{d}\Omega = \frac{1}{2\pi}\int_{-\infty}^{\infty} F(\mathrm{j}\Omega)\left[\int_{-\infty}^{\infty} f(t)\mathrm{e}^{-\mathrm{j}\Omega t}\mathrm{d}t\right]^*\mathrm{d}\Omega \\ &= \frac{1}{2\pi}\int_{-\infty}^{\infty} F(\mathrm{j}\Omega)F^*(\mathrm{j}\Omega)\mathrm{d}\Omega = \frac{1}{2\pi}\int_{-\infty}^{\infty} |F(\mathrm{j}\Omega)|^2\mathrm{d}\Omega\end{aligned}$$

式（2.4-49）是非周期信号的能量等式。是帕塞瓦尔定理(The Parseval Theorem)在非周期信号时的表示形式。所以信号的能量可以在时域中求得，也可在频域中求得。因此，$|F(j\Omega)|^2$称为信号的能量谱。

傅里叶变换的基本性质见表2-2。

表 2-2　傅里叶变换的基本性质

性质	时域 $f(t)$		频域 $F(j\Omega)$
定义	$f(t)=\dfrac{1}{2\pi}\int_{-\infty}^{\infty}F(j\Omega)e^{j\Omega t}d\Omega$		$F(j\Omega)=\int_{-\infty}^{\infty}f(t)e^{-j\Omega t}dt$ $F(j\Omega)=\lvert F(j\Omega)\rvert e^{j\varphi(\Omega)}$ $F(j\Omega)=R(\Omega)+jX(\Omega)$
线性	$af_1(t)+bf_2(t)$		$aF_1(j\Omega)+bF_2(j\Omega)$
奇偶性	$f(t)$是实函数	$f(t)=f(-t)$ $f(t)=-f(-t)$	$R(\Omega)=R(-\Omega)$ $X(\Omega)=-X(-\Omega)$ $F(j\Omega)=F^*(-j\Omega)$ $X(\Omega)=0, F(j\Omega)=R(\Omega)$ $R(\Omega)=0, F(j\Omega)=jX(\Omega)$
	$f(t)$是虚函数		$R(\Omega)=-R(-\Omega)$ $X(\Omega)=X(-\Omega)$ $F(j\Omega)=-F^*(-j\Omega)$
对称性	$F(jt)$		$2\pi f(-\Omega)$
时移特性	$f(t\pm t_0)$		$F(j\Omega)e^{\pm j\Omega t_0}$
频移特性	$f(t)e^{\pm j\Omega_0 t}$		$F[j(\Omega\mp\Omega_0)]$
尺度变换	$f(at)$		$\dfrac{1}{\lvert a\rvert}F\left(j\dfrac{\Omega}{a}\right)$
时域微分	$\dfrac{df(t)}{dt}$ $\dfrac{d^n f(t)}{dt^n}$		$j\Omega F(j\Omega)$ $(j\Omega)^n F(j\Omega)$
时域积分	$\int_{-\infty}^{t}f(\tau)d\tau$		$\dfrac{F(j\Omega)}{j\Omega}+\pi F(0)\delta(\Omega)$
频域微分	$-jtf(t)$ $(-jt)^n f(t)$		$\dfrac{dF(j\Omega)}{d\Omega}$ $\dfrac{d^n F(j\Omega)}{d\Omega^n}$
频域积分	$\pi f(0)\delta(t)+j\dfrac{f(t)}{t}$		$\int_{-\infty}^{\Omega}F(jx)dx$
时域卷积	$f_1(t)*f_2(t)$		$F_1(j\Omega)F_2(j\Omega)$
频域卷积	$f_1(t)f_2(t)$		$\dfrac{1}{2\pi}F_1(j\Omega)*F_2(j\Omega)$
帕塞瓦尔定理	$\int_{-\infty}^{\infty}\lvert f(t)\rvert^2 dt$		$\dfrac{1}{2\pi}\int_{-\infty}^{\infty}\lvert F(j\Omega)\rvert^2 d\Omega$

2.5 周期信号的傅里叶变换

由以上几节知道，周期信号的频谱可用傅里叶级数表示，而非周期信号的频谱则用傅里叶变换表示。现在，再来研究周期信号的频谱可否使用傅里叶变换表示的问题。其目的是力图把周期信号与非周期信号的分析方法统一起来。使傅里叶变换这一工具得到更广泛的应用。通过本节与下节的讨论，将建立信号的时域与频域之间的另一种对应关系，即周期性与离散性的对应关系。

下面先讨论最常见的周期信号——正弦信号与余弦信号的傅里叶变换，在此基础上再来研究一般周期信号的傅里叶变换。

2.5.1 正、余弦信号的傅里叶变换

实际上，在上节中，已经求出了指数、正弦和余弦信号的傅里叶变换。即

$$\mathscr{F}[\mathrm{e}^{\mathrm{j}\Omega_0 t}]=2\pi\delta(\Omega-\Omega_0) \tag{2.5-1}$$

$$\mathscr{F}[\cos(\Omega_0 t)]=\pi[\delta(\Omega+\Omega_0)+\delta(\Omega-\Omega_0)] \tag{2.5-2}$$

$$\mathscr{F}[\sin(\Omega_0 t)]=\mathrm{j}\pi[\delta(\Omega+\Omega_0)-\delta(\Omega-\Omega_0)] \tag{2.5-3}$$

由以上三式看出，指数、正弦和余弦信号的频谱只包括位于 $\pm\Omega_0$ 处的冲激信号，它们的频谱如图 2-30 所示。

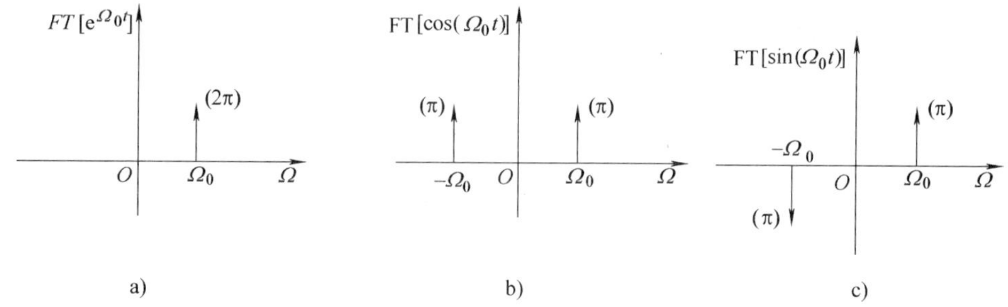

图 2-30 指数、正弦和余弦信号的频谱

2.5.2 一般周期信号的傅里叶变换

设周期信号 $f(t)$ 的周期为 T_0，则角频率 $\Omega_0=2\pi f_0=\dfrac{2\pi}{T_0}$，可以将 $f(t)$ 展开成指数形式的傅里叶级数

$$f(t)=\sum_{n=-\infty}^{\infty}F_n\mathrm{e}^{\mathrm{j}n\Omega_0 t}$$

将上式两边取傅里叶变换

$$\mathscr{F}[f(t)]=\mathscr{F}\Big[\sum_{n=-\infty}^{\infty}F_n\mathrm{e}^{\mathrm{j}n\Omega_0 t}\Big]=\sum_{n=-\infty}^{\infty}F_n\mathscr{F}[\mathrm{e}^{\mathrm{j}n\Omega_0 t}] \tag{2.5-4}$$

根据式（2.5-1）知

$$\mathscr{F}[\mathrm{e}^{\mathrm{j}n\Omega_0 t}]=2\pi\delta(\Omega-n\Omega_0)$$

将其代入式（2.5-4），可求出周期信号 $f(t)$ 的傅里叶变换

$$F(\mathrm{j}\Omega) = \mathscr{F}[f(t)] = 2\pi \sum_{n=-\infty}^{\infty} F_n \delta(\Omega - n\Omega_0) \tag{2.5-5}$$

式中，F_n 是$f(t)$的傅里叶级数的系数，它等于

$$F_n = \frac{1}{T_0}\int_{-T_0/2}^{T_0/2} f(t)\mathrm{e}^{-\mathrm{j}n\Omega_0 t}\mathrm{d}t$$

式（2.5-5）表明，周期信号$f(t)$的傅里叶变换 $F(\mathrm{j}\Omega)$是由一系列的冲激信号组成的。这些冲激位于信号的各次谐波频率处$(0, \pm\Omega_0, \pm 2\Omega_0, \cdots)$，每个冲激的强度等于$f(t)$的指数形式的傅里叶级数的系数 F_n 的 2π 倍。

例 2-11 求图 2-31 所示的周期单位冲激序列 $\delta_T(t)$的傅里叶级数与傅里叶变换。

解： 由图 2-31 可看出 $\delta_T(t)$的周期为 T，它的表示式为

$$\delta_T(t) = \sum_{n=-\infty}^{\infty} \delta(t - nT) \tag{2.5-6}$$

因为 $\delta_T(t)$是周期信号，所以可以把它展开成傅里叶级数

$$\delta_T(t) = \sum_{n=-\infty}^{\infty} F_n \mathrm{e}^{\mathrm{j}n\Omega_0 t}$$

其中

$$\Omega_0 = \frac{2\pi}{T}$$

$$F_n = \frac{1}{T}\int_{-T/2}^{T/2} \delta_T(t)\mathrm{e}^{-\mathrm{j}n\Omega_0 t}\mathrm{d}t = \frac{1}{T}\int_{-T/2}^{T/2} \delta(t)\mathrm{e}^{-\mathrm{j}n\Omega_0 t}\mathrm{d}t = \frac{1}{T}$$

这样，得到 $\delta_T(t)$的傅里叶级数为

$$\delta_T(t) = \frac{1}{T}\sum_{n=-\infty}^{\infty} \mathrm{e}^{\mathrm{j}n\Omega_0 t} \tag{2.5-7}$$

可见，在周期单位冲激序列的傅里叶级数中只包含位于 0，$\pm\Omega_0$，$\pm 2\Omega_0$，…，$\pm n\Omega_0$ 的频率分量。每个频率分量的大小是相等的，均等于 $1/T$。

根据式（2.5-5）可求出 $\delta_T(t)$的傅里叶变换

$$\begin{aligned}\mathscr{F}[\delta_T(t)] &= 2\pi \sum_{n=-\infty}^{\infty} F_n \delta(\Omega - n\Omega_0) = 2\pi \sum_{n=-\infty}^{\infty} \frac{1}{T}\delta(\Omega - n\Omega_0) \\ &= \Omega_0 \sum_{n=-\infty}^{\infty} \delta(\Omega - n\Omega_0)\end{aligned} \tag{2.5-8}$$

可见，在周期单位冲激序列的傅里叶变换中，同样也只包含位于 $0, \pm\Omega_0, \pm 2\Omega_0, \cdots$ $\pm n\Omega_0$频率处的冲激信号，其冲激强度是相等的，均等于 Ω_0。$\delta_T(t)$的频谱如图 2-31 所示。

从图 2-31 还可以看出，周期单位冲激序列的时域波形与频谱有同样的形状。

式（2.5-5）表明了周期信号的傅里叶变换与傅里叶级数（傅里叶系数 F_n）之间的关系。还可以推导出周期信号$f(t)$的傅里叶变换 $F(\mathrm{j}\Omega)$与对应的单脉冲信号$f_0(t)$（即周期信号$f(t)$在原点附近的一个主周期）的傅里叶变换 $F_0(\mathrm{j}\Omega)$之间的关系，现推导如下：

一般周期信号$f(t)$可以用周期单位冲激序列 $\delta_T(t)$来表示，即

$$f(t) = \sum_{n=-\infty}^{\infty} f_0(t - nT) = f_0(t) * \delta_T(t) \tag{2.5-9}$$

根据时域卷积定理可得

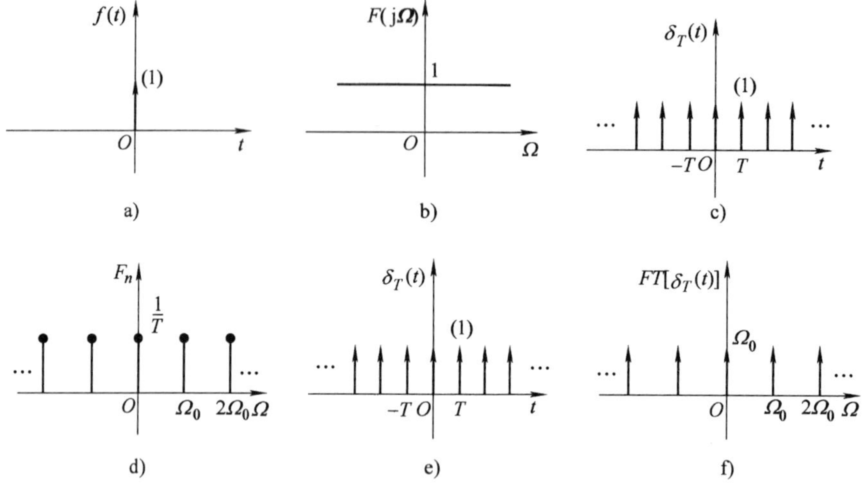

图 2-31　周期冲激序列 $\delta_T(t)$ 的波形、级数和频谱

$$\mathscr{F}[f(t)]=F_0(\mathrm{j}\Omega)\mathscr{F}[\delta_T(t)]$$

将式（2.5-8）其代入上式，即得周期信号 $f(t)$ 的傅里叶变换

$$\mathscr{F}[f(t)]=F_0(\mathrm{j}\Omega)\Omega_0\sum_{n=-\infty}^{\infty}\delta(\Omega-n\Omega_0)=\Omega_0\sum_{n=-\infty}^{\infty}F_0(\mathrm{j}n\Omega_0)\delta(\Omega-n\Omega_0)\quad(2.5\text{-}10)$$

由此可见，将 $f_0(t)$ 波形进行以 T 为周期的周期延拓，等效于在频域对其进行 $\Omega_0=2\pi/T$ 为周期的等距离冲激采样。冲激采样的概念将在 2.6 节中详细介绍，即时域的周期性对应于频域的采样性，或者说，时域的周期性对应于频域的离散性，如图 2-32 所示。

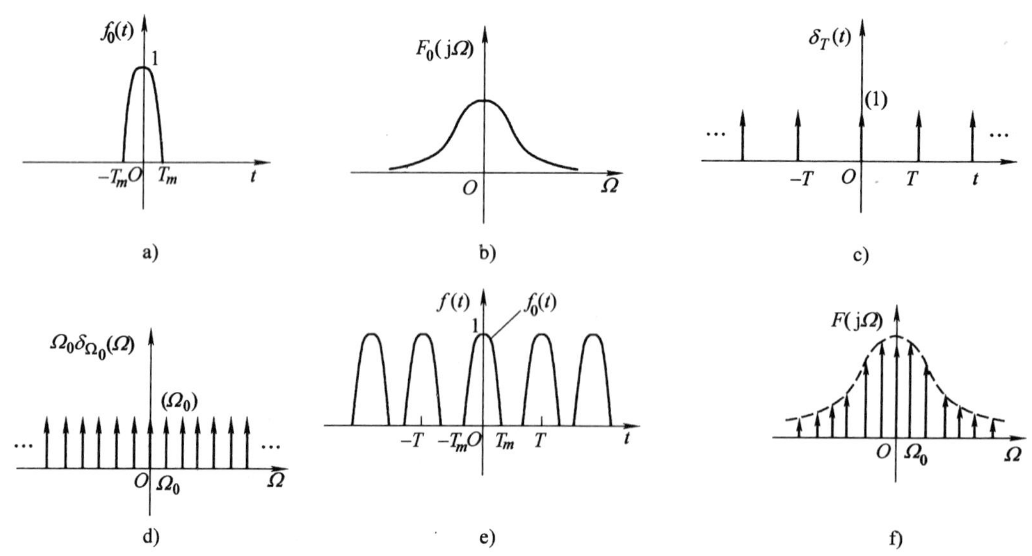

图 2-32　周期信号及其频谱函数

比较式（2.5-5）与式（2.5 -10）应有

$$2\pi F_n = \Omega_0 F_0(\mathrm{j}n\Omega_0)$$

$$F_n = \frac{1}{T}F_0(\mathrm{j}n\Omega_0) = \frac{1}{T}F_0(\mathrm{j}\Omega)\mid_{\Omega=n\Omega_0} \qquad (2.5\text{-}11)$$

上式表明了周期信号$f(t)$的傅里叶系数F_n与对应的单脉冲的傅里叶变换$F_0(\mathrm{j}\Omega)$之间的关系。即周期信号$f(t)$的傅里叶系数F_n等于对应的单脉冲的傅里叶变换$F_0(\mathrm{j}\Omega)$在$n\Omega_0$频率点的值乘以$1/T$。

2.6 时域采样定理

2.6.1 信号的采样

前面研究的都是连续时间信号，但在许多实际问题中，常常需要将连续时间信号变成离散时间信号，这就要对信号进行采样（或称抽样、取样）。例如，对于测量温度、位移和速度等一些连续变化的量可以每隔一定时间进行测量一次，取得这些连续时间信号在各离散时刻的一系列数据。

离散信号可以通过对连续信号采样得到，从而可以用离散时间系统进行处理。但是，这牵涉到两个问题：

1）采样间隔T如何确定？

2）原信号能否由样本点恢复？若能，如何恢复？

信号的采样(Sample)是由采样器来进行的，采样器是如图2-33a所示的开关。开关S周期地接到1和2。当开关位于1处时，输出信号$f_s(t)$就是输入信号$f(t)$，而当开关位于2处时，输出信号$f_s(t)$为零。如图2-33b所示。图中T_s是开关转换的周期，τ是开关在1处和$f(t)$接通的时间。开关每隔时间T_s接通输入信号和接地各一次，接通时间为τ。显然，采样器的输出信号$f_s(t)$只包含开关接通时间内的输入信号$f(t)$的一些小段，这些小段就是原输入信号的采样。

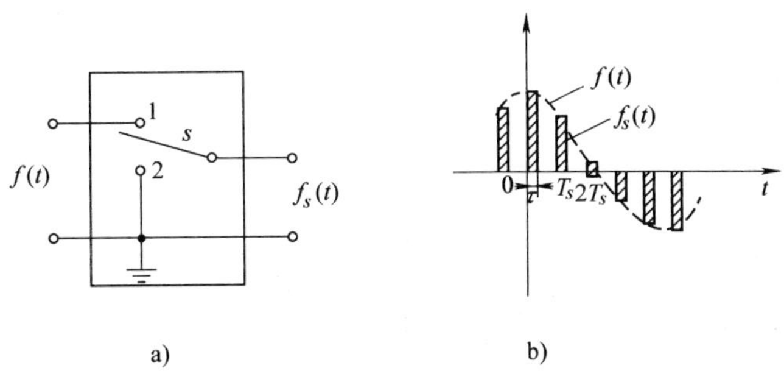

图2-33 信号的采样

图2-33b所示的采样信号$f_s(t)$，可以看成是由原信号$f(t)$和一采样脉冲序列$p(t)$的乘积，即

$$f_s(t) = f(t)p(t) \tag{2.6-1}$$

也就是说，采样的过程可以用式(2.6-1)表示的一个相乘的数学模型来代表，也可用图2-34所示的模拟图表示。式(2.6-1)中和图2-34中的采样脉冲序列$p(t)$是周期性矩形脉冲序列，其中每一个矩形脉冲的幅度为1，宽度为τ。如图2-33b所示。

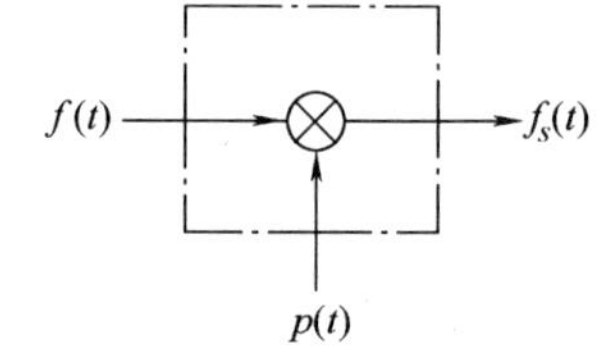

图2-34　采样的模型

由于采样脉冲是周期矩形序列，因此将这种采样称为矩形脉冲采样(Rectangular Pulse Sampling)，或称为自然采样(NatureSampling)，如图2-35c所示。

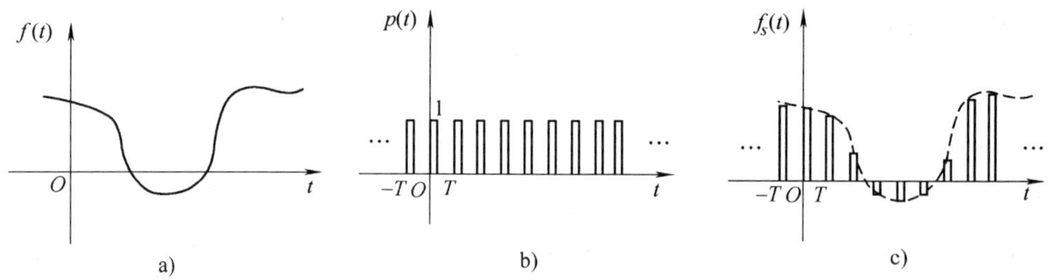

图2-35　矩形脉冲采样

2.6.2　时域采样定理

为了便于问题的分析，当采样持续时间τ(即采样脉冲序列$p(t)$的脉宽)相对较短时，可以把采样脉冲看成是单位冲激序列$\delta_T(t)$，这种采样称为冲激采样（Impulse Sampling）或理想采样（Ideal Sampling）。在这种情况下，采样信号$f_s(t)$便是一系列冲激信号，每个冲激的间隔为T_s，其强度等于连续信号的样点值$f_s(nT)$，如图2-36c所示。若令$f(t)\leftrightarrow F(\mathrm{j}\Omega)$，$p(t)\leftrightarrow P(\mathrm{j}\Omega)$，则由频域卷积定理，可得采样信号$f_s(t)$的频谱，即

$$F_s(\mathrm{j}\Omega) = \frac{1}{2\pi}F(\mathrm{j}\Omega) * P(\mathrm{j}\Omega) \tag{2.6-2}$$

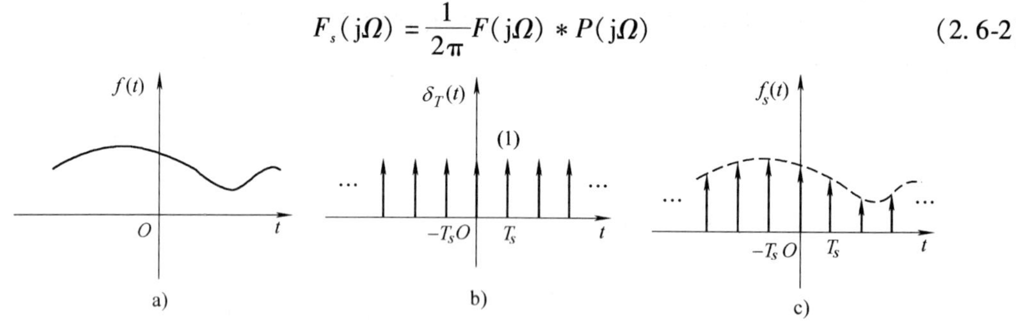

图2-36　冲激采样

（1）冲激采样

为简单起见，先讨论冲激采样。如果采样脉冲序列$p(t)$是周期性为T_s的单位冲激序列$\delta_T(t)$，其频谱也是周期冲激序列，即

$$\mathscr{F}[\delta_T(t)] = \mathscr{F}\left[\sum_{n=-\infty}^{\infty}\delta(t-nT_s)\right] = \Omega_s\sum_{n=-\infty}^{\infty}\delta(\Omega-n\Omega_s) \tag{2.6-3}$$

这时，采样信号$f_s(t)$可表示成

$$f_s(t) = f(t)\delta_T(t) = f(t)\sum_{n=-\infty}^{\infty}\delta(t-nT_s) = \sum_{n=-\infty}^{\infty}f(nT_s)\delta(t-nT_s)$$

由式（2.6-2）得到采样信号$f_s(t)$的频谱

$$\begin{aligned} F_s(\mathrm{j}\Omega) &= \frac{1}{2\pi}F(\mathrm{j}\Omega) * \left[\Omega_s\sum_{n=-\infty}^{\infty}\delta(\Omega-n\Omega_s)\right] \\ &= \frac{\Omega_s}{2\pi}\sum_{n=-\infty}^{\infty}F(\mathrm{j}\Omega) * \delta(\Omega-n\Omega_s) = \frac{1}{T_s}\sum_{n=-\infty}^{\infty}F[\mathrm{j}(\Omega-n\Omega_s)] \end{aligned} \qquad (2.6\text{-}4)$$

用冲激序列对信号采样，使之变成离散信号，对应的是将原连续信号的频谱进行周期延拓，即时域的离散性对应着频域的周期性。在2.5节中已阐述过，时域的周期性对应着频域的离散性，从而揭示了信号的时域与频域之间的另一种对应关系，即周期性与离散性的对应关系。

由图2-37看到，采样信号$f_s(t)$只是原信号$f(t)$的一部分，原信号$f(t)$已被大部分切掉。连续信号被采样后是否保留原信号$f(t)$的全部信息，也即能否由采样信号$f_s(t)$重新恢复原信号$f(t)$呢？现在就来讨论如何从采样信号中恢复原连续信号，以及在什么条件下才能够无失真地完成这种恢复作用。

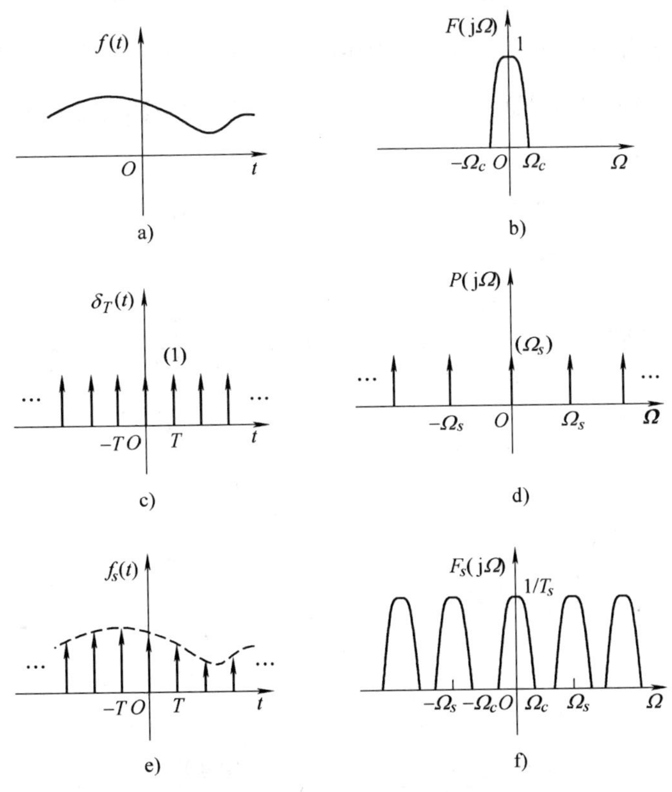

图2-37　冲激采样信号的频谱

现在来观察图2-38b所示的采样信号的频谱$F_s(\mathrm{j}\Omega)$，其虚线框内的部分与原信号的频谱具有完全相同的形状。所以只要将采样信号通过一个理想低通滤波器，而把这部分频谱取出，同时滤除所有其他的部分。这样，在滤波器的输出端将会得到原来的信号。这个理想低通滤波器的频率特性就像图2-38b中虚线框那样，其截止频率应等于或大于信号频谱中的最

高频率分量 Ω_c，而小于 $\Omega_s-\Omega_c$，这样才能够把所需的频谱分离出来。由以上讨论显然可见，要恢复原信号的必要条件是，采样信号频谱中两相邻的组成部分不能相互重叠，否则即使使用了理想低通滤波器，也无法取出与原信号相同的频谱。因此，要使频谱中相邻组成部分不相重叠，则必须满足如下条件：首先，原信号 $f(t)$ 的频谱 $F(\mathrm{j}\Omega)$ 的频带是有限的，即原信号 $f(t)$ 频谱中存在最高频率分量 Ω_c；其次，采样频率 Ω_s 至少等于最高频率 Ω_c 的 2 倍，即

$$\Omega_s \geqslant 2\Omega_c \tag{2.6-5}$$

或

$$f_s \geqslant 2f_c \tag{2.6-6}$$

也就是说，要恢复原信号则最低采样频率 $f_{s\min}=2f_c$。一般将最低采样频率 $f_{s\min}$ 称为奈奎斯特(Nyquist)采样频率(简称奈奎斯特采样率)，它的倒数 $T_{s\min}=1/f_{s\min}$ 称为奈奎斯特采样间隔。

若采样频率 Ω_s 不满足(2.6-5)式，即 $\Omega_s<2\Omega_c$，$F_s(\mathrm{j}\Omega)$ 将产生混叠(Aliasing)，此时不能从 $F_s(\mathrm{j}\Omega)$ 中取出 $F(\mathrm{j}\Omega)$，也即信号 $f(t)$ 不能由采样信号 $f_s(t)$ 完全恢复。也就是说，采样的间隔时间过长，即采样太慢，将丢失部分信息。

综上所述，可以归纳出如下的时域采样定理（Sampling Theorem）：一个频带受限的信号 $f(t)$，如果频谱只占据 $-\Omega_c \sim \Omega_c$ 的范围，则信号 $f(t)$ 可以用时间间隔不大于 $\frac{1}{2f_c}$ 的采样值唯一地确定。当这样的采样信号通过其截止频率 Ω_0 满足条件 $\Omega_c \leqslant \Omega_0 \leqslant \Omega_s-\Omega_c$ 的理想低通滤波器后，可以完全恢复原信号。

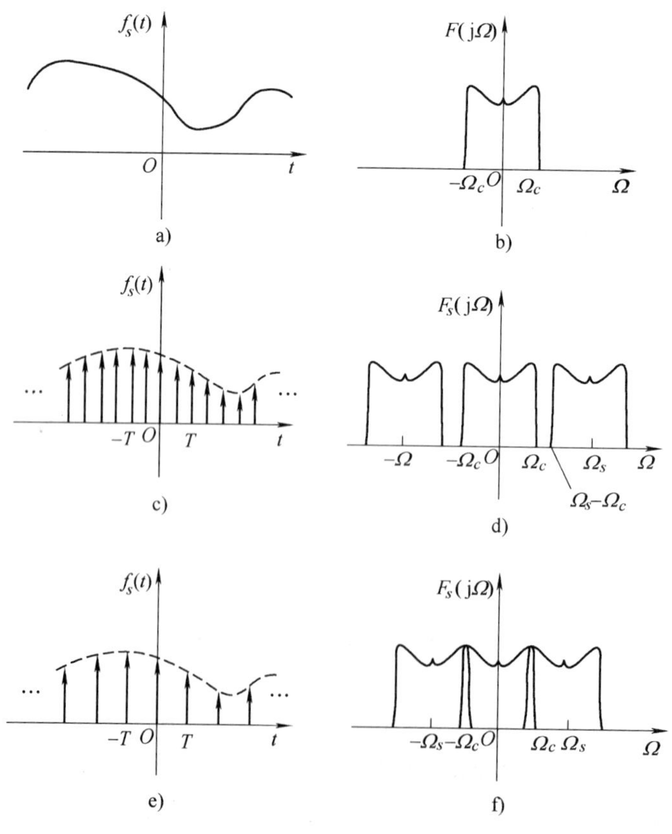

图 2-38　冲激采样

(2) 矩形脉冲采样

此时采样脉冲 $p(t)$ 是周期对称矩形脉冲，令它的脉冲幅度为 E、脉宽为 τ，采样间隔为 T_s(采样频率为 Ω_s)。根据傅里叶级数可求得

$$F_n = \frac{1}{T_s}\int_{-\frac{T_s}{2}}^{\frac{T_s}{2}} p(t)\mathrm{e}^{-\mathrm{j}n\Omega_s t}\mathrm{d}t = \frac{1}{T_s}\int_{-\frac{\tau}{2}}^{\frac{\tau}{2}} E\mathrm{e}^{-\mathrm{j}n\Omega_s t}\mathrm{d}t = \frac{E\tau}{T_s}Sa\left(\frac{n\Omega_s\tau}{2}\right) \tag{2.6-7}$$

实际上，这个结果早已熟悉了，可求出矩形脉冲信号的频谱为

$$P(\mathrm{j}\Omega) = \frac{2\pi E\tau}{T_s}\sum_{n=-\infty}^{\infty} Sa\left(\frac{n\Omega_s\tau}{2}\right)\delta(\Omega - n\Omega_s) \tag{2.6-8}$$

将上式代入式（2.6-2），便可求出用矩形脉冲信号采样信号的频谱为

$$\begin{aligned} F_s(\mathrm{j}\Omega) &= \frac{1}{2\pi}F(\mathrm{j}\Omega) * P(\mathrm{j}\Omega) = \frac{1}{2\pi}F(\mathrm{j}\Omega) * \frac{2\pi E\tau}{T_s}\sum_{n=-\infty}^{\infty} Sa\left(\frac{n\Omega_s\tau}{2}\right)\delta(\Omega - n\Omega_s) \\ &= \frac{E\tau}{T_s}\sum_{n=-\infty}^{\infty} Sa\left(\frac{n\Omega_s\tau}{2}\right)F[\mathrm{j}(\Omega - n\Omega_s)] \end{aligned} \tag{2.6-9}$$

显然，在矩形脉冲采样的情况下，$F_s(\mathrm{j}\Omega)$ 是将 $F(\mathrm{j}\Omega)$ 以 Ω_s 为周期，周期性地重复而成，但在重复过程中幅度以采样函数的规律变化，如图 2-39 所示。

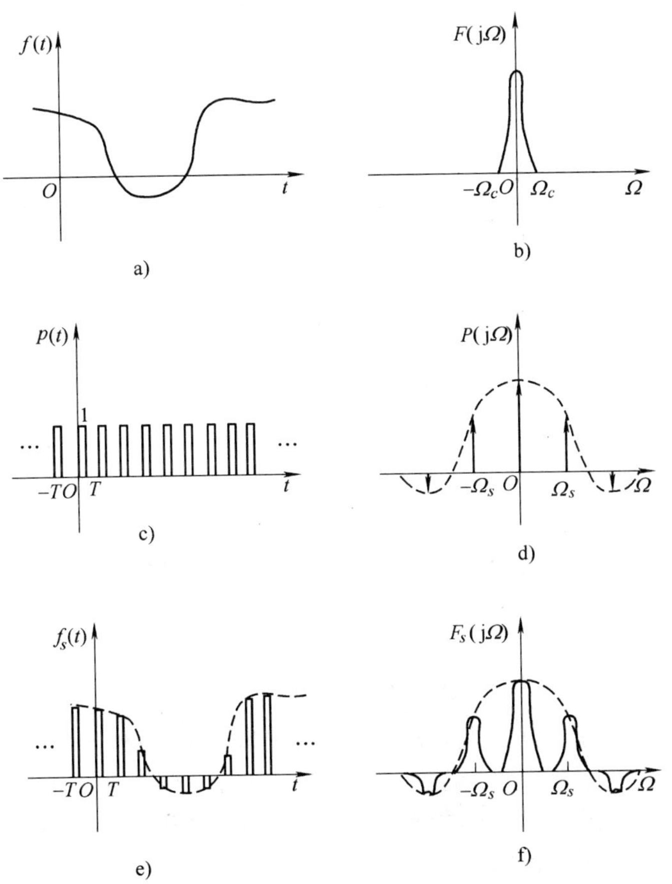

图 2-39　矩形脉冲采样信号的频谱

比较式（2.6-4）与式（2.6-9）以及图 2-38 与图 2-39 可见，经过矩形脉冲采样和冲激采样后，其采样信号的频谱相似。因此，当 $\Omega_s \geqslant 2\Omega_c$ 时，$F_s(\mathrm{j}\Omega)$ 不会产生混叠（Aliasing），完全能从 $F_s(\mathrm{j}\Omega)$ 中取出 $F(\mathrm{j}\Omega)$，也即信号 $f(t)$ 能由采样信号 $f_s(t)$ 完全恢复。

2.6.3 信号的恢复

从图 2-38b 可以看出，在满足采样定理的条件下，为了从频谱 $F_s(\mathrm{j}\Omega)$ 中无失真地选出 $F(\mathrm{j}\Omega)$，可以将采样信号通过一理想低通滤波器，其频率特性为

$$H(\mathrm{j}\Omega)=\begin{cases}T_s & |\Omega|\leqslant\Omega_0\\ 0 & |\Omega|>\Omega_0\end{cases} \tag{2.6-10}$$

式中，$\Omega_c \leqslant \Omega_0 \leqslant \Omega_s - \Omega_c$。

从频域角度讲，滤波器输出端的频谱 $F(\mathrm{j}\Omega)$ 就是 $H(\mathrm{j}\Omega)$ 与 $F_s(\mathrm{j}\Omega)$ 相乘，即

$$F(\mathrm{j}\Omega)=H(\mathrm{j}\Omega)F_s(\mathrm{j}\Omega) \tag{2.6-11}$$

这样，在滤波器的输出端可以得到频谱为 $F(\mathrm{j}\Omega)$ 的连续信号 $f(t)$。下面再从时域角度来看如何由采样信号 $f_s(t)$ 恢复 $f(t)$。

因为滤波器的输出频谱为 $F(\mathrm{j}\Omega)=H(\mathrm{j}\Omega)F_s(\mathrm{j}\Omega)$。由时域卷积定理可知

$$f(t)=f_s(t)*h(t) \tag{2.6-12}$$

式中，$h(t)=\mathscr{F}^{-1}[H(\mathrm{j}\Omega)]$。利用傅里叶变换的对偶性不难求出 $H(\mathrm{j}\Omega)$ 的傅里叶反变换为 Sa 函数，即

$$h(t)=\frac{T_s\Omega_0}{\pi}Sa(\Omega_0 t) \tag{2.6-13}$$

实际上，$h(t)$ 就是理想低通滤波器的冲激响应，式（2.6-12）就是所熟悉的在时域中求零状态响应的卷积公式。

因为

$$f_s(t)=f(t)\delta_T(t)=f(t)\sum_{n=-\infty}^{\infty}\delta(t-nT_s)=\sum_{n=-\infty}^{\infty}f(nT_s)\delta(t-nT_s) \tag{2.6-14}$$

所以

$$\begin{aligned}f(t)=f_s(t)*h(t)&=\sum_{n=-\infty}^{\infty}f(nT_s)\delta(t-nT_s)*\frac{T_s\Omega_0}{\pi}Sa(\Omega_0 t)\\&=\frac{T_s\Omega_0}{\pi}\sum_{n=-\infty}^{\infty}f(nT_s)Sa[\Omega_0(t-nT_s)]\end{aligned} \tag{2.6-15}$$

若取，$\Omega_s=2\Omega_c$，$\Omega_0=\Omega_c$，则

$$f(t)=\sum_{n=-\infty}^{\infty}f(nT_s)Sa[\Omega_c(t-n\pi)] \tag{2.6-16}$$

上式说明，连续信号 $f(t)$ 可以展开成正交采样函数（Sa 函数）的无穷级数，级数的系数等于采样值 $f(nT_s)$。也就是说，若在采样信号 $f_s(t)$ 的每个样点处，画出一个峰值为 $f_s(nT_s)$ 的 Sa 函数波形，那么其合成波就是原信号 $f(t)$，如图 2-40f 所示。因此，只要已知各采样值 $f_s(nT_s)$ 就能唯一地确定原信号 $f(t)$。

但是，实际上理想低通滤波器是不可能实现的。而实际低通滤波器的幅频特性如图 2-41 中虚线所示。由于实际滤波器的滤波特性在进入截止频率后不够陡直，滤波器输出端除了有

所需信号的频谱分量外，还夹杂着相邻部分的一些频率分量，这样，恢复的信号与原信号就有差别。解决的方法是提高采样频率 Ω_s，使得滤波器的输出端只含有所需要的信号频谱。另一方面，实际被传输的信号，一般不是频带受限信号（如常用的矩形脉冲信号，其频谱为 Sa 函数），这样的信号经过采样后，采样信号的频谱如图 2-42 所示。其中相邻部分之间就会出现频谱混叠现象。在这种情况下，利用低通滤波器就难以把所需信号无失真地滤出。但是，一般信号都占有一个有效的频带宽度，在某个范围之外的频率分量实际上可忽略不计。因此，只要采样频率足够高，并且采用高阶低通滤波器，把所需的原信号有效地分离出来还是可以做到的。

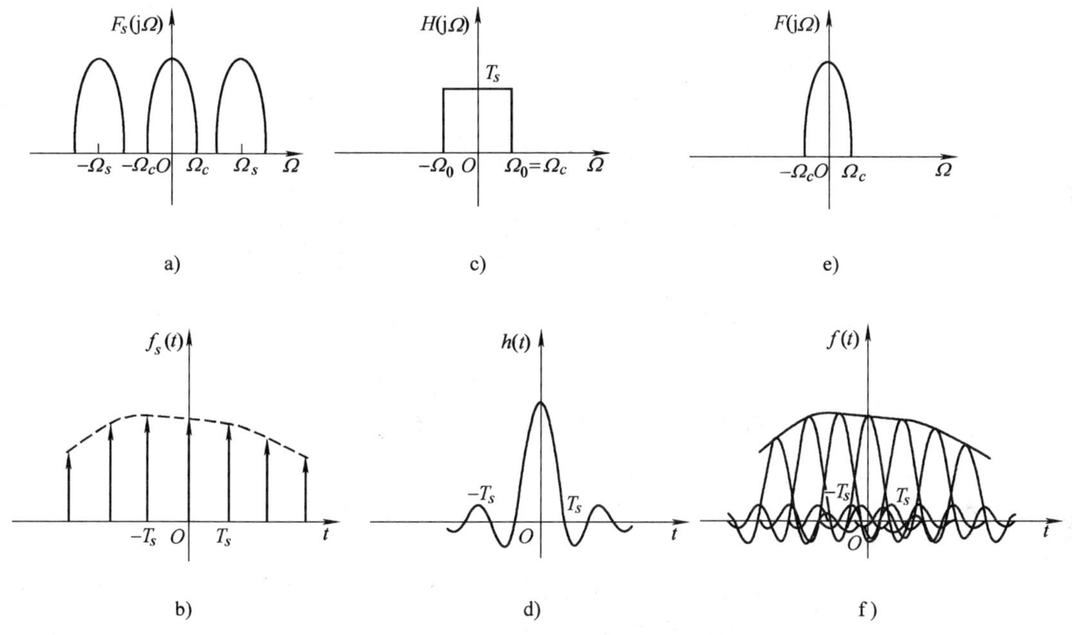

图 2-40　由采样信号恢复连续信号

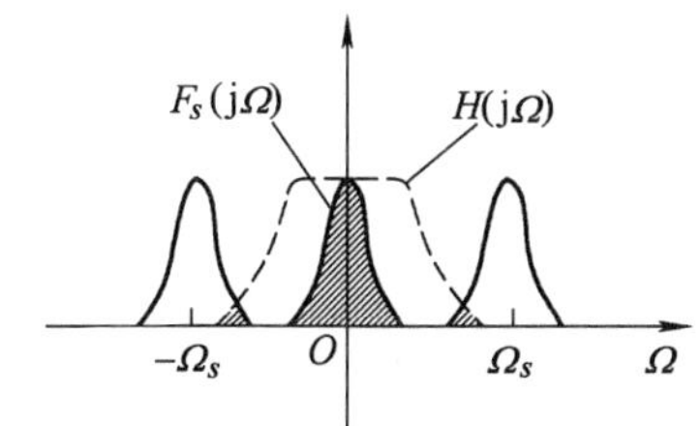

图 2-41　采样信号通过实际低通滤波器

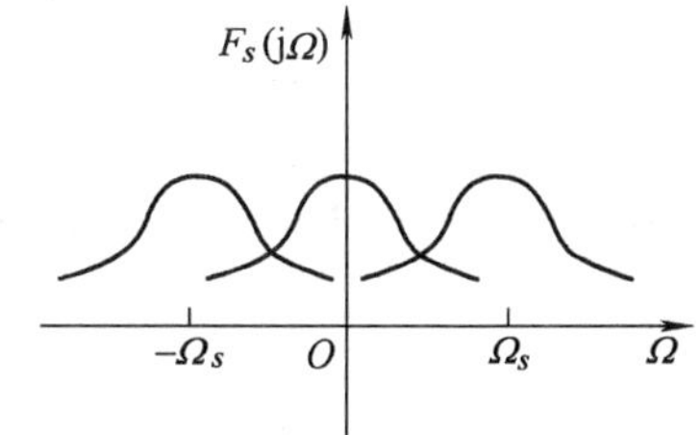

图 2-42　非频谱受限信号采样后频谱的混叠现象

2.7　小结

信号具有时域特性和频域特性，本章讨论信号的频域特性，其目的之一是掌握信号频域特性的分析，二是为系统的频域分析方法作准备。从本章开始由时域转入变换域分析，频域分析将时间变量变换成频率变量，揭示了信号内在的频率特性以及信号时间特性与其频率特性之间的密切关系，从而导出了信号的频谱、带宽以及滤波、调制和频分复用等重要概念。

1）信号分解为正交函数的原理与矢量分解为正交矢量的概念相似。将连续信号分解为一系列的正交函数，各正交函数属于一完备的正交函数集。大家所熟悉的正弦函数（$\sin\Omega_0 t$，$\cos\Omega_0 t$）或虚指数函数（$e^{j\Omega_0 t}$）都是正交函数。利用傅里叶变换这一数学工具就可将连续信号表示为一系列不同频率的正弦函数或虚指数函数之和(对周期信号)或积分(对非周期信号)。

2）周期信号可以分解为三种形式。分解为三角级数时，表示信号由无穷多个谐波分量加权和叠加组成。周期信号傅里叶级数的物理意义在于：周期信号可以分解为一个直流分量与许多谐波分量之加权和。分解为复指数形式时，意味着信号由无穷多个复指数分量加权和叠加组成；分解为频谱密度函数时，意味着信号由离散的频域冲激序列组成。周期信号频谱具有谐波性、离散性和收敛性。

3）非周期信号的傅里叶变换是一种线性变换。任意非周期信号$f(t)$可分解为无穷多个不同余弦(或正弦)分量之加权和，其各分量的加权系数为无穷小量$\dfrac{F(j\Omega)\,d\Omega}{2\pi}$。非周期信号也和周期信号一样，可以分解为许多不同频率的正弦分量。所不同的是，由于非周期信号的周期趋于无限大，基波频率就趋于无限小，因此组成信号的分量的频率包含了从零到无穷大之间的一切频率。同时随着周期的无限增大，组成信号的分量的振幅$\dfrac{F(j\Omega)\,d\Omega}{2\pi}$则无限减小，所以频谱不能直接用振幅作出，而必须用它的密度函数来作出。

4）分析信号频谱特性的重要方法是利用傅里叶变换的性质。如线性、频移特性、延时特性、微分特性、积分特性、卷积定理等。

5）信号占有的带宽是一个很重要的参数。信号的持续时间与频带宽度成反比是一切信号所共有的特点。

6）原信号$f(t)$的频谱$F(j\Omega)$的频带是有限的，即原信号$f(t)$频谱中存在最高频率分量Ω_c；当采样频率Ω_s至少等于最高频率Ω_c的2倍时，即$\Omega_s \geqslant 2\Omega_c$，信号$f(t)$能由采样信号$f_s(t)$完全恢复。

2.8 习题

1. 前4个勒让德（Legendre）多项式

$$P_0(t)=1$$
$$P_1(t)=t$$
$$P_2(t)=\left(\frac{3}{2}t^2-\frac{1}{2}\right)$$
$$P_3(t)=\left(\frac{5}{2}t^3-\frac{3}{2}t\right)$$

证明它们在区间（-1，1）内是正交函数集。

2. 证明$\cos(t),\cos(2t),\cdots,\cos(nt)$（$n$为正整数），是在区间$(0,2\pi)$的正交函数集。它是否是完备的正交函数集？

3. 题3图给出了冲激序列$\delta_{T_0}(t)=\sum\limits_{k=-\infty}^{\infty}\delta(t-kT_0)$，求$\delta_{T_0}(t)$的指数傅里叶级数和三角

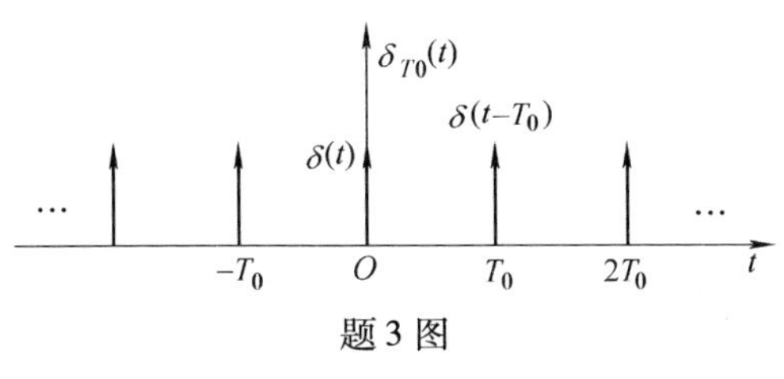

题 3 图

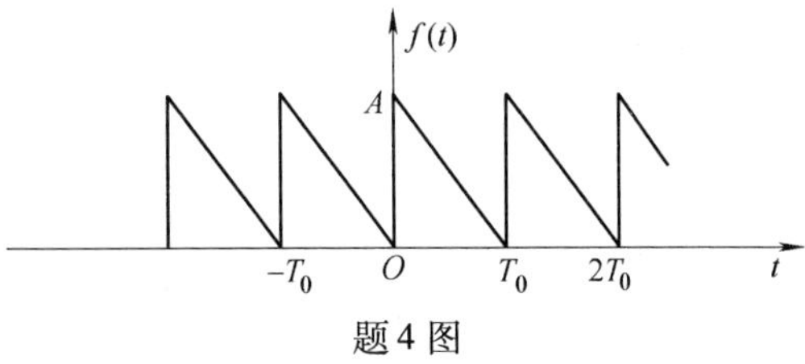

题 4 图

傅里叶级数。

4. （1）直接用定义求题 4 图所示三角波 $f(t)$ 的三角傅里叶级数。

（2）利用 1 题的结果求题 4 图所示三角波 $f(t)$ 的虚指数傅里叶级数。

5. 已知周期信号 $f(t)$ 的前 $\frac{1}{4}$ 周期波形如题 5 图所示。根据下列各种情况的要求，画出 $f(t)$ 在一个周期的波形 $\left(-\frac{T}{2}\sim\frac{T}{2}\right)$。

（1）$f(t)$ 是偶函数，只含有偶次谐波。

（2）$f(t)$ 是偶函数，只含有奇次谐波。

（3）$f(t)$ 是偶函数，含有偶次谐波和奇次谐波。

（4）$f(t)$ 是奇函数，只含有偶次谐波。

（5）$f(t)$ 是奇函数，只含有奇次谐波。

（6）$f(t)$ 是奇函数，含有偶次谐波和奇次谐波。

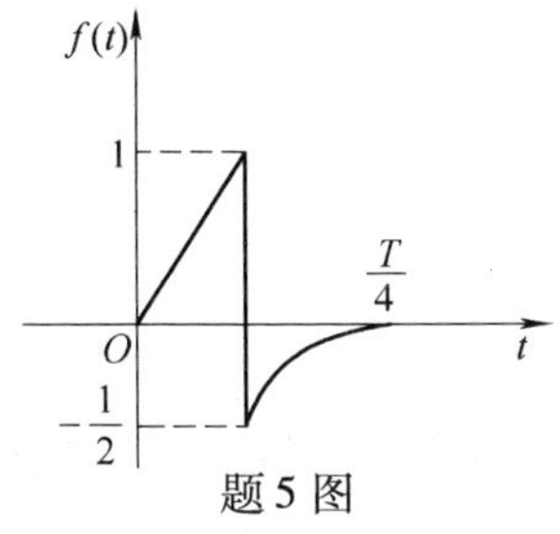

题 5 图

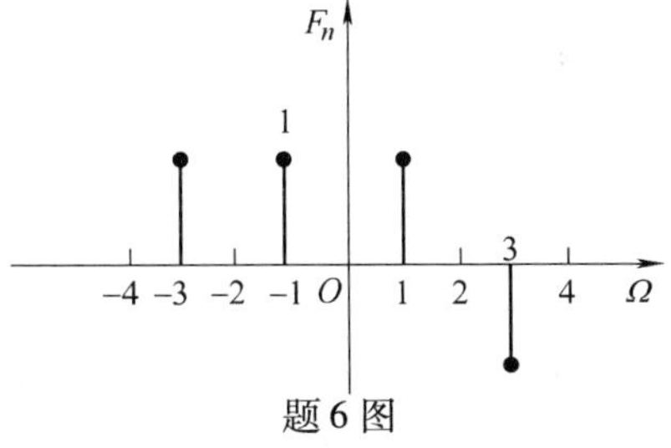

题 6 图

6. 周期信号 $f(t)$ 的双边频谱如题 6 图所示，求其三角函数表示式。

7. 已知周期矩形信号 $f_1(t)$ 及 $f_2(t)$ 如题 7 图所示。求：

（1）$f_1(t)$ 的参数为 $\tau_1=0.5\mu s$，$T_1=1\mu s$，$A_1=1V$，则谱线间隔和带宽为多少。

（2）$f_2(t)$ 的参数为 $\tau_2=1.5\mu s$，$T_2=3\mu s$，$A_2=3V$，则谱线间隔和带宽为多少。

（3）$f_1(t)$ 与 $f_2(t)$ 的基波幅度之比为多少。

（4）$f_1(t)$ 基波幅度与 $f_2(t)$ 的三次谐波幅度之比为多少？

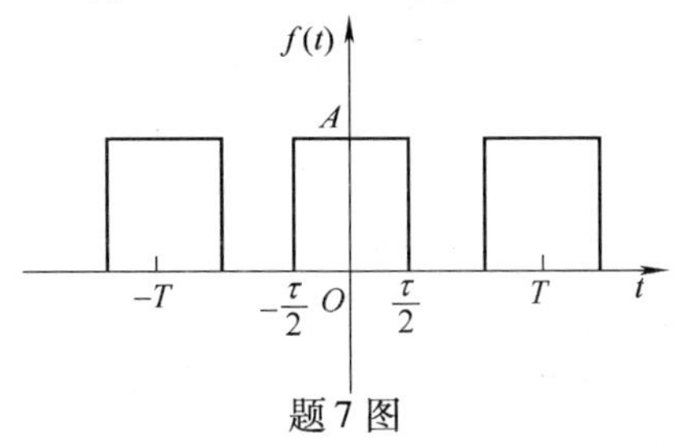

题 7 图

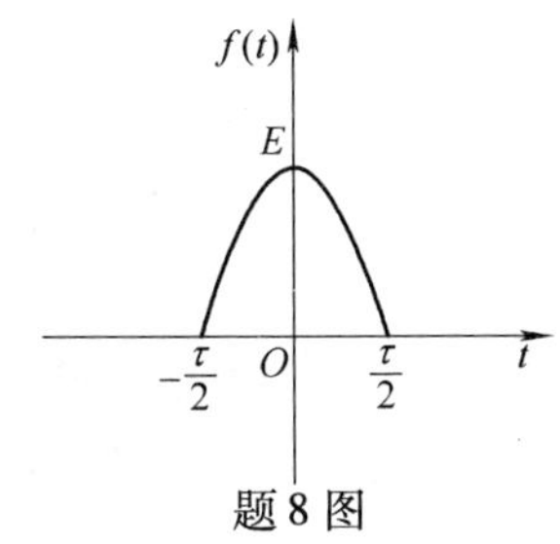

题 8 图

8. 求题 8 图所示半波余弦脉冲的傅里叶变换，并画出频谱图。

9. 计算下列信号的傅里叶变换。

（1）$e^{jt}\mathrm{sgn}(3-2t)$　　（2）$\dfrac{d}{dt}[e^{-2(t-1)}u(t)]$　　（3）$e^{2t}u(-t+1)$

（4）$\begin{cases}\cos\left(\dfrac{\pi t}{2}\right), & |t|<1\\ 0, & |t|>1\end{cases}$　　（5）$\dfrac{2}{t^2+4}$

10. 试分别利用下列几种方法证明 $u(t)\leftrightarrow\pi\delta(\omega)+\dfrac{1}{j\omega}$。

（1）利用符号函数$\left[u(t)=\dfrac{1}{2}+\dfrac{1}{2}\mathrm{sgn}(t)\right]$。

（2）利用矩形脉冲取极限（$\tau\to\infty$）。

（3）利用积分定理$\left[u(t)=\int_{-\infty}^{t}\delta(\tau)d\tau\right]$。

（4）利用单边指数函数取极限$[u(t)=\lim\limits_{a\to 0}e^{-at}, t\geqslant 0]$

11. 若$f(t)$的傅里叶变换为$F(j\Omega)=\dfrac{1}{2}[G_{2a}(\Omega-\Omega_0)+G_{2a}(\Omega+\Omega_0)]$，如题 11 图所示，求$f(t)$。

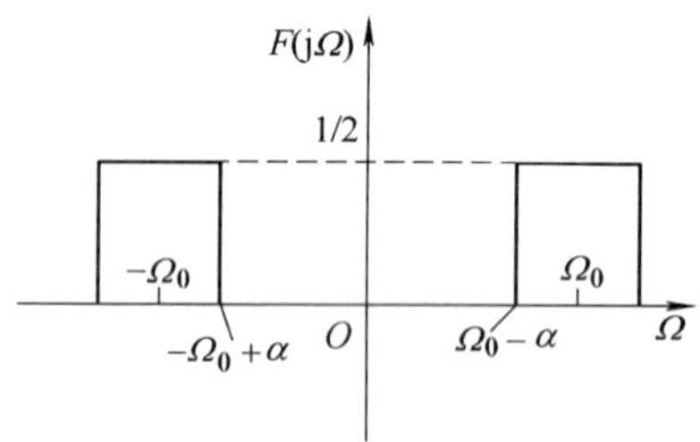

题 11 图

12. 已知信号$f_1(t)\leftrightarrow F_1(j\Omega)=R(\Omega)+jX(\Omega)$，$f_1(t)$的波形如题 12 图 a 所示，信号$f_2(t)$的波形如题 12 图 b 所示，求 $F_2(j\Omega)$。

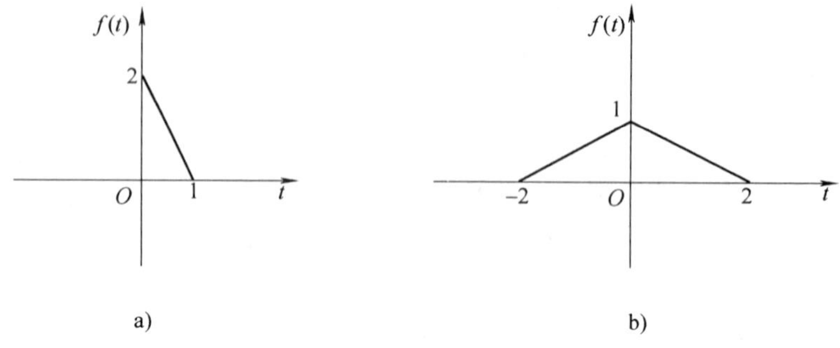

题 12 图

13. 若已知$f(t)\leftrightarrow F(j\Omega)$，确定下列信号的傅里叶变换。

（1）$f(1-t)$　　（2）$(1-t)f(1-t)$　　（3）$f(2t-5)$

14. 已知三角脉冲$f_1(t)$的傅里叶变换为$F_1(\mathrm{j}\Omega)=\frac{E\tau}{2}Sa^2\left(\frac{\Omega\tau}{4}\right)$，试用有关定理求$f_2(t)=f_1(t-2\tau)\cos(\Omega_0 t)$的傅里叶变换$F_2(\mathrm{j}\Omega)$。

15. 若已知$f(t)\leftrightarrow F(\mathrm{j}\Omega)$，确定下列信号的傅里叶变换。

(1) $tf(2t)$　　(2) $(t-2)f(t)$　　(3) $(t-2)f(-2t)$　　(4) $t\frac{\mathrm{d}f(t)}{\mathrm{d}t}$

16. 分别利用线性性质、时域积分性质和时域卷积定理求题16图所示梯形脉冲的傅里叶变换，并大致画出$\tau=2\tau_1$情况下该脉冲的频谱图。

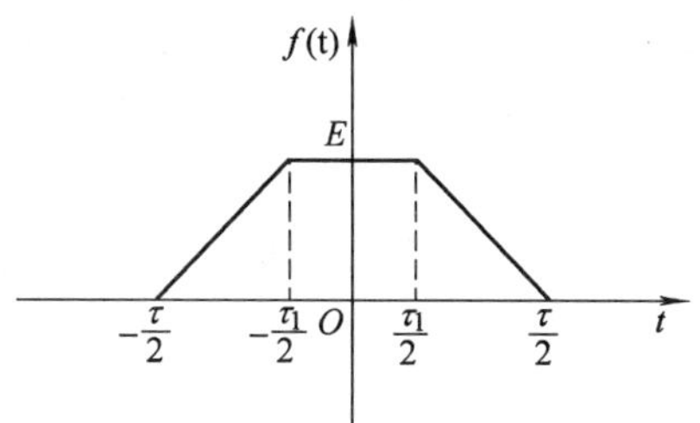

题16图

17. 已知阶跃信号的傅里叶变换为$u(t)\leftrightarrow\frac{1}{\mathrm{j}\Omega}+\pi\delta(\Omega)$；正弦、余弦函数的傅里叶变换为$\cos(\Omega_0 t)\leftrightarrow\pi[\delta(\Omega+\Omega_0)+\delta(\Omega-\Omega_0)]$；$\sin(\Omega_0 t)\leftrightarrow\mathrm{j}\pi[\delta(\Omega+\Omega_0)-\delta(\Omega-\Omega_0)]$。求单边正弦$\sin(\Omega_0 t)u(t)$和单边余弦$\cos(\Omega_0 t)u(t)$的傅里叶变换。

18. 求$F(\mathrm{j}\Omega)=\frac{1}{(a+\mathrm{j}\Omega)^2}$的傅里叶反变换。

19. 求信号$f(t)=\sum_{n=-\infty}^{+\infty}[\delta(t-2nT)-\delta(t-(2n+1)T]$的傅氏变换。

20. 信号$f(t)=Sa(100\pi t)[1+Sa(100\pi t)]$，若对其进行冲激采样，求使频谱不发生混叠的最低采样频率f_s。

21. 有限频带信号$f(t)$的最高频率为100Hz，若对下列信号进行时域采样，求得最小采样频率f_s。

(1) $f(3t)$　　(2) $f^2(t)$　　(3) $f(t)*f(2t)$　　(4) $f(t)+f^2(t)$

参考文献

[1] 吴大正．信号与线性系统分析[M]. 3版．北京：高等教育出版社，1998.
[2] 吴湘淇．信号、系统与信号处理[M]. 北京：电子工业出版社，1999.
[3] 郑君里．信号与系统[M]. 2版．北京：高等教育出版社，2000.
[4] 管致中．信号与线性系统[M]. 4版．北京：高等教育出版社，2004.
[5] 张小虹．信号与系统[M]. 西安：西安电子科技大学出版社，2004.
[6] 金波．信号与系统基础[M]. 武汉：华中科技大学出版社，2006.

第3章　时域连续信号的复频域分析

时域连续信号的频域分析，揭示了信号的内在频率特性，是信号分析的重要方法，在分析信号谐波分量、波形失真等问题时，有其独到之处。但频率分析也存在不足，其一，某些信号不存在傅里叶变换，因此无法利用频域分析法；其二，对一些不满足绝对可积条件的常用信号如 $u(t)$ 等，虽然其傅里叶变换存在，但带有冲激项时处理不方便；其三，频域分析法中，傅里叶反变换一般较为复杂。为此，本章介绍另一种时域连续信号的分析方法——复频域分析法。

拉普拉斯变换可理解为一种广义的傅里叶变换，拉普拉斯变换具有对信号要求不高、反变换方法相对简单等特点。

3.1　拉普拉斯变换

3.1.1　拉普拉斯变换的定义

在信号的频域分析中，Dirichlet 条件是信号傅里叶变换存在的充分条件，信号满足 Dirichlet 条件则其傅里叶变换一定存在。有些信号如单位阶跃信号不满足 Dirichlet 条件，傅里叶变换虽然存在却很难从傅里叶变换定义式直接求出。而另一些常用信号，例如 $f(t)=e^{at}u(t)\,(a>0)$，傅里叶变换则不存在。究其原因是当 $t\to\infty$ 时信号不衰减，甚至增长。

若用衰减因子 $e^{-\sigma t}$（σ 为实常数）乘以信号 $f(t)$，根据不同信号的特征，适当选取 σ 的值，使乘积信号 $f(t)e^{-\sigma t}$ 当 $t\to\pm\infty$ 时信号幅度趋近于0，从而使下面的积分收敛

$$\mathscr{F}[f(t)e^{-\sigma t}]=\int_{-\infty}^{\infty}f(t)e^{-\sigma t}e^{-j\Omega t}dt=\int_{-\infty}^{\infty}f(t)e^{-(\sigma+j\Omega)t}dt$$

上式积分结果是 $(\sigma+j\Omega)$ 的函数，令其为 $F(\sigma+j\Omega)$，即

$$F(\sigma+j\Omega)=\int_{-\infty}^{\infty}f(t)e^{-(\sigma+j\Omega)t}dt \tag{3.1-1}$$

相应的傅里叶反变换为

$$f(t)e^{-\sigma t}=\frac{1}{2\pi}\int_{-\infty}^{\infty}F(\sigma+j\Omega)e^{j\Omega t}d\Omega$$

上式两端同乘以 $e^{\sigma t}$，得

$$f(t)=\frac{1}{2\pi}\int_{-\infty}^{\infty}F(\sigma+j\Omega)e^{(\sigma+j\Omega)t}d\Omega \tag{3.1-2}$$

令 $s=\sigma+j\Omega$，其中 σ 为常数，则 $d\Omega=\frac{ds}{j}$，代入式(3.1-1)和式(3.1-2)中，得

$$F(s)=\int_{-\infty}^{\infty}f(t)e^{-st}dt \tag{3.1-3}$$

$$f(t)=\frac{1}{2\pi j}\int_{\sigma-j\infty}^{\sigma+j\infty}F(s)e^{st}ds \tag{3.1-4}$$

式(3.1-3)和式(3.1-4)称为双边拉普拉斯变换对或复傅里叶变换对。

考虑到在实际问题中，人们用物理手段和实验方法所能记录和产生的信号大都是有起始时刻的，不妨令信号起始时刻为零，并考虑到信号$f(t)$在$t=0$时刻可能包含有冲激函数及其导数项，取积分下限为0_-。于是，式(3.1-3)改写为

$$F(s)=\int_{0_-}^{+\infty}f(t)\mathrm{e}^{-st}\mathrm{d}t \tag{3.1-5}$$

而原函数为有始函数，即在$t<0$时为零，由式(3.1-4)得

$$f(t)=\left[\frac{1}{2\pi\mathrm{j}}\int_{\sigma-\mathrm{j}\infty}^{\sigma+\mathrm{j}\infty}F(s)\mathrm{e}^{st}\mathrm{d}s\right]u(t) \tag{3.1-6}$$

式(3.1-5)和式(3.1-6)称为单边拉普拉斯变换对。通常用下列符号分别表示：

$$F(s)=\mathscr{L}[f(t)] \tag{3.1-7}$$

$$f(t)=\mathscr{L}^{-1}[F(s)] \tag{3.1-8}$$

也可用双箭头表示，即

$$f(t)\leftrightarrow F(s)$$

复变函数$F(s)$称为$f(t)$的象函数，时间函数$f(t)$称为$F(s)$的原函数。

显然，拉普拉斯变换与傅里叶变换的定义表示式的形式是相似的。其基本区别在于：傅里叶变换将时间函数$f(t)$变为频率函数$F(\mathrm{j}\Omega)$，或作相反变换，其变量t和Ω都是实数；而拉普拉斯变换是将时间函数$f(t)$变为复变函数$F(s)$，或作相反变换，变量t是实数，而变量s却是复数，s可称为“复频域”。简单地说，傅里叶变换建立了时域和频域间的联系，而拉普拉斯变换则建立了时域和复频域(s域)间的联系。

单边拉普拉斯变换收敛域简单，计算方便，线性连续系统的复频域分析主要使用单边拉普拉斯变换。本章主要讨论单边拉普拉斯变换。

3.1.2 拉普拉斯变换的收敛域

从前面分析可以看出，拉普拉斯变换是信号$f(t)$乘以衰减因子$\mathrm{e}^{-\sigma t}$后再进行傅里叶变换，即对$f(t)\mathrm{e}^{-\sigma t}$求傅里叶变换。由傅里叶变换的条件可知，拉普拉斯变换存在的充分条件是$f(t)\mathrm{e}^{-\sigma t}$绝对可积，即

$$\int_{-\infty}^{+\infty}|f(t)\mathrm{e}^{-\sigma t}|\mathrm{d}t<\infty\ ,\ \sigma\in R \tag{3.1-9}$$

对于单边信号$f(t)$，当$t\to\infty$时，若存在一个σ_0使得$\sigma>\sigma_0$时，$f(t)\mathrm{e}^{-\sigma t}$的极限等于零，则$f(t)\mathrm{e}^{-\sigma t}$在$\sigma>\sigma_0$的全部范围内满足绝对可积，拉普拉斯变换存在。这一关系可表示为

$$\lim_{t\to\infty}f(t)\mathrm{e}^{-\sigma t}=0,\ \sigma>\sigma_0 \tag{3.1-10}$$

σ_0与$f(t)$的特性有关，它给出了拉普拉斯变换存在的条件。一般而言，$F(s)$的收敛域如图3-1所示。在以σ为横坐标，$\mathrm{j}\Omega$为纵坐标的s平面上，这一区域称为拉普拉斯积分的收敛域或象函数$F(s)$的收敛域。横坐标σ称为收敛坐标，直线$\sigma=\sigma_0$称为收敛轴。而双边拉普拉斯变

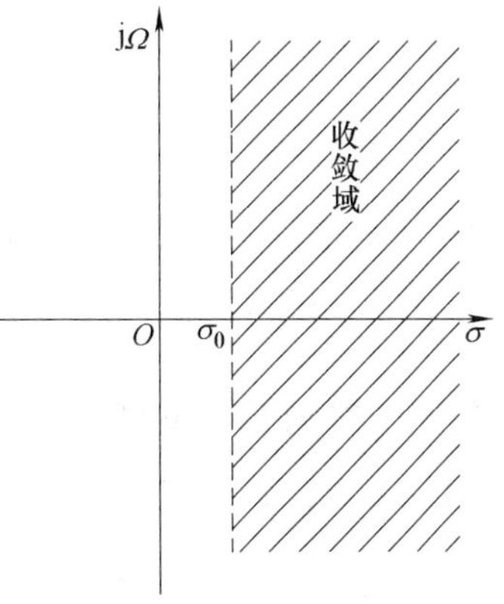

图3-1 单边拉普拉斯变换收敛域

换可以看成两个单边拉普拉斯变换的叠加，其收敛域一般有两个有限边界：一个边界决定于 $t>0$ 时的 $f_1(t)$，是收敛域的左边界，用 σ_+ 表示；另一个边界决定于 $t<0$ 时的 $f_2(t)$，是收敛域的右边界，用 σ_- 表示。如果 $\sigma_- > \sigma_+$，有公共收敛域，双边拉普拉斯变换存在。反之，双边拉普拉斯变换就不存在。

例 3-1 求函数 $f(t)=Au(t)-Au(t-\tau)$ 的拉普拉斯变换的收敛域。

解：

$$\lim_{t\to\infty}[Au(t)-Au(t-\tau)]e^{-\sigma t}=\lim_{t\to\infty}0e^{-\sigma t}=0$$

无论 σ 取何值，被积函数均收敛。故其收敛域为整个 s 平面，即 $\sigma>-\infty$。

一般而言，凡是定义在有限区间上的能量信号，不管 σ 取何值，都能使信号的拉普拉斯变换存在，其收敛域为整个 s 平面。

例 3-2 求函数 $f(t)=u(t)$ 的拉普拉斯变换的收敛域。

解： 当 $\sigma>0$ 时，$\lim\limits_{t\to\infty}u(t)e^{-\sigma t}=0$，故收敛域为 s 平面的 $\sigma>0$ 区域，即 s 右半平面。

一般而言，如果信号是等幅信号或等幅振荡信号，如阶跃信号、正弦信号，只要乘以衰减因子 $e^{-\sigma t}(\sigma>0)$ 就可以使之收敛，因此其收敛域为 s 右半平面。

例 3-3 求函数 $f(t)=t^n u(t)(n>0)$ 的拉普拉斯变换的收敛域。

解： 当 $\sigma>0$ 时，$\lim\limits_{t\to\infty}t^n u(t)e^{-\sigma t}=\lim\limits_{t\to\infty}\dfrac{t^n u(t)}{e^{\sigma t}}=\lim\limits_{t\to\infty}\dfrac{n!}{\sigma^n e^{\sigma t}}u(t)=0$

故收敛域为 s 平面的 $\sigma>0$ 区域，即 s 右半平面。

一般而言，对于任何随时间成正比的 t 的正幂次信号，其增长速度比指数信号要慢得多，对其乘以衰减因子 $e^{-\sigma t}(\sigma>0)$ 也可收敛，因此其收敛域也是 s 右半平面。

例 3-4 求函数 $f(t)=e^{3t}u(t)$ 的拉普拉斯变换的收敛域。

解： 当 $\sigma>3$ 时，$\lim\limits_{t\to\infty}e^{3t}u(t)e^{-\sigma t}=\lim\limits_{t\to\infty}e^{-(\sigma-3)t}u(t)=0$

故收敛域为 s 平面的 $\sigma>3$ 区域，或表示为 $\mathrm{Re}(s)>3$ 的区域。

一般而言，对于指数信号 $f(t)=e^{at}u(t)$，在 s 平面的 $\sigma>a$ 区域可收敛。而对于一些比指数阶函数增长快的非指数阶函数，如 $t^t u(t)$，$e^{t^2}u(t)$ 信号，不存在相应的衰减因子 $e^{-\sigma t}$，故其拉普拉斯变换不存在。

例 3-5 设函数 $f_1(t)=e^{-at}u(t)$，$(a>0)$；$f_2(t)=-e^{-at}u(-t)$，$(a>0)$。求它们的双边拉普拉斯变换 $F_1(s)$ 和 $F_2(s)$，并画出各自的收敛域。

解： 根据定义

$$F_1(s)=\int_{-\infty}^{\infty}e^{-at}u(t)e^{-st}dt=\int_0^{\infty}e^{-(s+a)t}dt=\frac{1}{s+a}$$

由绝对可积条件，得 $\sigma+a>0$，因此收敛域为 $\sigma>-a$，如图 3-2 所示。

同理

$$F_2(s)=-\int_{-\infty}^{\infty}e^{-at}u(-t)e^{-st}dt=-\int_{-\infty}^{0}e^{-(s+a)t}dt=\frac{1}{s+a}$$

由绝对可积条件，得 $\sigma+a<0$，因此收敛域为 $\sigma<-a$，如图 3-3 所示

3.1.3 常用信号的拉普拉斯变换

下面给出一些常用信号的拉普拉斯变换及其收敛域。因为 $f(t)$ 和 $f(t)u(t)$ 的单边拉普拉斯变换是相同的，因此假设这些信号都是起始于零的因果信号。

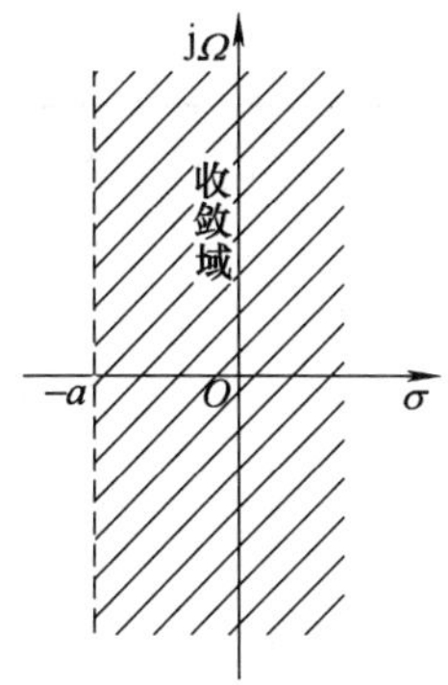

图 3-2　$F_1(s)$的收敛域

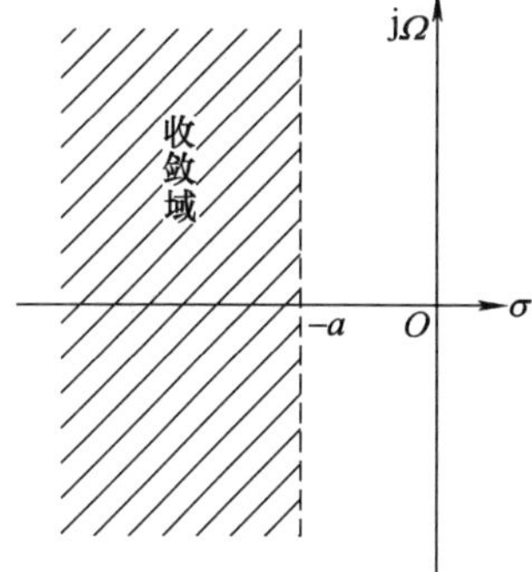

图 3-3　$F_2(s)$的收敛域

1. 单位冲激信号 $\boldsymbol{\delta}(t)$

$$F(s)=\mathscr{L}[\delta(t)]=\int_{0_-}^{\infty}\delta(t)e^{-st}dt=e^{-st}\Big|_{t=0}=1,\ \mathrm{Re}(s)>-\infty$$

即

$$\delta(t)\leftrightarrow 1$$

2. 单位阶跃信号 $\boldsymbol{u}(t)$

$$F(s)=\mathscr{L}[u(t)]=\int_{0}^{\infty}e^{-st}dt=-\frac{1}{s}e^{-st}\Big|_0^{\infty}=\frac{1}{s},\ \mathrm{Re}(s)>0$$

即

$$u(t)\leftrightarrow\frac{1}{s}$$

3. 指数衰减信号 $e^{-at}\boldsymbol{u}(t)$

$$F(s)=\mathscr{L}[e^{-at}u(t)]=\int_{0_-}^{\infty}e^{-at}e^{-st}dt=\int_{0_-}^{\infty}e^{-(s+a)t}dt=\frac{1}{s+a},\ \mathrm{Re}(s)>-a$$

即

$$e^{-at}u(t)\leftrightarrow\frac{1}{s+a}$$

表 3-1 中列出了一些常用信号的拉普拉斯变换。

表 3-1　常用信号的拉普拉斯变换

序　号	单边信号$f(t)$	拉普拉斯变换 $F(s)$	收　敛　域
1	$\delta(t)$	1	$\mathrm{Re}(s)>-\infty$
2	$\delta^{(n)}(t)$	$s^n(n=1,2\cdots)$	$\mathrm{Re}(s)>-\infty$
3	$u(t)$	$\frac{1}{s}$	$\mathrm{Re}(s)>0$
4	$e^{-at}u(t)$	$\frac{1}{s+a}$	$\mathrm{Re}(s)>-a$
5	$t^nu(t)$(n为正整数)	$\frac{n!}{s^{n+1}}$	$\mathrm{Re}(s)>0$
6	$te^{-at}u(t)$	$\frac{1}{(s+a)^2}$	$\mathrm{Re}(s)>-a$
7	$t^ne^{-at}u(t)$	$\frac{n!}{(s+a)^{n+1}}$	$\mathrm{Re}(s)>-a$
8	$e^{j\Omega t}u(t)$	$\frac{1}{s-j\Omega}$	$\mathrm{Re}(s)>0$

（续）

序　号	单边信号 $f(t)$	拉普拉斯变换 $F(s)$	收　敛　域
9	$\sin(\Omega t)u(t)$	$\dfrac{\Omega}{s^2+\Omega^2}$	$\mathrm{Re}(s)>0$
10	$\cos(\Omega t)u(t)$	$\dfrac{s}{s^2+\Omega^2}$	$\mathrm{Re}(s)>0$
11	$\mathrm{e}^{-at}\sin(\Omega t)u(t)$	$\dfrac{\Omega}{(s+a)^2+\Omega^2}$	$\mathrm{Re}(s)>-a$
12	$\mathrm{e}^{-at}\cos(\Omega t)u(t)$	$\dfrac{s+a}{(s+a)^2+\Omega^2}$	$\mathrm{Re}(s)>-a$

3.2　拉普拉斯变换的基本性质

拉普拉斯变换的性质反映了信号的时域特性与复频域特性的关系，熟悉它们对于掌握复频域分析方法是十分重要的。

3.2.1　线性

若

$$f_1(t)\leftrightarrow F_1(s),\ \mathrm{Re}(s)>\sigma_1$$
$$f_2(t)\leftrightarrow F_2(s),\ \mathrm{Re}(s)>\sigma_2$$

且有常数 a_1、a_2，则

$$a_1f_1(t)+a_2f_2(t)\leftrightarrow a_1F_1(s)+a_2F_2(s),\ \mathrm{Re}(s)>\max(\sigma_1,\sigma_2) \tag{3.2-1}$$

这由拉普拉斯变换定义式(3.1-5)容易证明，这里从略。式(3.2-1)中收敛域 $\mathrm{Re}(s)>\max(\sigma_1,\sigma_2)$是两函数收敛域相重叠的部分。实际上，如果是两函数之差，其收敛域可能扩大。

例 3-6　求正弦型信号 $\cos(\Omega t)u(t)$，$\sin(\Omega t)u(t)$的拉普拉斯变换。

解：由于

$$\cos(\Omega t)=\frac{\mathrm{e}^{\mathrm{j}\Omega t}+\mathrm{e}^{-\mathrm{j}\Omega t}}{2}$$

根据线性性质，得

$$\mathscr{L}[\cos(\Omega t)u(t)]=\mathscr{L}\left[\frac{\mathrm{e}^{\mathrm{j}\Omega t}+\mathrm{e}^{-\mathrm{j}\Omega t}}{2}u(t)\right]=\frac{1}{2}\left(\frac{1}{s-\mathrm{j}\Omega}+\frac{1}{s+\mathrm{j}\Omega}\right)=\frac{s}{s^2+\Omega^2},\ \mathrm{Re}(s)>0$$

即

$$\cos(\Omega t)u(t)\leftrightarrow\frac{s}{s^2+\Omega^2},\ \mathrm{Re}(s)>0$$

同理

$$\sin(\Omega t)u(t)\leftrightarrow\frac{\Omega}{s^2+\Omega^2},\ \mathrm{Re}(s)>0$$

3.2.2　尺度变换

若

$$f(t)\leftrightarrow F(s),\ \mathrm{Re}(s)>\sigma_0$$

则

$$f(at)\leftrightarrow\frac{1}{a}F\left(\frac{s}{a}\right),\ a>0,\ \mathrm{Re}(s)>a\sigma_0 \tag{3.2-2}$$

式(3.2-2)中，$a>0$ 是为了保证$f(at)$仍为因果信号。

证明：

$$\mathscr{L}[f(at)]=\int_{0_-}^{\infty}f(at)\mathrm{e}^{-st}\mathrm{d}t$$

令 $x=at$，则 $t=\dfrac{x}{a}$，于是

$$\mathscr{L}[f(at)]=\int_{0_-}^{\infty}f(x)\mathrm{e}^{-\left(\frac{s}{a}\right)x}\frac{\mathrm{d}x}{a}=\frac{1}{a}F\left(\frac{s}{a}\right)$$

由上式可见，若 $F(s)$ 的收敛域为 $\mathrm{Re}(s)>\sigma_0$，则 $F\left(\dfrac{s}{a}\right)$的收敛域为 $\mathrm{Re}\left(\dfrac{s}{a}\right)>\sigma_0$，即 $\mathrm{Re}(s)>a\sigma_0$。

例 3-7 求正弦信号 $\sin(3t)u(t)$的拉普拉斯变换。

解： 由于

$$\mathscr{L}[\sin(t)u(t)]=\frac{1}{s^2+1}$$

根据尺度变换性质，得

$$\mathscr{L}[\sin(3t)u(t)]=\frac{1}{3}\frac{1}{\left(\dfrac{s}{3}\right)^2+1}=\frac{3}{s^2+9}$$

3.2.3 时移特性

若

$$f(t)u(t)\leftrightarrow F(s),\ \mathrm{Re}(s)>\sigma_0$$

且有时移常数 t_0，则

$$f(t-t_0)u(t-t_0)\leftrightarrow \mathrm{e}^{-st_0}F(s),\ \mathrm{Re}(s)>\sigma_0 \tag{3.2-3}$$

证明：

$$\mathscr{L}[f(t-t_0)u(t-t_0)]=\int_{0}^{\infty}f(t-t_0)u(t-t_0)\mathrm{e}^{-st}\mathrm{d}t=\int_{t_0}^{\infty}f(t-t_0)\mathrm{e}^{-st}\mathrm{d}t$$

令 $x=t-t_0$，则 $t=x+t_0$，于是

$$\mathscr{L}[f(t-t_0)u(t-t_0)]=\int_{0}^{\infty}f(x)\mathrm{e}^{-sx}\mathrm{e}^{-st_0}\mathrm{d}x=\mathrm{e}^{-st_0}\int_{0}^{\infty}f(x)\mathrm{e}^{-sx}\mathrm{d}x=\mathrm{e}^{-st_0}F(s)$$

由上式可见，只要 $F(s)$存在，则 $\mathrm{e}^{-st_0}F(s)$也存在，故两者收敛域相同。

需要强调的是，式(3.2-3)中延时信号$f(t-t_0)u(t-t_0)$是指因果信号$f(t)u(t)$延时 t_0 后的信号，而并非$f(t-t_0)u(t)$。

如果信号$f(t)u(t)$既延时又变换时间的尺度，则有以下结论：

若

$$f(t)u(t)\leftrightarrow F(s),\ \mathrm{Re}(s)>\sigma_0$$

且有实常数 $a>0$，$b\geqslant 0$，则

$$f(at-b)u(at-b)\leftrightarrow\frac{1}{a}\mathrm{e}^{-\frac{b}{a}s}F\left(\frac{s}{a}\right),\ \mathrm{Re}(s)>a\sigma_0$$

例 3-8 求矩形脉冲函数$f(t)=g_\tau(t-\tau)=\begin{cases}1, & 0<t<\tau\\ 0, & 其他\end{cases}$的象函数。

解：由于

$$f(t)=g_{\tau}(t-\tau)=u(t)-u(t-\tau)$$

根据线性和时移特性，得

$$\mathscr{L}[g_{\tau}(t-\tau)]=\mathscr{L}[u(t)-u(t-\tau)]=\frac{1-e^{-s\tau}}{s}$$

$f(t)$是定义在有限区间上的能量信号，其收敛域为整个 s 平面，即 $\mathrm{Re}(s)>-\infty$。

由本例可见，虽然两个阶跃信号的收敛域 $\mathrm{Re}(s)>0$，但是两者之差的收敛域比其中任何一个都大。就是说，在应用拉普拉斯变换的线性性质后，其收敛域可能扩大。

例 3-9 求在 $t=0_-$ 时接入的周期性单位冲激序列 $\sum\limits_{n=0}^{\infty}\delta(t-nT)$ 的象函数。

解：在 $t=0_-$ 时接入的周期性冲激序列可写为

$$\sum_{n=0}^{\infty}\delta(t-nT)=\delta(t)+\delta(t-T)+\cdots+\delta(t-nT)+\cdots$$

根据线性和时移特性，得

$$\mathscr{L}\left[\sum_{n=0}^{\infty}\delta(t-nT)\right]=1+e^{-Ts}+\cdots+e^{-nTs}+\cdots$$

这是等比级数。当 $\mathrm{Re}(s)>0$ 时，$|e^{-Ts}|<1$，该级数收敛。由等比级数求和公式可得

$$\sum_{n=0}^{\infty}\delta(t-nT)\leftrightarrow\frac{1}{1-e^{-Ts}},\ \mathrm{Re}(s)>0$$

这里象函数的收敛域比任何一个冲激函数的收敛域[各冲激函数的收敛域为 $\mathrm{Re}(s)>-\infty$]都要小，这是由于该函数包含无限多个冲激函数，而式(3.2-1)关于收敛域的说明只适用于有限函数求和的情形。

3.2.4 复频移特性

若

$$f(t)\leftrightarrow F(s),\ \mathrm{Re}(s)>\sigma_0$$

且有复常数 $s_0=\sigma_a+j\Omega_a$，则

$$f(t)e^{s_0t}\leftrightarrow F(s-s_0),\ \mathrm{Re}(s)>\sigma_0+\sigma_a \tag{3.2-4}$$

证明：

$$\mathscr{L}[f(t)e^{s_0t}]=\int_0^{\infty}f(t)e^{s_0t}e^{-st}dt=\int_0^{\infty}f(t)e^{-(s-s_0)t}dt=F(s-s_0)$$

由上式可见，若 $F(s)$的收敛域为 $\mathrm{Re}(s)>\sigma_0$，则 $F(s-s_0)$的收敛域为 $\mathrm{Re}(s-s_0)>\sigma_0$，即 $\mathrm{Re}(s)>\sigma_0+\sigma_a$。

例 3-10 求衰减的正弦函数 $e^{-at}\sin(\Omega t)u(t)$和衰减的余弦函数 $e^{-at}\cos(\Omega t)u(t)$的象函数。

解：因为

$$\sin(\Omega t)u(t)\leftrightarrow\frac{\Omega}{s^2+\Omega^2},\ \mathrm{Re}(s)>0$$

$$\cos(\Omega t)u(t)\leftrightarrow\frac{s}{s^2+\Omega^2},\ \mathrm{Re}(s)>0$$

由复频移性质，得

$$e^{-at}\sin(\Omega t)u(t)\leftrightarrow F(s+a)=\frac{\Omega}{(s+a)^2+\Omega^2},\ \mathrm{Re}(s)>-a$$

同理，

$$e^{-at}\cos(\Omega t)u(t)\leftrightarrow\frac{s+a}{(s+a)^2+\Omega^2},\ \mathrm{Re}(s)>-a$$

例 3-11 已知因果函数$f(t)$的象函数$F(s)=\frac{s}{s^2+1}$，求$e^{-t}f(3t-2)$的象函数。

解：因为

$$f(t)\leftrightarrow\frac{s}{s^2+1}$$

由时移性质，得

$$f(t-2)\leftrightarrow\frac{s}{s^2+1}e^{-2s}$$

由尺度变换性质，得

$$f(3t-2)=f\left[3\left(t-\frac{2}{3}\right)\right]\leftrightarrow\frac{1}{3}\frac{\frac{s}{3}}{\left(\frac{s}{3}\right)^2+1}e^{-\frac{2}{3}s}=\frac{s}{s^2+9}e^{-\frac{2}{3}s}$$

由复频移性质，得

$$e^{-t}f(3t-2)\leftrightarrow\frac{s+1}{(s+1)^2+9}e^{-\frac{2}{3}(s+1)}$$

3.2.5 时域卷积定理

若因果函数

$$f_1(t)\leftrightarrow F_1(s),\ \mathrm{Re}(s)>\sigma_1$$
$$f_2(t)\leftrightarrow F_2(s),\ \mathrm{Re}(s)>\sigma_2$$

则

$$f_1(t)*f_2(t)\leftrightarrow F_1(s)F_2(s)\tag{3.2-5}$$

其收敛域至少是$F_1(s)$收敛域与$F_2(s)$收敛域的公共部分。

证明：因为$f_1(t)$，$f_2(t)$为有始函数，所以

$$\begin{aligned}\mathscr{L}\{f_1(t)*f_2(t)\}&=\int_0^{\infty}\left[\int_{-\infty}^{\infty}f_1(\tau)u(\tau)f_2(t-\tau)u(t-\tau)\mathrm{d}\tau\right]e^{-st}\mathrm{d}t\\&=\int_0^{\infty}\left[\int_0^{\infty}f_1(\tau)f_2(t-\tau)u(t-\tau)\mathrm{d}\tau\right]e^{-st}\mathrm{d}t\end{aligned}$$

交换积分次序

$$\mathscr{L}\{f_1(t)*f_2(t)\}=\int_0^{\infty}f_1(\tau)\left[\int_0^{\infty}f_2(t-\tau)u(t-\tau)e^{-st}\mathrm{d}t\right]\mathrm{d}\tau$$

利用延时性质

$$\mathscr{L}\{f_1(t)*f_2(t)\}=\int_0^{\infty}f_1(\tau)F_2(s)e^{-s\tau}\mathrm{d}\tau=F_2(s)\int_0^{\infty}f_1(\tau)e^{-s\tau}\mathrm{d}\tau=F_2(s)F_1(s)$$

例 3-12 已知$f_1(t)=\mathrm{e}^{-\lambda t}u(t)$，$f_2(t)=u(t)$，求$f_1(t)*f_2(t)$的拉普拉斯变换。

解：先求出两信号的拉普拉斯变换

$$F_1(t)=\mathscr{L}[\mathrm{e}^{-\lambda t}u(t)]=\frac{1}{s+\lambda},\ \mathrm{Re}(s)>-\lambda$$

$$F_2(t)=\mathscr{L}[u(t)]=\frac{1}{s},\ \mathrm{Re}(s)>0$$

根据时域卷积定理

$$\mathscr{L}[f_1(t)*f_2(t)]=F_1(s)F_2(s)=\frac{1}{s(s+\lambda)},\ \mathrm{Re}(s)>\max(0,-\lambda)$$

3.2.6 复频域卷积定理

若因果函数

$$f_1(t)\leftrightarrow F_1(s),\ \mathrm{Re}(s)>\sigma_1$$
$$f_2(t)\leftrightarrow F_2(s),\ \mathrm{Re}(s)>\sigma_2$$

则

$$f_1(t)f_2(t)\leftrightarrow\frac{1}{2\pi\mathrm{j}}F_1(s)*F_2(s) \tag{3.2-6}$$

证明：

$$\begin{aligned}\frac{1}{\mathrm{j}2\pi}F_1(s)*F_2(s)&=\frac{1}{\mathrm{j}2\pi}\int_{\sigma-\mathrm{j}\infty}^{\sigma+\mathrm{j}\infty}F_1(x)F_2(s-x)\mathrm{d}x\\&=\frac{1}{\mathrm{j}2\pi}\int_{\sigma-\mathrm{j}\infty}^{\sigma+\mathrm{j}\infty}F_1(x)\left[\int_0^{\infty}f_2(t)\mathrm{e}^{-st}\mathrm{e}^{xt}\mathrm{d}t\right]\mathrm{d}x\\&=\int_0^{\infty}f_2(t)\mathrm{e}^{-st}\left[\frac{1}{\mathrm{j}2\pi}\int_{\sigma-\mathrm{j}\infty}^{\sigma+\mathrm{j}\infty}F_1(x)\mathrm{e}^{xt}\mathrm{d}x\right]\mathrm{d}t\\&=\int_0^{\infty}f_2(t)f_1(t)\mathrm{e}^{-st}\mathrm{d}t\\&=\mathscr{L}\{f_1(t)f_2(t)\}\end{aligned}$$

3.2.7 时域微分特性

若

$$f(t)\leftrightarrow F(s),\ \mathrm{Re}(s)>\sigma_0$$

则

$$\frac{\mathrm{d}f(t)}{\mathrm{d}t}\leftrightarrow sF(s)-f(0_-) \tag{3.2-7}$$

$$\frac{\mathrm{d}f^{n}(t)}{\mathrm{d}t^{n}}\leftrightarrow s^{n}F(s)-s^{n-1}f(0_-)-s^{n-2}f'(0_-)-\cdots-f^{(n-1)}(0_-) \tag{3.2-8}$$

其收敛域至少是$\mathrm{Re}(s)>\sigma_0$。

证明：

$$\mathscr{L}\left[\frac{\mathrm{d}f(t)}{\mathrm{d}t}\right]=\int_0^{\infty}\frac{\mathrm{d}f(t)}{\mathrm{d}t}\mathrm{e}^{-st}\mathrm{d}t=f(t)\mathrm{e}^{-st}\Big|_{0_-}^{\infty}+s\int_{0_-}^{\infty}f(t)\mathrm{e}^{-st}\mathrm{d}t$$

因为$f(t)$是指数阶函数，在收敛域内有$\lim\limits_{t\to\infty}f(t)\mathrm{e}^{-st}=0$，所以

$$\mathscr{L}\left[\frac{\mathrm{d}f(t)}{\mathrm{d}t}\right]=sF(s)-f(0_-) \tag{3.2-9}$$

由上式可见，在$F(s)$的收敛域内$\mathscr{L}\left[\frac{\mathrm{d}f(t)}{\mathrm{d}t}\right]$必定收敛。由于上式第一项为$sF(s)$，因而其收敛域可能扩大。例如若$F(s)=\frac{1}{s}$，其收敛域为$\mathrm{Re}(s)>0$，而$sF(s)=1$，其收敛域为$\mathrm{Re}(s)>-\infty$。所以式(3.2-8)的收敛域至少是$\mathrm{Re}(s)>\sigma_0$，即至少与$F(s)$收敛域相同。

反复应用式(3.2-9)可推广至高阶导数，即可得式(3.2-8)。

如果$f(t)$是因果函数，那么$f(t)$及其各阶导数的值$f^{(n)}(0_-)=0(n=0,1,2,\cdots)$，这时微分特性具有更简洁的形式

$$\frac{\mathrm{d}f^{n}(t)}{\mathrm{d}t^{n}}\leftrightarrow s^{n}F(s) \tag{3.2-10}$$

例 3-13 若已知$f(t)=\cos(t)u(t)$的象函数$F(s)=\frac{s}{s^2+1}$，求$\sin(t)u(t)$的象函数。

解：根据导数的运算规则，并考虑到冲激信号的取样性质，有

$$\frac{\mathrm{d}f(t)}{\mathrm{d}t}=\cos(t)\frac{\mathrm{d}u(t)}{\mathrm{d}t}+\frac{\mathrm{d}\cos(t)}{\mathrm{d}t}u(t)=\cos(t)\delta(t)-\sin(t)u(t)=\delta(t)-\sin(t)u(t)$$

即

$$\sin(t)u(t)=\delta(t)-\frac{\mathrm{d}f(t)}{\mathrm{d}t}$$

对上式取拉普拉斯变换，利用微分特性并考虑到$f(0_-)=\cos(t)u(t)\big|_{t=0_-}=0$，得

$$\mathscr{L}[\sin tu(t)]=\mathscr{L}\delta(t)-\mathscr{L}\left[\frac{\mathrm{d}f(t)}{\mathrm{d}t}\right]=1-\left[s\frac{s}{s^2+1}-0\right]=\frac{1}{s^2+1}$$

需要注意的是，对于单边拉普拉斯变换，$\cos(t)$与$\cos(t)u(t)$的象函数相同，如果利用$\sin(t)=-\frac{\mathrm{d}\cos(t)}{\mathrm{d}t}$的关系求$\sin(t)$的象函数时，就应考虑到$f(0_-)=\cos(t)\big|_{t=0_-}=1$。即

$$\mathscr{L}[\sin(t)u(t)]=-\mathscr{L}\left[\frac{\mathrm{d}\cos(t)}{\mathrm{d}t}\right]=-[sF(s)-f(0_-)]=-\left[s\cdot\frac{s}{s^2+1}-1\right]=\frac{1}{s^2+1}$$

3.2.8 时域积分特性

若

$$f(t)\leftrightarrow F(s),\ \mathrm{Re}(s)>\sigma_0$$

则

$$f^{(-1)}(t)=\int_{0_-}^{t}f(\tau)\mathrm{d}\tau\leftrightarrow\frac{F(s)}{s} \tag{3.2-11}$$

$$f^{(-n)}(t)\leftrightarrow\frac{F(s)}{s^n},\ n=1,2,\cdots \tag{3.2-12}$$

式中，$f^{(-n)}(t)$表示从0_-到t对$f(t)$的n重积分。

若$f^{(-n)}(t)$表示从$-\infty$到t对$f(t)$的n重积分，则有

$$f^{(-1)}(t)=\int_{-\infty}^{t}f(\tau)\mathrm{d}\tau\leftrightarrow\frac{F(s)}{s}+\frac{f^{(-1)}(0_-)}{s} \tag{3.2-13}$$

$$f^{(-n)}(t)\leftrightarrow\frac{F(s)}{s^n}+\sum_{m=1}^{n}\frac{1}{s^{n-m+1}}f^{(-m)}(0_-),\ n=1,2,\cdots \tag{3.2-14}$$

式中，$f^{(-1)}(0_-)=\int_{-\infty}^{0_-}f(\tau)\mathrm{d}\tau$，收敛域至少是 $\mathrm{Re}(s)>\sigma_0$ 和 $\mathrm{Re}(s)>0$ 的公共部分。

证明： 利用卷积积分的性质

$$f(t)u(t)*u(t)=\int_{-\infty}^{\infty}f(t)u(t)u(t-\tau)\mathrm{d}\tau=\int_{0_-}^{t}f(\tau)\mathrm{d}\tau$$

根据时域卷积定理，则

$$\mathscr{L}\left[\int_{0_-}^{t}f(\tau)\mathrm{d}\tau\right]=\mathscr{L}[f(t)u(t)*u(t)]=\frac{F(s)}{s}$$

反复利用上式就可得到式(3.2-12)。

如果积分下限是 $-\infty$，则有

$$\mathscr{L}\left[\int_{-\infty}^{t}f(\tau)\mathrm{d}\tau\right]=\mathscr{L}\left[\int_{-\infty}^{0_-}f(\tau)\mathrm{d}\tau+\int_{0^-}^{t}f(\tau)\mathrm{d}\tau\right]=\mathscr{L}\left[f^{-1}(0_-)+\int_{0^-}^{t}f(\tau)\mathrm{d}\tau\right]$$
$$=\frac{F(s)}{s}+\frac{f^{(-1)}(0_-)}{s}$$

反复利用上式就可得到式(3.2-14)。

特别地，如果 $f(t)$ 为因果信号，$f^{(-n)}(0_-)=0(n=1,2,\cdots)$，这时积分象函数为式(3.2-12)。

下面说明应用微分、积分特性时应注意的问题。图 3-4 画出了 $f_i(t)(i=1,2,3)$ 和它们的导数 $f_j(t)(i=4,5,6)$ 的波形。

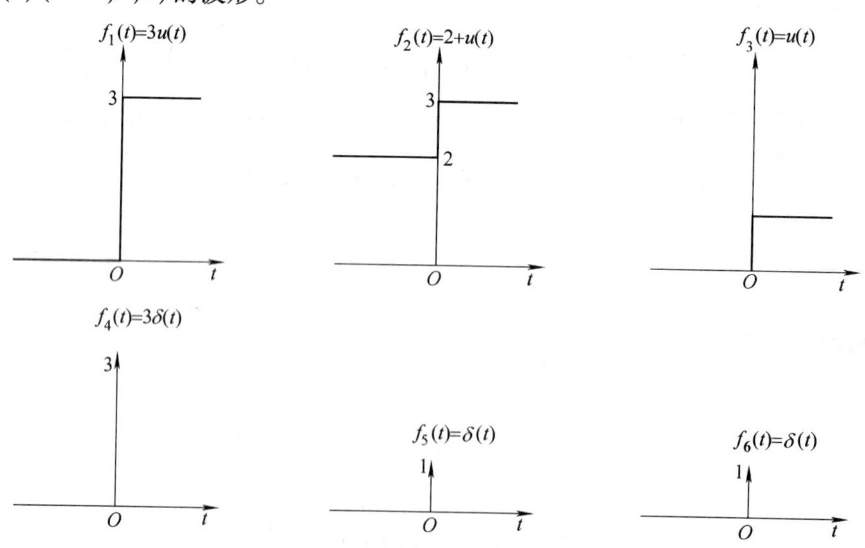

图 3-4 微分与积分特性的应用

1）对于(单边)拉普拉斯变换，由于 $f_1(t)=f_2(t)u(t)$，故二者象函数相同，即

$$F_1(s)=F_2(s)=\frac{3}{s}$$

2）虽然 $F_1(s)=F_2(s)$，但由于$f_1(t)\neq f_2(t)$，因而

对于$f_1(t)$，由于$f_1(0_-)=0$，故

$$F_4(s)=\mathscr{L}[f_1^{(1)}(t)]=sF_1(s)-0=3$$

对于$f_2(t)$，由于$f_2(0_-)=2$，故

$$F_5(s)=\mathscr{L}[f_2^{(1)}(t)]=sF_2(s)-2=1$$

3）虽然$f_2(t)$和$f_3(t)$的一阶导数$f_5(t)=f_6(t)=\delta(t)$，但由于$f_2(0_-)=2$，$f_3(0_-)=0$，因而

$$F_2(s)=\frac{1}{s}F_5(s)+\frac{1}{s}f_2(0_-)=\frac{3}{s}$$

$$F_3(s)=\frac{1}{s}F_6(s)+\frac{1}{s}f_3(0_-)=\frac{1}{s}$$

这些在应用微分、积分特性时应特别注意。

例 3-14 求图 3-5a 所示函数的拉普拉斯变换。

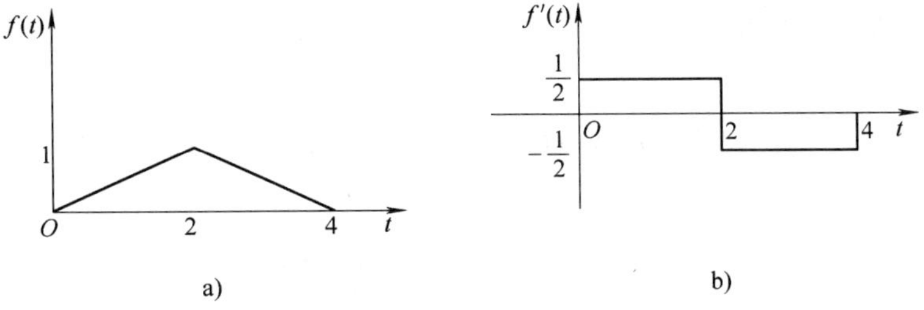

图 3-5 例 3-14 图

解： 如果信号的波形仅由直线段组成，信号导数的象函数容易求得，这时利用积分特性比较方便。

图 3-5a 所示的三角波信号表达式为

$$f(t)=\begin{cases}t/2 & 0<t\leqslant 2\\ -(t-4)/2 & 2<t\leqslant 4\\ 0 & \text{其他}\end{cases}$$

$$f'(t)=\begin{cases}1/2 & 0<t\leqslant 2\\ -1/2 & 2<t\leqslant 4\\ 0 & \text{其他}\end{cases}$$

$f'(t)$的波形求图 3-5b 所示，$f'(t)$还可表示为

$$f'(t)=\frac{1}{2}u(t)-u(t-2)+\frac{1}{2}u(t-4)$$

由时移性质和线性性质得

$$f'(t)\leftrightarrow\frac{1}{2}\cdot\frac{1}{s}-\frac{1}{s}e^{-2s}+\frac{1}{2}\cdot\frac{1}{s}e^{-4s}=\frac{1}{2s}(1-e^{-2s})^2$$

由图 3-5b 可知$f'(t)$是因果信号，再由时域积分性质可得

$$F(s)\leftrightarrow\frac{1}{s}\cdot\frac{1}{2s}(1-e^{-2s})^2=\frac{1}{2s^2}(1-e^{-2s})^2$$

例 3-15 设信号$f(t)=t^n\cdot u(t)$，求其拉普拉斯变换$F(s)$。

解：因$\int_0^t u(\tau)\mathrm{d}\tau=tu(t)$，且$u(t)\leftrightarrow\dfrac{1}{s}$

由时域积分性质可得

$$tu(t)\leftrightarrow\frac{1}{s^2}$$

而

$$\int_0^t \tau u(\tau)\mathrm{d}\tau=\frac{1}{2}t^2u(t)$$

所以

$$t^2u(t)\leftrightarrow\frac{2}{s}\ \frac{1}{s^2}=\frac{2!}{s^3}$$

以此类推，可以求得

$$t^nu(t)\leftrightarrow\frac{n!}{s^{n+1}}$$

3.2.9 复频域微分特性

若

$$f(t)\leftrightarrow F(s),\ \mathrm{Re}(s)>\sigma_0$$

则

$$-tf(t)\leftrightarrow\frac{\mathrm{d}F(s)}{\mathrm{d}s},\ \mathrm{Re}(s)>\sigma_0 \tag{3.2-15}$$

$$(-t)^nf(t)\leftrightarrow\frac{\mathrm{d}^nF(s)}{\mathrm{d}s^n},\ \mathrm{Re}(s)>\sigma_0 \tag{3.2-16}$$

证明：根据定义有

$$\frac{\mathrm{d}F(s)}{\mathrm{d}s}=\frac{\mathrm{d}}{\mathrm{d}s}\int_{0_-}^{\infty}f(t)\mathrm{e}^{-st}\mathrm{d}t=\int_{0_-}^{\infty}f(t)\frac{\mathrm{d}}{\mathrm{d}s}\mathrm{e}^{-st}\mathrm{d}t=\int_{0_-}^{\infty}[-tf(t)]\mathrm{e}^{-st}\mathrm{d}t=\mathscr{L}[-tf(t)]$$

同理可推出式(3.2-16)。

3.2.10 复频域积分特性

若

$$f(t)\leftrightarrow F(s),\ \mathrm{Re}(s)>\sigma_0$$

则

$$\frac{f(t)}{t}\leftrightarrow\int_s^{\infty}F(\eta)\mathrm{d}\eta,\ \mathrm{Re}(s)>\sigma_0 \tag{3.2-17}$$

证明：

$$\begin{aligned}\int_s^{\infty}F(\eta)\mathrm{d}\eta&=\int_s^{\infty}\left[\int_0^{\infty}f(t)\mathrm{e}^{-\eta t}\mathrm{d}t\right]\mathrm{d}\eta\\&=\int_0^{\infty}f(t)\left[\int_s^{\infty}\mathrm{e}^{-\eta t}\mathrm{d}\eta\right]\mathrm{d}t=\int_0^{\infty}f(t)\left(-\frac{1}{t}\mathrm{e}^{-\eta t}\right)\Big|_s^{\infty}\mathrm{d}t\\&=\int_0^{\infty}f(t)\frac{1}{t}\mathrm{e}^{-st}\mathrm{d}t\\&=\mathscr{L}\left[\frac{f(t)}{t}\right]\end{aligned}$$

复频域微分和复频域积分这两个性质可用于一些非有理函数的变换。

例 3-16 求$f(t)=\frac{\sin(t)}{t}u(t)$的拉普拉斯变换。

解：因为

$$\sin(t)u(t)\leftrightarrow\frac{1}{s^2+1}$$

所以

$$\mathscr{L}\left[\frac{\sin(t)}{t}u(t)\right]=\int_s^{\infty}\frac{1}{\eta^2+1}\mathrm{d}\eta=\arctan(\eta)\Big|_s^{\infty}=\frac{\pi}{2}-\arctan(s)=\arctan\left(\frac{1}{s}\right)$$

例 3-17 求正弦积分函数 $\sin(t)=\int_0^t\frac{\sin(x)}{x}\mathrm{d}x$ 的拉普拉斯变换。

解：由例 3-16 知

$$\frac{\sin(t)}{t}u(t)\leftrightarrow\arctan\left(\frac{1}{s}\right)$$

由时域积分性质得

$$\int_0^t\frac{\sin(x)}{x}\mathrm{d}x\leftrightarrow\frac{1}{s}\arctan\left(\frac{1}{s}\right)$$

3.2.11 初值定理

若信号$f(t)$不包含冲激函数$\delta(t)$及其各阶导数，且

$$f(t)\leftrightarrow F(s),\ \mathrm{Re}(s)>\sigma_0$$

则

$$f(0_+)=\lim_{t\to 0_+}f(t)=\lim_{s\to\infty}sF(s) \tag{3.2-18}$$

证明：由时域微分性质，有

$$\begin{aligned}sF(s)-f(0_-)&=\int_{0_-}^{\infty}\frac{\mathrm{d}f(t)}{\mathrm{d}t}\mathrm{e}^{-st}\mathrm{d}t\\&=\int_{0_-}^{0_+}\mathrm{e}^{-st}\mathrm{d}f(t)+\int_{0_+}^{\infty}\frac{\mathrm{d}f(t)}{\mathrm{d}t}\mathrm{e}^{-st}\mathrm{d}t\\&=f(t)\mathrm{e}^{-st}\Big|_{0_-}^{0_+}+s\int_{0_-}^{0_+}f(t)\mathrm{e}^{-st}\mathrm{d}t+\int_{0_+}^{\infty}f'(t)\mathrm{e}^{-st}\mathrm{d}t\\&=f(0_+)-f(0_-)+\int_{0_+}^{\infty}f'(t)\mathrm{e}^{-st}\mathrm{d}t\end{aligned}$$

故

$$sF(s)=f(0_+)+\int_{0_+}^{\infty}f'(t)\mathrm{e}^{-st}\mathrm{d}t$$

令 $s\to\infty$，有

$$\begin{aligned}\lim_{s\to\infty}sF(s)&=f(0_+)+\lim_{s\to\infty}\int_{0_+}^{\infty}f'(t)\mathrm{e}^{-st}\mathrm{d}t\\&=f(0_+)+\int_{0_+}^{\infty}f'(t)\left[\lim_{s\to\infty}\mathrm{e}^{-st}\right]\mathrm{d}t\\&=f(0_+)\end{aligned}$$

3.2.12 终值定理

若信号$f(t)$在$t\to\infty$时极限$f(\infty)$存在，且

$$f(t)\leftrightarrow F(s),\ \mathrm{Re}(s)>\sigma_0,\ -\infty<\sigma_0<0$$

则

$$f(\infty)=\lim_{t\to\infty}f(t)=\lim_{s\to 0}sF(s) \tag{3.2-19}$$

证明：利用上面的结果，

$$sF(s)=f(0_+)+\int_{0_+}^{\infty}f'(t)\mathrm{e}^{-st}\mathrm{d}t$$

令$s\to 0$，有

$$\begin{aligned}\lim_{s\to 0}sF(s)&=f(0_+)+\lim_{s\to 0}\int_{0_+}^{\infty}f'(t)\mathrm{e}^{-st}\mathrm{d}t\\&=f(0_+)+\int_{0_+}^{\infty}f'(t)[\lim_{s\to 0}\mathrm{e}^{-st}]\mathrm{d}t\\&=f(0_+)+\int_{0_+}^{\infty}f'(t)\mathrm{d}t\\&=f(0_+)+f(t)\Big|_{0_+}^{\infty}=f(0_+)+f(\infty)-f(0_+)=f(\infty)\end{aligned}$$

用初值和终值定理可由$F(s)$直接求$f(0_+)$和$f(\infty)$的值，而不必求出原函数$f(t)$。

需要注意的是，终值定理是取$s\to 0$的极限，因而$s=0$的点应在$sF(s)$的收敛域内，否则不能应用终值定理。

例 3-18 函数$f(t)$的象函数为

$$F(s)=\frac{1}{s+\alpha},\ \mathrm{Re}(s)>-\alpha$$

求原函数$f(t)$的初值和终值。

解：由初值定理，得

$$f(0_+)=\lim_{s\to\infty}sF(s)=\lim_{s\to\infty}s\frac{1}{s+\alpha}=1$$

由于$F(s)$的原函数$f(t)=\mathrm{e}^{-\alpha t}u(t)$不包含冲激函数$\delta(t)$及其各阶导数，所以$\alpha$无论取何值，以上结果都是正确的。

由终值定理，得

$$f(\infty)=\lim_{s\to 0}sF(s)=\lim_{s\to 0}\frac{s}{s+\alpha}=\begin{cases}0, & \alpha>0\\1, & \alpha=0\\0, & \alpha<0\end{cases}$$

对于$\alpha\geqslant 0$，$sF(s)$的收敛域分别为$\mathrm{Re}(s)>-\alpha(\alpha>0)$和$\mathrm{Re}(s)>-\infty(\alpha=0)$，显然$s=0$在收敛域内，因而$\alpha\geqslant 0$时，结果正确；而对于$\alpha<0$，$sF(s)$的收敛域为$\mathrm{Re}(s)>-\alpha=|\alpha|$，$s=0$不在收敛域内，因而$\alpha<0$时，结果不正确。

例 3-19 函数$f(t)$的象函数为

$$F(s)=\frac{s^2+2s+1}{(s-1)(s+2)(s+3)}$$

求原函数$f(t)$的初值和终值。

解：由初值定理，得

$$f(0_+)=\lim_{s\to\infty}sF(s)=\frac{s(s^2+2s+1)}{(s-1)(s+2)(s+3)}=1$$

由于 $F(s)$ 在 s 平面的右半平面有极点 $s=1$，故 $f(\infty)$ 不存在。

最后，将拉普拉斯变换的性质归纳在表 3-2 中，以便查阅。

表 3-2 单边拉普拉斯变换的性质

序　号	名　称	结　论
1	线性	$a_1f_1(t)+a_2f_2(t)\leftrightarrow a_1F_1(s)+a_2F_2(s)$
2	尺度变换	$f(at)\leftrightarrow\frac{1}{a}F\left(\frac{s}{a}\right),\ a>0$
3	时移	$f(t-t_0)\varepsilon(t-t_0)\leftrightarrow e^{-st_0}F(s)$
4	复频移	$f(t)e^{s_0t}\leftrightarrow F(s-s_0)$
5	时域卷积	$f_1(t)*f_2(t)\leftrightarrow F_1(s)F_2(s)$
6	复频域卷积	$f_1(t)f_2(t)\leftrightarrow\frac{1}{2\pi j}F_1(s)*F_2(s)$
7	时域微分	$\frac{df(t)}{dt}\leftrightarrow sF(s)-f(0_-)$ $\frac{df^n(t)}{dt^n}\leftrightarrow s^nF(s)-s^{n-1}f(0_-)-s^{n-2}f'(0_-)-\cdots-f^{(n-1)}(0_-)$
8	时域积分	$f^{(-1)}(t)=\int_{-\infty}^{t}f(\tau)d\tau\leftrightarrow\frac{F(s)}{s}+\frac{f^{(-1)}(0_-)}{s}$ $f^{(-n)}(t)\leftrightarrow\frac{F(s)}{s^n}+\sum_{m=1}^{n}\frac{1}{s^{n-m+1}}f^{(-m)}(0_-),\ n=1,2,\cdots$
9	复频域微分	$-tf(t)\leftrightarrow\frac{dF(s)}{ds}$ $(-t)^nf(t)\leftrightarrow\frac{d^nF(s)}{ds^n}$
10	复频域积分	$\frac{f(t)}{t}\leftrightarrow\int_s^{\infty}F(\eta)d\eta$
11	初值定理	$f(0_+)=\lim_{t\to0_+}f(t)=\lim_{s\to\infty}sF(s)$
12	终值定理	$f(\infty)=\lim_{t\to\infty}f(t)=\lim_{s\to0}sF(s)$

3.3 拉普拉斯反变换

单边拉普拉斯反变换是复频域分析法的基本问题。求 $F(s)$ 的反变换就是求式(3.1-4)的积分，这是一个复变函数的积分，称为反演积分，求解比较困难。实际问题中，$F(s)$ 一般为有理分式，可以将 $F(s)$ 展开为部分分式，然后利用单边拉普拉斯变换的性质并结合常用变换对求反变换。此外，对于简单的 s 表达式，可利用拉普拉斯变换表求反变换。

3.3.1 查表法

表 3-3 是常用单边拉普拉斯变换表，下面举例说明查表法。

表 3-3　单边拉普拉斯变换表

序　　号	$F(s)$	$f(t)$，$t\geqslant 0$
1	1	$\delta(t)$
2	$s^n(n=1,2\cdots)$	$\delta^{(n)}(t)$
3	$\dfrac{1}{s}$	$u(t)$
4	$\dfrac{b_0}{s+a}$	$b_0\mathrm{e}^{-at}$
5	$\dfrac{\Omega}{s^2+\Omega^2}$	$\sin(\Omega t)$
6	$\dfrac{s}{s^2+\Omega^2}$	$\cos(\Omega t)$
7	$\dfrac{\Omega}{s^2-\Omega^2}$	$\sinh(\Omega t)$
8	$\dfrac{s}{s^2-\Omega^2}$	$\cosh(\Omega t)$
9	$\dfrac{\Omega}{(s+\alpha)^2+\Omega^2}$	$\mathrm{e}^{-\alpha t}\sin(\Omega t)$
10	$\dfrac{s+2}{(s+\alpha)^2+\Omega^2}$	$\mathrm{e}^{-\alpha t}\cos(\Omega t)$
11	$\dfrac{\Omega}{(s+\alpha)^2-\Omega^2}$	$\mathrm{e}^{-\alpha t}\sinh(\Omega t)$
12	$\dfrac{s}{(s+\alpha)^2-\Omega^2}$	$\mathrm{e}^{-\alpha t}\cosh(\Omega t)$
13	$\dfrac{1}{s^n}$	$\dfrac{1}{(n-1)!}t^{n-1}$
14	$\dfrac{b_1s+b_0}{s^2}$	b_0t+b_1
15	$\dfrac{b_1s+b_0}{(s+a)^2}$	$[(b_0-b_1a)t+b_1]\mathrm{e}^{-at}$
16	$\dfrac{1}{(s+a)^n}$	$\dfrac{1}{(n-1)!}t^{n-1}\mathrm{e}^{-at}$
17	$\dfrac{b_1s+b_0}{(s+\alpha)^2+\Omega^2}$	$A\mathrm{e}^{-\alpha t}\sin(\Omega t+\theta)$ 其中，$A\mathrm{e}^{\mathrm{j}\theta}=\dfrac{b_0-b_1(\alpha-\mathrm{j}\Omega)}{\Omega}$
18	$\dfrac{b_1s+b_0}{s(s+a)}$	$\dfrac{b}{a}-\left(\dfrac{b_0}{a}-b_1\right)\mathrm{e}^{-at}$
19	$\dfrac{b_1s+b_0}{(s+\alpha)(s+\beta)}$	$\dfrac{b_0-b_1\alpha}{\beta-\alpha}\mathrm{e}^{-\alpha t}+\dfrac{b_0-b_1\beta}{\alpha-\beta}\mathrm{e}^{-\beta t}$
20	$\dfrac{1}{s^2(s^2+\beta^2)}$	$\dfrac{1}{\beta^3}[\beta t-\sin(\beta t)]$
21	$\dfrac{1}{(s^2+\beta^2)^2}$	$\dfrac{1}{2\beta^3}[\sin(\beta t)-\beta t\cos(\beta t)]$
22	$\dfrac{s}{(s^2+\beta^2)^2}$	$\dfrac{1}{2\beta}t\sin(\beta t)$
23	$\dfrac{s^2}{(s^2+\beta^2)^2}$	$\dfrac{1}{2\beta}[\sin(\beta t)+\beta t\cos(\beta t)]$
24	$\dfrac{s^2-\beta^2}{(s^2+\beta^2)^2}$	$t\cos(\beta t)$
25	$\dfrac{1}{1-\mathrm{e}^{-sT}}$	$\sum\limits_{n=0}^{\infty}\delta(t-nT)$

例 3-20 已知

$$F(s)=\frac{s+1}{s^2+4s+4}$$

求 $F(s)$ 的原函数 $f(t)$。

解： $F(s)$ 可以表示为

$$F(s)=\frac{s+1}{s^2+4s+4}=\frac{s+1}{(s+2)^2}$$

由表 3-3 查得编号为 15 的象函数与本例中 $F(s)$ 的形式相同。编号为 15 的变换对为

$$\frac{b_1s+b_0}{(s+a)^2}\leftrightarrow[(b_0-b_1a)t+b_1]\mathrm{e}^{-at}$$

与本例中 $F(s)$ 的表达式对比，则 $b_1=1$，$b_0=1$，$a=2$，代入变换对得

$$f(t)=[(b_0-b_1a)t+b_1]\mathrm{e}^{-at}=(1-t)\mathrm{e}^{-2t},\ t\geqslant 0$$

或写成

$$f(t)=(1-t)\mathrm{e}^{-2t}u(t)$$

3.3.2 部分分式展开法

如果象函数 $F(s)$ 是 s 的有理分式，它可写为

$$F(s)=\frac{b_ms^m+b_{m-1}s^{m-1}+\cdots+b_1s+b_0}{s^n+a_{n-1}s^{n-1}+\cdots+a_1s+a_0} \tag{3.3-1}$$

式(3.3-1)中，各系数 $a_i(i=0,1,\cdots,n)$，$b_j(j=0,1,\cdots,m)$ 均为实数，为简便且不失一般性，设 $a_n=1$。若 $m\geqslant n$，可用多项式除法将象函数 $F(s)$ 分解为有理多项式 $P(s)$ 与有理真分式之和，即

$$F(s)=P(s)+\frac{B(s)}{A(s)} \tag{3.3-2}$$

式(3.3-2)中，$B(s)$ 的幂次小于 $A(s)$ 的幂次。例如

$$F(s)=\frac{2s^3+7s^2+10s+6}{s^2+3s+2}=(1+2s)+\frac{3s+4}{(s+1)(s+2)}=(1+2s)+\frac{1}{s+1}+\frac{2}{s+2}$$

由于 $\mathscr{L}^{-1}[1]=\delta(t)$，$\mathscr{L}^{-1}[s]=\delta'(t),\cdots$，故式(3.3-2)中多项式 $P(s)$ 的拉普拉斯反变换由冲激函数及其各阶导数组成，容易求得。下面讨论象函数为有理真分式的情况。

部分分式展开的第一步是把分母 $A(s)$ 进行因式分解，第二步是根据极点的类型，分别求取待定系数。下面分别讨论极点为单实根、共轭复根和多重根时待定系数的求解方法。

1. $A(s)=0$ 的所有根均为单实根

如果方程 $A(s)=0$ 的所有 n 个单实根 $p_1,p_2,\cdots p_n$ 互不相等，那么根据代数理论，$F(s)$ 可分解为以下形式

$$F(s)=\frac{B(s)}{A(s)}=\frac{K_1}{s-p_1}+\frac{K_2}{s-p_2}+\cdots+\frac{K_n}{s-p_n} \tag{3.3-3}$$

式(3.3-3)中，$K_1,K_2,\cdots K_n$ 为待定系数。可见，只要将待定系数 K_i 求出，由 $\mathscr{L}^{-1}\left[\frac{1}{s-p_i}\right]=\mathrm{e}^{p_it}$，并利用线性性质，可得 $F(s)$ 的原函数

$$f(t)=K_1\mathrm{e}^{p_1t}+K_2\mathrm{e}^{p_2t}+\cdots+K_n\mathrm{e}^{p_nt}=\sum_{i=1}^{n}K_i\mathrm{e}^{p_it}u(t) \tag{3.3-4}$$

求待定系数 K_i 时，将式(3.3-3)两边各项同乘以因子$(s-p_i)$，再令 $s=p_i(i=1,2,\cdots n)$，等式右边仅留下 K_i 项，有

$$K_i=\frac{B(s)}{A(s)}(s-p_i)\bigg|_{s=p_i} \tag{3.3-5}$$

例 3-21 已知

$$F(s)=\frac{s+4}{s^3+3s^2+2s}$$

求 $F(s)$的原函数$f(t)$。

解： 象函数 $F(s)$的分母多项式

$$A(s)=s^3+3s^2+2s=s(s+1)(s+2)$$

方程 $A(s)=0$ 有 3 个互不相等的单实根 $p_1=0$，$p_2=-1$，$p_3=-2$，由式(3.3-5)可求得各系数。

$$K_1=\frac{s+4}{s(s+1)(s+2)}s\bigg|_{s=0}=2$$

$$K_2=\frac{s+4}{s(s+1)(s+2)}(s+1)\bigg|_{s=-1}=-3$$

$$K_3=\frac{s+4}{s(s+1)(s+2)}(s+2)\bigg|_{s=-2}=1$$

所以

$$F(s)=\frac{s+4}{s(s+1)(s+2)}=\frac{2}{s}-\frac{3}{s+1}+\frac{1}{s+2}$$

取反变换，得

$$f(t)=(2-3\mathrm{e}^{-t}+\mathrm{e}^{-2t})u(t)$$

2. $A(s)=0$ 具有共轭复根且无重复根

如果方程 $A(s)=0$ 具有共轭复根且无重复根，可比照 $A(s)=0$ 的所有根均为单实根的情形来进行拉普拉斯反变换，但计算复杂，简便实用的方法是将二项式因子 $s^2+bs+c(b^2<4c)$配成二项式的平方，将一对共轭复根作为一个整体来解。

例如

$$\frac{1}{s^2+2s+5}=\frac{1}{[s-(-1+2\mathrm{j})][s-(-1-2\mathrm{j})]}=\frac{1}{(s+1)^2+2^2}$$

再由 $\mathscr{L}^{-1}\left[\frac{2}{s^2+2^2}\right]=\sin(2t)$，并利用线性性质和复频移性质，可得

$$\mathscr{L}^{-1}\left[\frac{1}{s^2+2s+5}\right]=\mathscr{L}^{-1}\left[\frac{1}{2}\frac{2}{(s+1)^2+2^2}\right]=\frac{1}{2}\mathrm{e}^{-t}\sin(2t)u(t)$$

例 3-22 已知

$$F(s)=\frac{s^2+3}{(s^2+2s+5)(s+2)}$$

求 $F(s)$的原函数$f(t)$。

解： 将 $F(s)$展开

$$F(s)=\frac{As+B}{s^2+2s+5}+\frac{K}{s+2}$$

由于 $p=-2$ 是单根，所以由式(3.3-5)可求得

$$K=F(s)(s+2)\Big|_{s=-1}=\frac{7}{5}$$

将 $K=\frac{7}{5}$ 代入 $F(s)$ 展开式，用等式两边对应系数相等的方法求得系数 $A=-\frac{2}{5}$，$B=-2$ 则有

$$F(s)=\frac{-\frac{2}{5}s-2}{s^2+2s+5}+\frac{\frac{7}{5}}{s+2}=-\frac{2}{5}\left[\frac{s+1}{(s+1)^2+2^2}+2\frac{2}{(s+1)^2+2^2}\right]+\frac{\frac{7}{5}}{s+2}$$

所以

$$f(t)=-\frac{2}{5}[\mathrm{e}^{-t}\cos(2t)+2\mathrm{e}^{-t}\sin(2t)]+\frac{7}{5}\mathrm{e}^{-2t}\quad t\geqslant 0$$

3. $A(s)=0$ 含有重根

如果方程 $A(s)=0$ 含有一个 r 重根 p_1，即

$$A(s)=(s-p_1)^r(s-p_{r+1})\cdots(s-p_n)$$

则

$$\begin{aligned}F(s)&=\frac{B(s)}{A(s)}\\&=\frac{K_{11}}{(s-p_1)^r}+\frac{K_{12}}{(s-p_1)^{r-1}}+\cdots+\frac{K_{1(r-1)}}{(s-p_1)^2}+\frac{K_{1r}}{s-p_1}+\frac{K_{r+1}}{s-p_{r+1}}\cdots+\frac{K_n}{s-p_n}\end{aligned}\qquad(3.3\text{-}6)$$

$A(s)$ 的非重根因子对应的系数 $K_{r+1},K_{r+2}\cdots K_n$ 用前述方法求得；求重根因子对应的系数 $K_{11},K_{12}\cdots K_{1(r-1)}$，$K_{1r}$，可将式(3.3-6)两边同乘以 $(s-p_1)^r$，有

$$\begin{aligned}(s-p_1)^r\frac{B(s)}{A(s)}&=K_{11}+K_{12}(s-p_1)+\cdots+K_{1(r-1)}(s-p_1)^{r-2}+K_{1r}(s-p_1)^{r-1}\\&\quad+(s-p_1)^r\left[\frac{K_{r+1}}{s-p_{r+1}}\cdots+\frac{K_n}{s-p_n}\right]\end{aligned}\qquad(3.3\text{-}7)$$

将 $s=p_1$ 代入上式，可得

$$K_{11}=(s-p_1)^r\frac{B(s)}{A(s)}\Big|_{s=p_1}\qquad(3.3\text{-}8)$$

将式(3.3-7)两边对 s 求导，并令 $s=p_1$ 可得

$$K_{12}=\frac{\mathrm{d}}{\mathrm{d}s}\left[(s-p_1)^r\frac{B(s)}{A(s)}\right]\Big|_{s=p_1}\qquad(3.3\text{-}9)$$

以此类推，可求得重根项对应的所有系数，其求解的一般公式为

$$K_{1i}=\frac{1}{(i-1)!}\frac{\mathrm{d}^{i-1}}{\mathrm{d}s^{i-1}}\left[(s-p_1)^r\frac{B(s)}{A(s)}\right]\Big|_{s=p_1}\qquad(3.3\text{-}10)$$

再由 $\mathscr{L}[t^n u(t)]=\frac{n!}{s^{n+1}}$，并利用复频移性质得 $\mathscr{L}^{-1}\left[\frac{1}{(s-p_1)^{n+1}}\right]=\frac{1}{n!}t^n\mathrm{e}^{p_1t}u(t)$，可得 $F(s)$ 的原函数

$$f(t)=\left[\frac{K_{11}}{(r-1)!}t^{r-1}+\cdots+\frac{K_{1(r-1)}}{1!}t+K_{1r}\right]\mathrm{e}^{p_1t}+\sum_{j=r+1}^{n}K_j\mathrm{e}^{p_jt}$$

$$=\left[\sum_{i=1}^{r}\frac{K_{1i}}{(r-i)!}t^{r-i}\right]\mathrm{e}^{p_1t}+\sum_{j=r+1}^{n}K_j\mathrm{e}^{p_jt}\quad(t\geqslant 0)\tag{3.3-11}$$

例 3-23 已知

$$F(s)=\frac{s+3}{(s+1)^3(s+2)}$$

求 $F(s)$的原函数$f(t)$。

解： 方程 $A(s)=0$ 有三重根 $p_1=p_2=p_3=-1$ 和单根 $p_4=-2$，由式(3.3-10)和式(3.3-5)可分别求得各系数

$$K_{11}=(s+1)^3F(s)\mid_{s=-1}=2$$

$$K_{12}=\frac{\mathrm{d}}{\mathrm{d}s}[(s+1)^3F(s)]\mid_{s=-1}=-1$$

$$K_{13}=\frac{1}{2!}\frac{\mathrm{d}^2}{\mathrm{d}s^2}[(s+1)^3F(s)]\mid_{s=-1}=1$$

$$K_4=(s+2)F(s)_{s=-2}=-1$$

所以

$$F(s)=\frac{2}{(s+1)^3}-\frac{1}{(s+1)^2}+\frac{1}{s+1}-\frac{1}{s+2}$$

取反变换，得

$$f(t)=[(t^2-t+1)\mathrm{e}^{-t}-\mathrm{e}^{-2t}]u(t)$$

例 3-24 已知

$$F(s)=\frac{(s+4)\mathrm{e}^{-2s}}{s(s+2)}$$

求 $F(s)$的原函数$f(t)$。

解： $F(s)$不是有理分式，但 $F(s)$可表示为 $F(s)=F_1(s)\mathrm{e}^{-2s}$，其中

$$F_1(s)=\frac{s+4}{s(s+2)}=\frac{2}{s}-\frac{1}{s+2}$$

由线性性质和常用变换对得

$$f_1(t)=[2-\mathrm{e}^{-2t}]u(t)$$

由时移性质得

$$f(t)=[2-\mathrm{e}^{-2(t-2)}]u(t-2)$$

3.4 拉普拉斯变换与傅里叶变换之间的关系

在本章开始，从傅里叶变换导出了拉普拉斯变换，二者有密切的关系。

单边拉普拉斯变换与傅里叶变换的定义分别为

$$F(s)=\int_0^{\infty}f(t)\mathrm{e}^{-st}\mathrm{d}t,\ \mathrm{Re}(s)>\sigma_0\tag{3.4-1}$$

$$F(\mathrm{j}\Omega)=\int_{-\infty}^{\infty}f(t)\mathrm{e}^{-\mathrm{j}\Omega t}\mathrm{d}t\tag{3.4-2}$$

应该注意到，单边拉普拉斯变换中的信号$f(t)$是因果信号，即当 $t<0$ 时，$f(t)=0$，因而也只能研究因果信号的傅里叶变换与其拉普拉斯变换的关系。

设拉普拉斯变换的收敛域为 $\mathrm{Re}(s) > \sigma_0$，依据收敛坐标 σ_0 的值可分为以下三种情况。

1. $\sigma_0 > 0$

如果函数$f(t)$的象函数 $F(s)$的收敛坐标 $\sigma_0 > 0$，则其收敛域在虚轴以右，因而在 $s = \mathrm{j}\Omega$ 处，即在虚轴上，式(3.4-1)不收敛。在这种情况下，函数$f(t)$的傅里叶变换不存在。例如，函数$f(t) = \mathrm{e}^{at}u(t)(a>0)$，其收敛域为 $\mathrm{Re}(s) > a$。

2. $\sigma_0 < 0$

如果象函数 $F(s)$的收敛坐标 $\sigma_0 < 0$，则其收敛轴在虚轴以左，在这种情况下，式(3.4-1)在虚轴上也收敛。因而在式(3.4-1)中令 $s = \mathrm{j}\Omega$，就得到相应的傅里叶变换。因此，若收敛坐标 $\sigma_0 < 0$，则因果函数$f(t)$的傅里叶变换

$$F(\mathrm{j}\Omega) = F(s)\big|_{s=\mathrm{j}\Omega} \tag{3.4-3}$$

例如，$f(t) = \mathrm{e}^{-at}u(t)(a>0)$，其拉普拉斯变换为

$$F(s) = \frac{1}{s+a},\quad \mathrm{Re}(s) > -a$$

其傅里叶变换为

$$F(\mathrm{j}\Omega) = F(s)\big|_{s=\mathrm{j}\Omega} = \frac{1}{\mathrm{j}\Omega + a}$$

3. $\sigma_0 = 0$

如果象函数 $F(s)$的收敛坐标 $\sigma_0 = 0$，那么式(3.4-1)在虚轴上不收敛，因此不能直接利用式(3.4-3)求得其傅里叶变换。

如果函数$f(t)$的象函数 $F(s)$的收敛坐标 $\sigma_0 = 0$，那么它必然在虚轴上有极点，即 $F(s)$的分母多项式 $A(s) = 0$ 必有虚根。设 $A(s) = 0$ 有 N 个虚根(单根)$\mathrm{j}\Omega_1, \mathrm{j}\Omega_2, \cdots \mathrm{j}\Omega_N$。将 $F(s)$展开成部分分式，并把它分为两部分，其中极点在左半平面的部分令为 $F_a(s)$。这样，象函数 $F(s)$可以写为

$$F(s) = F_a(s) + \sum_{i=1}^{N} \frac{K_i}{s - \mathrm{j}\Omega_i} \tag{3.4-4}$$

如果令 $\mathscr{L}^{-1}[F_a(s)] = f_a(t)$，则上式的拉普拉斯反变换为

$$f(t) = f_a(t) + \sum_{i=1}^{N} K_i \mathrm{e}^{\mathrm{j}\Omega_i t}u(t) \tag{3.4-5}$$

现在求$f(t)$的傅里叶变换，由于 $F_a(s)$的极点均在左半平面，因而它在虚轴收敛。那么由式(3.4-3)知

$$\mathscr{F}[f_a(t)] = F_a(s)\big|_{s=\mathrm{j}\Omega}$$

由于 $\mathrm{e}^{\mathrm{j}\Omega_i t}u(t)$的傅里叶变换为 $\pi\delta(\Omega - \Omega_i) + \dfrac{1}{\mathrm{j}(\Omega - \Omega_i)}$，所以式(3.4-5)中第二项的傅里叶变换为

$$\sum_{i=1}^{N} K_i\left[\pi\delta(\Omega - \Omega_i) + \frac{1}{\mathrm{j}\Omega - \mathrm{j}\Omega_i}\right]$$

于是得式(3.4-5)的傅里叶变换为

$$\mathscr{F}[f(t)] = F_a(s)\big|_{s=\mathrm{j}\Omega} + \sum_{i=1}^{N} K_i\left[\pi\delta(\Omega - \Omega_i) + \frac{1}{\mathrm{j}\Omega - \mathrm{j}\Omega_i}\right]$$

$$=F_a(s)\big|_{s=\mathrm{j}\Omega}+\sum_{i=1}^{N}\frac{K_i}{\mathrm{j}\Omega-\mathrm{j}\Omega_i}+\sum_{i=1}^{N}\pi K_i\delta(\Omega-\Omega_i)$$

与式(3.4-4)比较可见，上式的前两项之和正是 $F(s)\big|_{s=\mathrm{j}\Omega}$。于是得，在 $F(s)$ 的收敛坐标 $\sigma_0=0$ 的情况下，函数 $f(t)$ 的傅里叶变换

$$F(\mathrm{j}\Omega)=F(s)\big|_{s=\mathrm{j}\Omega}+\sum_{i=1}^{N}\pi K_i\delta(\Omega-\Omega_i) \tag{3.4-6}$$

如果 $F(s)$ 在 $\mathrm{j}\Omega$ 轴上有多重极点，可用与上类似的方法处理。譬如若 $F(s)$ 在 $s=\mathrm{j}\Omega_1$ 处有 r 重极点，而其余极点均在左半平面，则 $F(s)$ 的部分分式展开为

$$F(s)=F_a(s)+\frac{K_{11}}{(s-\mathrm{j}\Omega_1)^r}+\frac{K_{12}}{(s-\mathrm{j}\Omega_1)^{r-1}}+\cdots+\frac{K_{1r}}{(s-\mathrm{j}\Omega_1)} \tag{3.4-7}$$

式中，$F_a(s)$ 的极点全在左半平面，则其傅里叶变换为

$$\begin{aligned}F(\mathrm{j}\Omega)=&F(s)\big|_{s=\mathrm{j}\Omega}+\frac{\pi K_{11}(\mathrm{j})^{r-1}}{(r-1)!}\delta^{(r-1)}(\Omega-\Omega_i)+\frac{\pi K_{12}(\mathrm{j})^{r-2}}{(r-2)!}\delta^{(r-2)}(\Omega-\Omega_i)\\&+\cdots+\pi K_{1r}\delta(\Omega-\Omega_i)\end{aligned} \tag{3.4-8}$$

例 3-25 已知 $\mathrm{e}^{-2t}\cos(t)u(t)$ 的象函数为

$$F(s)=\frac{s+2}{(s+2)^2+1},\ \mathrm{Re}(s)>-2$$

求其傅里叶变换。

解： $F(s)$ 的收敛坐标 $\sigma_0=-2$，即 $\sigma_0<0$。因此由式(3.4-3)得

$$F(\mathrm{j}\Omega)=F(s)\big|_{s=\mathrm{j}\Omega}=\frac{\mathrm{j}\Omega+2}{(\mathrm{j}\Omega+2)^2+1}$$

例 3-26 已知 $\cos(\Omega_0 t)u(t)$ 的象函数为

$$F(s)=\frac{s}{s^2+\Omega_0^2}$$

求其傅里叶变换。

解： $F(s)$ 的收敛坐标 $\sigma_0=0$，$F(s)$ 在 $\mathrm{j}\Omega$ 轴上有二个一阶极点 $\mathrm{j}\Omega_0$，$-\mathrm{j}\Omega_0$。将 $F(s)$ 展开为部分分式，得

$$F(s)=\frac{s}{s^2+\Omega_0^2}=\frac{\frac{1}{2}}{s+\mathrm{j}\Omega_0}+\frac{\frac{1}{2}}{s-\mathrm{j}\Omega_0}$$

由式(3.4-6)得 $\cos(\Omega_0 t)u(t)$ 的傅里叶变换为

$$\begin{aligned}F(\mathrm{j}\Omega)&=F(s)\big|_{s=\mathrm{j}\Omega}+\sum_{i=1}^{2}\pi K_i\delta(\Omega-\Omega_i)\\&=\frac{\mathrm{j}\Omega}{\Omega_0^2-\Omega^2}+\frac{\pi}{2}[\delta(\Omega+\Omega_0)+\delta(\Omega-\Omega_0)]\end{aligned}$$

例 3-27 已知 $tu(t)$ 的象函数为

$$F(s)=\frac{1}{s^2}$$

求其傅里叶变换。

解： $F(s)$ 的收敛坐标 $\sigma_0=0$，$F(s)$ 在 $\mathrm{j}\Omega$ 轴上有一个二阶极点 0。由式(3.4-8)知，其傅

里叶变换为

$$F(\mathrm{j}\Omega)=F(s)\mid_{s=\mathrm{j}\Omega}+\frac{\pi(\mathrm{j})^{2-1}}{(2-1)!}\delta^{(2-1)}(\Omega)$$
$$=-\frac{1}{\Omega^2}+\mathrm{j}\pi\delta'(\Omega)$$

3.5 小结

复频域分析法是分析时域连续信号的重要方法之一。

1）拉普拉斯变换可理解为一种广义的傅里叶变换，拉普拉斯变换对信号要求不高。

2）拉普拉斯变换建立了时域和复频域(s 域)间的联系。

3）拉普拉斯变换的性质反映了信号的时域特性与 s 域特性的关系。

4）通常利用单边拉普拉斯变换的性质并结合常用变换对求拉普拉斯反变换。

5）依据因果信号的傅里叶变换与其拉普拉斯变换的关系，若已知某信号的拉普拉斯变换及其收敛域，可以方便地求出相应信号的傅里叶变换。

3.6 习题

1. 求下列信号的拉普拉斯变换并注明收敛区。

（1）$\frac{1}{\alpha}(1-\mathrm{e}^{-\alpha t})u(t)$

（2）$(t^3-2t^2+1)u(t)$

（3）$\mathrm{e}^{-\alpha t}\cos(\Omega t+\theta)u(t)$

（4）$\delta(t)-\mathrm{e}^{-2t}u(t)$

（5）$t\mathrm{e}^{-2t}u(t)$

2. 利用拉普拉斯变换性质，求下列信号的拉普拉斯变换。

（1）$f(t)=t\sin(t)u(t)$

（2）$f(t)=\sin(\pi t)[u(t)-u(t-1)]$

（3）$f(t)=t[u(t)-u(t-2)]$

（4）$f(t)=[t^3+t\mathrm{e}^{-3t}\cos(2t)]u(t)$

3. 求下列信号的拉普拉斯反变换。

（1）$\frac{1+\mathrm{e}^{-s}+\mathrm{e}^{-2s}}{s+1}$　　（2）$\frac{1}{1+\mathrm{e}^{-s}}$　　（3）$\left(\frac{1-\mathrm{e}^{-s}}{s}\right)^2$

4. 用部分分式法求下列信号的拉普拉斯反变换。

（1）$F(s)=\frac{s^2+4s+2}{(s+1)(s+2)}$　　（2）$F(s)=\frac{4}{(s+1)(s+2)^3}$

（3）$F(s)=\frac{3s+9}{s(s^2+9)}$　　（4）$F(s)=\frac{2s+10}{s^2+4s+13}$

5. 求下列信号拉普拉斯反变换 $f(t)$ 的初值。

(1) $F(s)=\dfrac{1}{s+2}$ (2) $F(s)=\dfrac{s^4+1}{s^2(s+2)}$ (3) $F(s)=\dfrac{s^2+s}{2s^2+2s+1}$

6. 求下列信号拉普拉斯反变换$f(t)$的终值。

(1) $F(s)=\dfrac{1-e^{-2s}}{s^2(s^2+4)}$ (2) $F(s)=\dfrac{s^3+s^2+2s+1}{(s+1)(s+3)(s+5)}$

7. 已知下列信号的拉普拉斯变换 $F(s)$，求该信号的傅里叶变换 $F(\omega)$。

(1) $F(s)=\dfrac{1}{s(s+1)}$ (2) $F(s)=\dfrac{2}{s^2+1}$

(3) $F(s)=\dfrac{1}{s(s^2+1)}$ (4) $F(s)=\dfrac{s^2+9}{s(s^2+4s+3)}$

(5) $F(s)=\dfrac{s^2+9}{s(s^2+4)}$ (6) $F(s)=\dfrac{s+3}{(s+4)(s^2+9)}$

参考文献

[1] 胡广书. 数字信号处理——理论、算法与实现[M]. 北京：清华大学出版社，1997.

[2] 奥本海姆. 时域离散信号处理[M]. 刘树棠，译. 西安：西安交通大学出版社，2001.

[3] 祁才君. 数字信号处理技术的算法分析与应用[M]. 北京：机械工业出版社，2005.

[4] 王华奎，张立毅. 数字信号处理及应用[M]. 北京：高等教育出版社，2004.

[5] 丁玉美，高西全. 数字信号处理[M]. 2 版. 西安：西安电子科技大学出版社，2001.

[6] 邹理和. 数字信号处理：上册[M]. 北京：国防工业出版社，1985.

[7] 程佩青. 数字信号处理教程[M]. 3 版. 北京：清华大学出版社，2007.

[8] 黄顺吉. 数字信号处理及其应用[M]. 北京：国防工业出版社，1982.

[9] 陈后金. 数字信号处理[M]. 北京：高等教育出版社，2004.

[10] John G Proakis，Dimitris G Manolakis. 方艳梅，数字信号处理[M]. 4 版. 刘永清，译. 北京：电子工业出版社，2007.

[11] 陈玉东. 数字信号处理[M]. 北京：地质出版社，2005.

第4章　时域离散信号的频域分析

信号的分析方法除时域分析法外，还有变换域分析法。在时域连续信号的分析法中，变换域分析法是拉普拉斯变换和傅里叶变换。在时域离散信号的分析法中，变换域分析法是 z 变换和傅里叶变换。对时域离散信号而言，z 变换是一个很重要的数学工具。z 变换的概念既可以从理想采样信号的拉普拉斯变换导出，也可以独立地对时域离散信号（序列）给出 z 变换定义。这里直接给出 z 变换的定义，接着介绍 z 变换的基本性质和 z 反变换的求解方法，然后导出 z 变换和拉普拉斯变换以及傅里叶变换的关系，引出序列傅里叶变换的定义、性质、周期序列傅里叶变换及其性质。本章学习的内容是数字信号处理这一领域的基础。

4.1　序列的 z 变换

4.1.1　z 变换的定义

序列 $x(n)$ 的 z 变换定义为

$$X(z) = \mathrm{ZT}[x(n)] = \sum_{n=-\infty}^{\infty} x(n)z^{-n} \tag{4.1-1}$$

式中，z 是一个复变量。由式（4.1-1）定义的 z 变换称为双边 z 变换。另有一种单边 z 变换定义为

$$X_I(z) = \sum_{n=0}^{\infty} x(n)z^{-n} \tag{4.1-2}$$

对因果序列，单边 z 变换与双边 z 变换相等。

把复变量 z 写成极坐标形式 $z = r\mathrm{e}^{\mathrm{j}\omega}$，代入式（4.1-1）得

$$X(r\mathrm{e}^{\mathrm{j}\omega}) = \sum_{n=-\infty}^{\infty} x(n)r^{-n}\mathrm{e}^{-\mathrm{j}\omega n} \tag{4.1-3}$$

当 $r = |z| = 1$（表示单位圆）时，有

$$X(\mathrm{e}^{\mathrm{j}\omega}) = \sum_{n=-\infty}^{\infty} x(n)\mathrm{e}^{-\mathrm{j}\omega n} \tag{4.1-4}$$

可见，序列的傅里叶变换等于其在单位圆上的 z 变换，将在4.5节中详细介绍。

并不是所有序列的 z 变换对所有 z 值都是存在的。序列的 z 变换存在，就必须有

$$\sum_{n=-\infty}^{\infty} |x(n)z^{-n}| < \infty \tag{4.1-5}$$

又因为 $z = r\mathrm{e}^{\mathrm{j}\omega}$，则要求

$$\sum_{n=-\infty}^{\infty} |x(n)r^{-n}| < \infty \tag{4.1-6}$$

为使式（4.1-6）成立，除对 $x(n)$ 有一定要求外，对 r，即 $|z|$ 值也有所要求。对于给定

的 $x(n)$，使其 z 变换存在的 z 值的集合，称为 z 变换的收敛域。根据罗朗级数的性质，z 变换的收敛域一般是某个环域：$R_{x_-}<|z|<R_{x_+}$，式中 $R_{x_-}<R_{x_+}$，R_{x_-} 可小到 0，R_{x_+} 可以大到 ∞。如图 4-1 所示。图中用“×”表示极点，阴影区域表示收敛域。

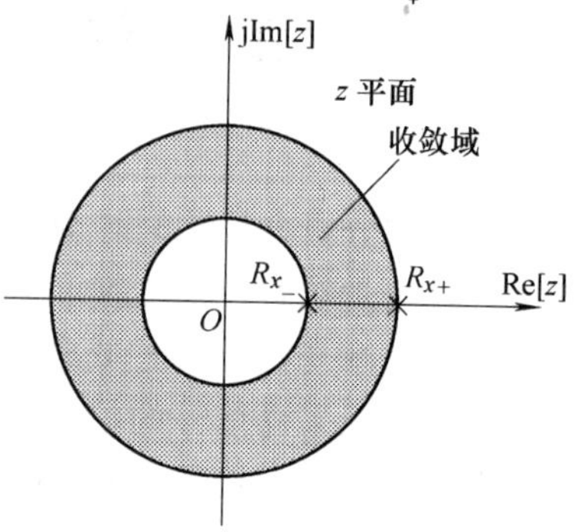

图 4-1　z 变换的收敛域

例 4-1　已知两个序列

$$x_1(n)=\begin{cases}a^n & n\geqslant 0\\ 0 & n<0\end{cases}$$

$$x_2(n)=\begin{cases}0 & n\geqslant 0\\ -a^n & n<0\end{cases}$$

分别求其 z 变换。

解：$X_1(z)=\sum\limits_{n=-\infty}^{+\infty}x_1(n)z^{-n}=\sum\limits_{n=0}^{+\infty}(az^{-1})^n$

这是一个等比序列，当 $|az^{-1}|<1$ 时收敛，即 $|z|>|a|$ 时，有

$$X_1(z)=\frac{1}{1-az^{-1}}=\frac{z}{z-a}$$

同理，

$$X_2(z)=\sum_{n=-\infty}^{+\infty}x_2(n)z^{-n}=\sum_{n=-\infty}^{-1}-(az^{-1})^n=\sum_{n=1}^{+\infty}-(a^{-1}z)^n$$

这也是一个等比序列，当 $|a^{-1}z|<1$ 时收敛，即 $|z|<|a|$ 时，有

$$X_2(z)=-\frac{a^{-1}z}{1-a^{-1}z}=\frac{z}{z-a}$$

由上看出，两个不同的序列得到了相同的 z 变换。但是，对于 $X_1(z)$，只有在 $|z|>|a|$ 时才有意义；对于 $X_2(z)$，只有在 $|z|<|a|$ 时才有意义。这说明只有确定了收敛域，z 变换和序列才有一一对应的关系，若收敛域不确定，则 z 变换对应的序列不是唯一的。这个例子充分说明了收敛域在 z 变换中的重要作用。

4.1.2　几种序列的 z 变换及其收敛域

序列的特性决定其 z 变换的收敛域，了解序列特性与收敛域的一般关系，对求解 z 变换和 z 反变换很有帮助。

1. 有限长序列

有限长序列是指序列的值在有限长度（n_1，n_2）内不全为零，而其他序列值都为零的序列，即

$$x(n)=\begin{cases}x(n),n_1\leqslant n\leqslant n_2\\ 0,\text{其他 } n\end{cases}$$

其 z 变换为

$$X(z)=\sum_{n=n_1}^{n_2}x(n)z^{-n}\tag{4.1-7}$$

在 $n_1\leqslant n\leqslant n_2$ 内，$X(z)$ 是有限项级数和，只要级数的每一项都有界，有限项的和也就有界。因此，只要 $x(n)<\infty$，那么式（4.1-7）在 z 平面上除去 0 和∞ 两个特殊点外的整个

区域上都是收敛的，即有限长序列的 z 变换的收敛域为

$$0 < |z| < \infty \tag{4.1-8}$$

如果对有限长序列的起点 n_1 和终点 n_2 加一定的限制，则其 z 变换的收敛域可以包括0或∞。具体来说，当 $n_1 \geqslant 0$ 时，级数（4.1-7）没有正幂项，$|z| = \infty$，级数是收敛的，而 $|z| = 0$时，级数发散；当 $n_2 \leqslant 0$ 时，级数（4.1-7）有正幂项，$|z| = \infty$，级数发散，而 $|z| = 0$时，级数收敛。因此，$n_1 \geqslant 0$ 时收敛域为 $0 < |z| \leqslant \infty$，$n_2 \leqslant 0$ 时收敛域为 $0 \leqslant |z| < \infty$。

例 4-2 矩形序列 $R_N(n)$ 是一个有限长序列，求其 z 变换。

解：

$$X(z) = \sum_{n=0}^{N-1} R_N(n) z^{-n} = \sum_{n=0}^{N-1} z^{-n} = \frac{1 - z^{-N}}{1 - z^{-1}}$$

这是一个有限项级数和，其收敛域为 $0 < |z| \leqslant \infty$。

2. 右边序列

右边序列是指序列值在 $n \geqslant n_1$ 不全为零，而在 $n < n_1$ 时全为零的序列，其 z 变换为

$$X(z) = \sum_{n=n_1}^{\infty} x(n) z^{-n} = \sum_{n=n_1}^{-1} x(n) z^{-n} + \sum_{n=0}^{\infty} x(n) z^{-n} \tag{4.1-9}$$

第一项为有限长序列，设 $n_1 \leqslant -1$，其收敛域为 $0 \leqslant |z| < \infty$。第二项为因果序列，其收敛域为 $R_{x_-} < |z| \leqslant \infty$，$R_{x_-}$ 为第二项最小的收敛半径。求两收敛域的交集，得右边序列的收敛域为 $R_{x_-} < |z| < \infty$。

右边序列中最重要的一种序列是因果序列，其在 $n_1 \geqslant 0$ 时有非零值，而在 $n_1 < 0$ 时均为零，因果序列的 z 变换没有正幂项，因此收敛域可包括∞，即 $R_{x_-} < |z| \leqslant \infty$，如图 4-2 所示。例如，例 4-1 中 $x_1(n)$ 的 z 变换及收敛域。

3. 左边序列

左边序列是指 $n > n_2$ 时取值均为零的序列，其 z 变换为

$$X(z) = \sum_{n=-\infty}^{n_2} x(n) z^{-n} = \sum_{n=-\infty}^{-1} x(n) z^{-n} + \sum_{n=0}^{n_2} x(n) z^{-n} \tag{4.1-10}$$

该级数的收敛域是以 R_{x_+} 为半径的圆的内部区域，即

$$0 < |z| < R_{x_+} \tag{4.1-11}$$

如图 4-3 所示。证明方法与右边序列情况类似。

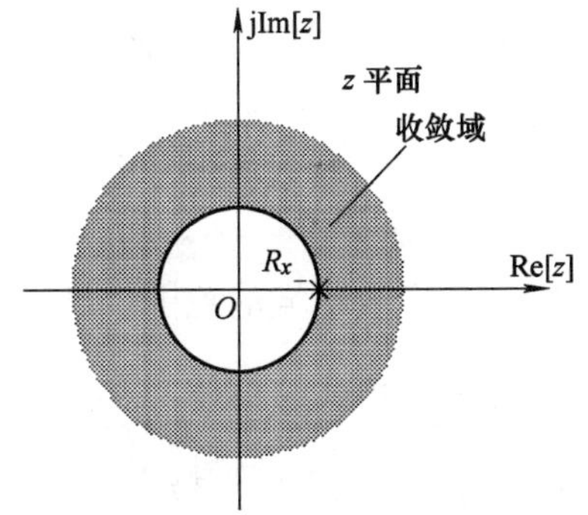

图 4-2 右边序列 z 变换的收敛域

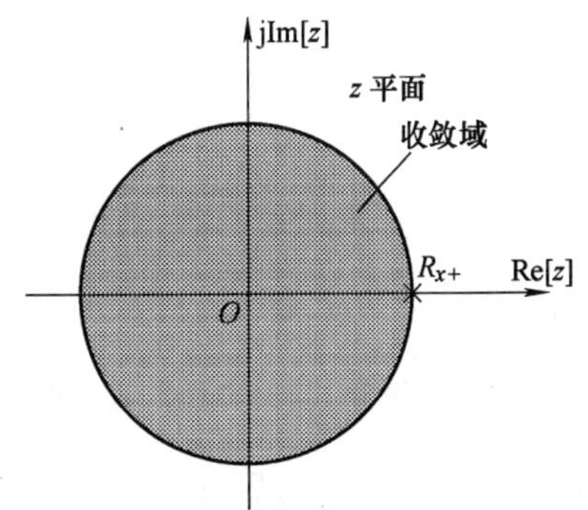

图 4-3 左边序列 z 变换的收敛域

当 $n_2 \leqslant 0$ 时，左边序列的 z 变换没有负幂项，因此式（4.1-9）中的级数在 $z=0$ 处是收敛的。当 $n_2>0$ 时，序列 $x(n)$ 可分为两项，第二项为有限长序列，其收敛域为 $0<|z| \leqslant \infty$。第一项没有负幂项，在 $z=0$ 点收敛，其收敛域为 $0 \leqslant |z| < R_{x_+}$。求两收敛域的交集，得左边序列的收敛域为 $0<|z|<R_{x_+}$。

4. 双边序列

双边序列是指 n 从 $-\infty$ 到 $+\infty$ 都有非零值的序列，可被看做是一个右边序列和一个左边序列的和。因此其 z 变换为

$$X(z) = \sum_{n=-\infty}^{\infty} x(n)z^{-n} = \sum_{n=-\infty}^{-1} x(n)z^{-n} + \sum_{n=0}^{\infty} x(n)z^{-n} = X_1(z) + X_2(z) \tag{4.1-12}$$

$X_1(z)$、$X_2(z)$ 分别是左边序列和右边序列的 z 变换。双边序列 z 变换的收敛域是这两个序列 z 变换的收敛域的公共部分，即为一个环域，如图 4-4 所示。

由于 $X_1(z)$ 的收敛域为 $|z|<R_{x_+}$，$X_2(z)$ 的收敛域为 $R_{x_-}<|z|$，如果 $R_{x_-}<R_{x_+}$，则 $X(z)$ 的收敛域为

$$R_{x_-} < |z| < R_{x_+} \tag{4.1-13}$$

如果 $R_{x_-} \geqslant R_{x_+}$，则 $X(z)$ 无收敛域，即 z 变换不存在。

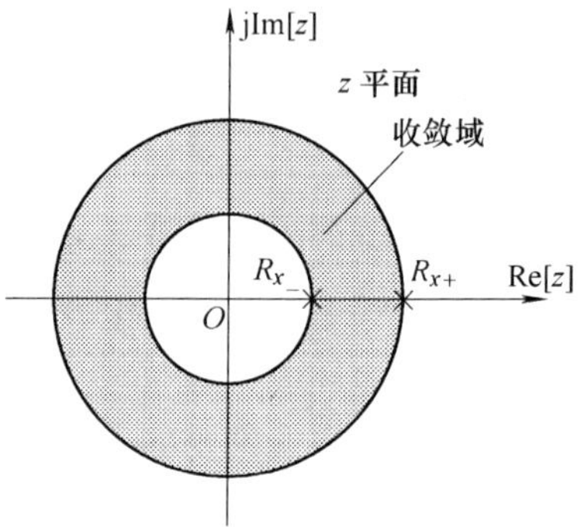

图 4-4 双边序列 z 变换的收敛域

例 4-3 求图 4-5a 所示的序列

$$x(n) = \begin{cases} a^n, & n \geqslant 0 \\ a^{-n}, & n<0 \end{cases}$$

的 z 变换及其收敛域。

解：该序列为双边序列，其 z 变换为

$$X(z) = \sum_{n=-\infty}^{\infty} x(n)z^{-n} = \sum_{n=-\infty}^{-1} a^{-n}z^{-n} + \sum_{n=0}^{\infty} a^n z^{-n} = \sum_{n=1}^{\infty} a^n z^n + \sum_{n=0}^{\infty} a^n z^{-n}$$

第一部分收敛域为 $|az|<1$，得 $|z|<|a|^{-1}$；第二部分收敛域为 $|az^{-1}|<1$，得 $|z|>|a|$；若 $|a|<1$，两部分的公共收敛域为 $|a|<|z|<|a|^{-1}$。其 z 变换为

$$X(z) = \frac{az}{1-az} + \frac{1}{1-az^{-1}} = \frac{1-a^2}{(1-az)(1-az^{-1})}$$

若 $|a|>1$，则无公共收敛域，其 z 变换不存在。当 $a=0.8$ 时，序列 $x(n)$ 及其收敛域如图 4-5a 和图 4-5c 所示。当 $a=2$ 时，序列 $x(n)$ 两端都发散，这种序列的 z 变换不存在，如图 4-5b 所示。

$X(z)$ 是一个有理分式。可以看出，极点为 $z_1=a$ 和 $z_2=a^{-1}$，收敛域为一个环域 $|a|<|z|<|a|^{-1}$。

该例也说明，收敛域的另外一种求解方法——用极点来界定收敛域的范围。已知 $X(z)=\dfrac{P(z)}{Q(z)}$ 是一个有理分式，分子多项式的根是 $X(z)$ 的零点，分母多项式的根是 $X(z)$ 的极点。z 变换的收敛域以极点为边界（0 和 ∞ 也可作为边界），收敛域内不包含任何极点，但可以包含零点。利用这个结论，就能够比较容易地确定在有多个极点的情况下的收敛域。图 4-6 所示的是序列 z 变换的极点相同而收敛域不同的情况。图 4-6a 对应于一个右边序列，图 4-6b

对应于一个左边序列，图 4-6c 和图 4-6d 则对应于两个不同的双边序列。由此得到，在极点相同的情况下，如果极点界定的收敛域不同，对应的序列也不同。

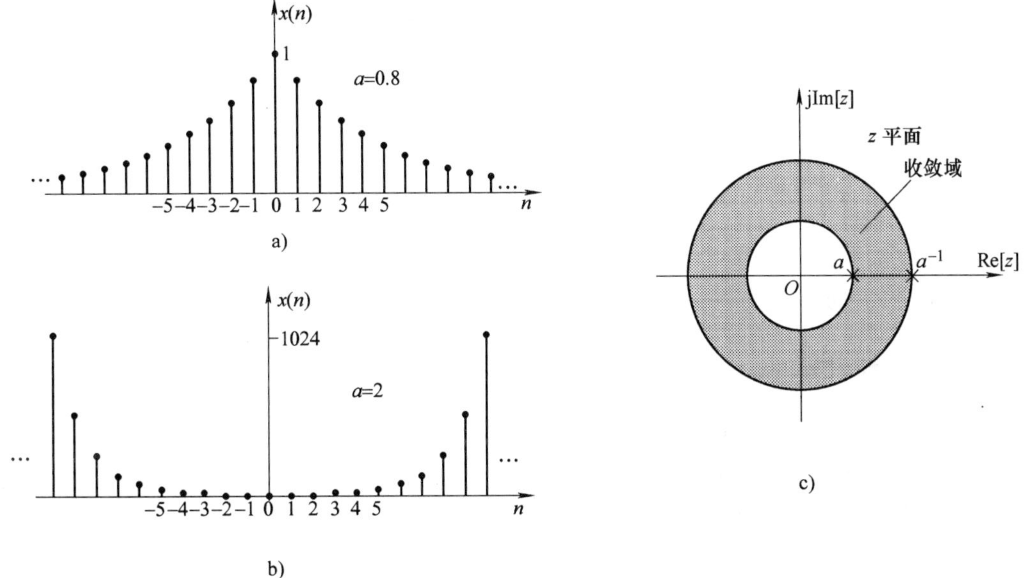

图 4-5　例 4-3 图

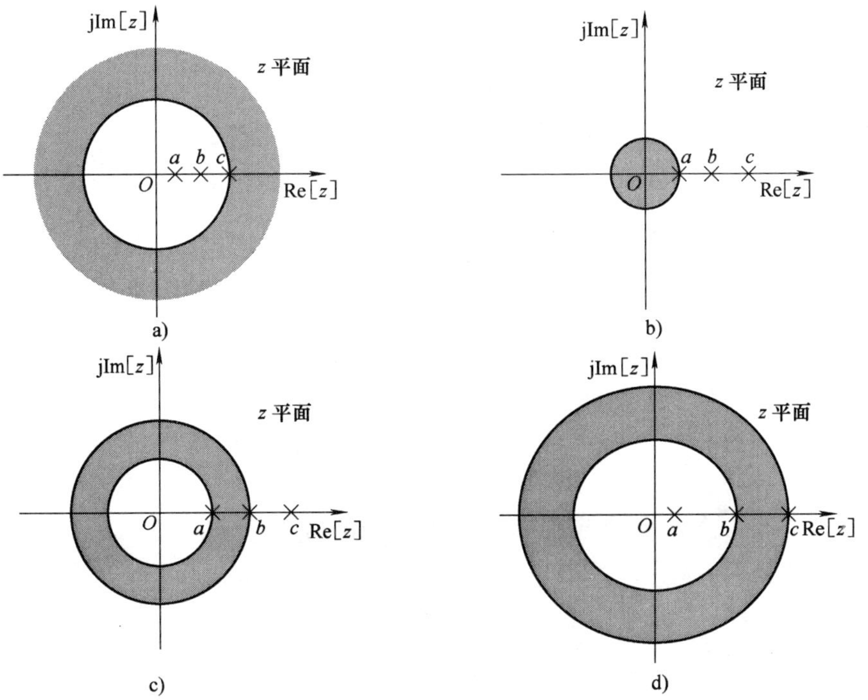

图 4-6　极点相同而收敛域不同的 4 种情况

4.2 z 反变换

已知 $X(z)$ 及其收敛域，反过来求序列 $x(n)$ 的变换称为 z 反变换。序列的 z 变换及其 z 反变换表示如下：

$$z\text{变换}:X(z)=\sum_{n=-\infty}^{\infty}x(n)z^{-n},\quad R_{x-}<|z|<R_{x+}$$

$$z\text{反变换}:x(n)=\frac{1}{2\pi \mathrm{j}}\oint_{c}X(z)z^{n-1}\mathrm{d}z,\ c\in(R_{x-},R_{x+})\tag{4.2-1}$$

c 为 $X(z)$ 收敛域内环绕原点的一条逆时针闭合围线。直接计算围线积分是比较麻烦的，下面介绍三种求 z 反变换的方法。

4.2.1 幂级数展开法

幂级数展开法，又叫长除法。根据 z 变换的定义，可用长除法将 $X(z)$ 展开为幂级数形式，其系数就是相应的原序列的值。但用这种方法只能求得原序列开头若干个有限项值，一般无法得到序列 $x(n)$ 的封闭解形式。

例 4-4 求下列 z 变换的 z 反变换：

$$X(z)=\frac{1+2z^{-1}}{1-2z^{-1}+z^{-2}},\ |z|>1$$

解：因为收敛域是一个圆的外部区域，所以对应的序列是因果序列。用长除法将 $X(z)$ 展开成负幂级数

$$\begin{array}{r|l}
 & 1+4z^{-1}+7z^{-2}+\cdots \\
1-2z^{-1}+z^{-2} & 1+2z^{-1} \\
 & \underline{1-2z^{-1}+z^{-2}} \\
 & \quad 4z^{-1}-z^{-2} \\
 & \quad \underline{4z^{-1}-8z^{-2}+4z^{-3}} \\
 & \qquad 7z^{-2}-4z^{-3} \\
 & \qquad \underline{7z^{-2}-14z^{-3}+7z^{-4}} \\
 & \qquad\quad 10z^{-3}-7z^{-4} \\
 & \qquad\qquad \cdots\cdots\cdots\cdots
\end{array}$$

由此看出

$$x(n)=\{\underset{\substack{\uparrow\\ n=0}}{1},4,7,10\cdots\}$$

归纳得到

$$x(n)=\begin{cases}3n+1, & n\geqslant 0\\ 0, & n<0\end{cases}$$

或
$$x(n)=(3n+1)u(n)$$

这是一种理想情况，序列有规律，可以归纳得到该序列的封闭解；若序列无规律，则无法得到序列的封闭解形式，这是长除法的致命缺点。

例 4-5 求下列 z 变换的 z 反变换：

$$X(z)=\frac{1+2z^{-1}}{1-2z^{-1}+z^{-2}},\ |z|<1$$

解：因为收敛域是一个圆的内部区域，所以对应的序列是反因果序列。用长除法将 $X(z)$ 展开成正幂级数。

$$\begin{array}{r|l} & 2z+5z^2+8z^3+\cdots \\ z^{-2}-2z^{-1}+1 & 2z^{-1}+1 \\ & \underline{2z^{-1}-4+2z} \\ & \quad 5-2z \\ & \quad \underline{5-10z+5z^2} \\ & \qquad 8z-5z^2 \\ & \qquad \underline{8z-16z^2+8z^3} \\ & \qquad\quad 11z^2-8z^3 \\ & \qquad\qquad \cdots \end{array}$$

继续除下去，可以得到

$$x(n)=\begin{cases}-3n-1, & n<0\\ 0, & n\geqslant 0\end{cases}$$

或

$$x(n)=(-3n-1)u(-n-1)$$

由此可得长除法的一般步骤：首先，根据收敛域确定对应的序列是因果序列还是反因果序列，若为因果序列，可将 $X(z)$ 展开成负幂级数（分子、分母按 z 的降幂排列），若为反因果序列，可将 $X(z)$ 展开成正幂级数（分子、分母按 z 的升幂排列）；最后总结序列的规律。

4.2.2 部分分式展开法

同拉普拉斯反变换一样，z 反变换也可使用部分分式展开法来求取原序列。其主要思想依然是将有理分式的象函数分解为基本已知序列的象函数之和，从而求出原序列。若 $X(z)$ 为两个多项式 $P(z)$ 和 $Q(z)$ 的比，设 $P(z)$ 和 $Q(z)$ 的阶次分别为 M 和 N。当 $M<N$ 且 $X(z)$ 只有一阶极点时，则 $X(z)$ 可以表示成下列形式的部分分式展开式：

$$X(z)=\frac{P(z)}{Q(z)}=\frac{b_0+b_1z^{-1}+b_2z^{-2}+\cdots+b_Mz^{-M}}{a_0+a_1z^{-1}+a_2z^{-2}+\cdots+a_Nz^{-N}}$$

$$=\frac{b_0+b_1z^{-1}+\cdots+b_Mz^{-M}}{\prod_{k=1}^{N}(1-d_kz^{-1})}=\sum_{k=1}^{N}\frac{A_k}{1-d_kz^{-1}} \tag{4.2-2}$$

式中，$d_k(k=1, 2, \cdots, N)$ 是 $X(z)$ 的极点。

A_k 可由极点上的留数求得，即

$$A_k=(1-d_kz^{-1})X(z)|_{z=d_k} \tag{4.2-3}$$

如果$M \geqslant N$，则$X(z)$可展开成如下形式：

$$X(z) = B_{M-N}z^{M-N} + B_{M-N-1}z^{M-N-1} + \cdots + B_1 z^{-1} + B_0 + \sum_{k=1}^{N} \frac{A_k}{1 - d_k z^{-1}}$$

$$= \sum_{n=0}^{M-N} B_n z^n + \sum_{k=1}^{N} \frac{A_k}{1 - d_k z^{-1}} \tag{4.2-4}$$

式中，B_n可直接用长除法得到；A_k仍由式（4.2-3）求得。如果$X(z)$具有多阶极点，则需要对式（4.2-4）进行修正，设$X(z)$在$z = d_1$处有一m阶的重极点，其余为单极点，$X(z)$可展为

$$X(z) = \sum_{n=0}^{M-N} B_n z^n + \sum_{k=1}^{m} \frac{B_k}{(1 - d_1 z^{-1})^k} + \sum_{k=m+1}^{N} \frac{A_k}{1 - d_k z^{-1}} \tag{4.2-5}$$

式中，A_{m+1}，…，A_N的计算同式（4.2-3）；B_k由下式得到：

$$B_k = \frac{1}{(m-k)!} \cdot \left[\frac{d^{m-k}}{dz^{m-k}} (1 - d_1 z^{-1})^m X(z) \right]_{z=d_1} \tag{4.2-6}$$

例 4-6　用部分分式法求下列z变换的反变换：

$$X(z) = \frac{1}{(1 - z^{-1})(1 - 0.5z^{-1})}, \quad |z| > 1$$

解：$X(z)$有两个极点：$z_1 = 1$和$z_2 = 0.5$，将$X(z)$展开成部分分式

$$X(z) = \frac{A_1}{1 - z^{-1}} + \frac{A_2}{1 - 0.5z^{-1}}$$

其中

$$A_1 = \frac{1}{(1 - z^{-1})(1 - 0.5z^{-1})}(1 - z^{-1})|_{z=1} = 2$$

$$A_2 = \frac{1}{(1 - z^{-1})(1 - 0.5z^{-1})}(1 - 0.5z^{-1})|_{z=0.5} = -1$$

查表 4-1 可得

$$x(n) = \begin{cases} 2 - (0.5)^n, & n \geqslant 0 \\ 0, & n < 0 \end{cases}$$

或

$$x(n) = [2 - (0.5)^n]u(n)$$

部分分式法也可以应用于左边序列和双边序列，但在双边序列的情况下，应注意哪些极点对应于右边序列，哪些极点对应于左边序列。

例 4-7　求下列z变换的反变换：

$$X(z) = \frac{5z^{-1}}{1 + z^{-1} - 6z^{-2}}, \quad 2 < |z| < 3$$

解：由收敛域可确定反变换为双边序列，$X(z)$有两个极点：$z_1 = 2$和$z_2 = -3$，将$X(z)$展开成部分分式

$$X(z) = \frac{5z^{-1}}{(1 - 2z^{-1})(1 + 3z^{-1})} = \frac{A_1}{1 - 2z^{-1}} + \frac{A_2}{1 + 3z^{-1}}$$

其中

$$A_1=\frac{5z^{-1}}{(1-2z^{-1})(1+3z^{-1})}(1-2z^{-1})\mid_{z=2}=1$$

$$A_2=\frac{5z^{-1}}{(1-2z^{-1})(1+3z^{-1})}(1+3z^{-1})\mid_{z=-3}=-1$$

最后得

$$X(z)=\frac{1}{1-2z^{-1}}+\frac{-1}{1+3z^{-1}}=X_1(z)+X_2(z)$$

收敛域$|z|>2$对应的极点是$z_1=2$，因此$X_1(z)$对应一个因果序列$x_1(n)$，

$$x_1(n)=2^n,\ n\geqslant 0$$

收敛域$|z|<3$对应的极点是$z_2=-3$，因此$X_2(z)$对应一个反因果序列$x_2(n)$，

$$x_2(n)=(-3)^n,\ n<0$$

综上所述，得到所求序列

$$x(n)=\begin{cases}2^n, & n\geqslant 0\\(-3)^n, & n<0\end{cases}$$

或表示为
$$x(n)=2^nu(n)+(-3)^nu(-n-1)$$

4.2.3 留数法

对于有理z变换，式（4.2-1）的围线积分可用留数定理来计算。设在有限的z平面上，$\{a_k\}(k=1, 2, \cdots, N)$是$X(z)z^{n-1}$在围线$c$内部的极点集，$\{b_k\}(k=1, 2, \cdots, M)$是$X(z)z^{n-1}$在围线$c$外部的极点集。根据柯西留数定理，有

$$x(n)=\sum_{k=1}^{N}\mathrm{Res}[X(z)z^{n-1},\ a_k] \tag{4.2-7}$$

或

$$x(n)=-\sum_{k=1}^{M}\mathrm{Res}[X(z)z^{n-1},\ b_k]-\mathrm{Res}[X(z)z^{n-1},\ \infty] \tag{4.2-8}$$

当$X(z)z^{n-1}$在$z=\infty$处有二阶或二阶以上的零点，即$X(z)z^{n-1}$的分母多项式的阶数比分子多项式的阶数高二阶或二阶以上时，无穷远处的留数为0，因此式(4.2-8)可表示为

$$x(n)=-\sum_{k=1}^{M}\mathrm{Res}[X(z)z^{n-1},\ b_k] \tag{4.2-9}$$

围线c内的极点一般对应于一个因果序列，而c外的极点对应于一个反因果序列，因此当$n\geqslant 0$时，使用式(4.2-7)；当$n<0$时，使用式(4.2-9)。

如果$X(z)z^{n-1}$是z的有理函数，且$z=z_0$处有m阶极点，即

$$X(z)z^{n-1}=\frac{\psi(z)}{(z-z_0)^m} \tag{4.2-10}$$

式中，$\psi(z)$在$z=z_0$处无极点，那么$X(z)z^{n-1}$在$z=z_0$处的留数可用下式计算：

$$\mathrm{Res}[X(z)z^{n-1},\ z_0]=\frac{1}{(m-1)!}\left\{\frac{\mathrm{d}^{m-1}}{\mathrm{d}z^{m-1}}[(z-z_0)^mX(z)z^{n-1}]\right\}_{z=z_0} \tag{4.2-11}$$

特别当$m=1$时，有

$$\mathrm{Res}[X(z)z^{n-1},\ z_0]=[(z-z_0)X(z)z^{n-1}]_{z=z_0} \tag{4.2-12}$$

例 4-8 求下列 z 变换的反变换：

$$X(z)=\frac{1}{1-z^{-1}},\ |z|>1$$

解：围线积分的被积函数为

$$X(z)\cdot z^{n-1}=\frac{z^n}{z-1}$$

当 $n\geqslant 0$ 时，极点 $z=1$ 包含在围线 c 之内，如图 4-7 所示。应用式(4.2-7)得

$$x(n)=\mathrm{Res}[X(z)z^{n-1},\ 1]=1,\ n\geqslant 0$$

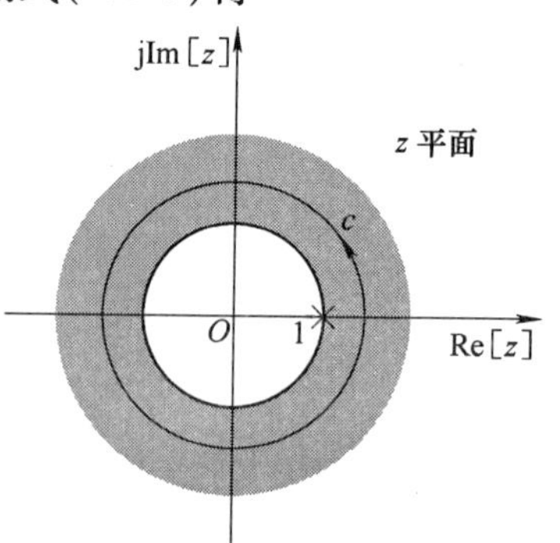

图 4-7 例 4-8 图

当 $n<0$ 时，围线 c 内有 n 阶极点 $z=0$，因为高阶极点的留数不容易计算，所以改为计算 c 外极点的留数和，$X(z)z^{n-1}$ 在 c 外无极点，故

$$x(n)=0,\ n<0$$

最后得

$$x(n)=\begin{cases}1, & n\geqslant 0\\ 0, & n<0\end{cases}$$

或表示为 $x(n)=u(n)$。

实际上，该例由于收敛域具有 $|z|>R_{x-}$ 的形式，根据前面分析的序列特性与收敛域的关系可知，$x(n)$一定是因果序列，这样 $n<0$ 时，$x(n)$一定为零，不需要再求解。如果收敛域具有 $|z|<R_{x+}$ 的形式，则所有极点都在围线 c 之外，当 $n>0$ 时，$X(z)z^{n-1}$在 c 内就没有极点，因此根据式(4.2-7)可以确定 $x(n)=0$，$n>0$；如果收敛域具有 $0<R_{x-}<|z|<R_{x+}$ 的形式，则对正 n 值或负 n 值，$x(n)$不会恒等于零，这时对应的序列 $x(n)$应是双边序列。

例 4-9 设 $X(z)=\dfrac{z(a-1/a)}{(z-a)(z-1/a)}$，$a<|z|<\dfrac{1}{a}$。其中 $0<a<1$，求 $x(n)$。

解：$X(z)$有两个极点 $z_1=a$ 和 $z_2=\dfrac{1}{a}$，如图 4-8 所示。围线积分的被积函数为

$$X(z)z^{n-1}=\frac{(a-1/a)z^n}{(z-1/a)(z-a)}$$

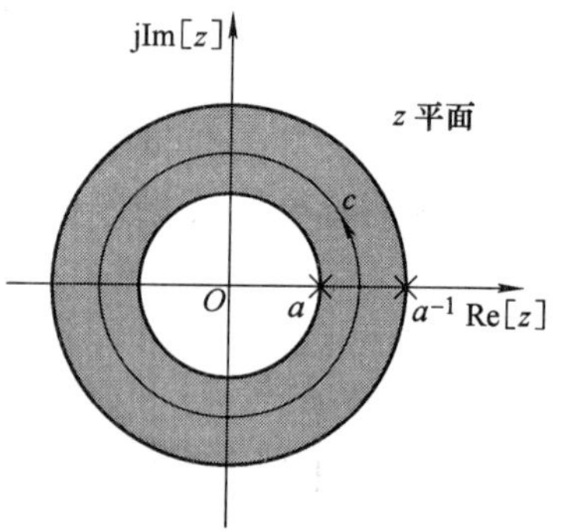

图 4-8 例 4-9 图

当 $n\geqslant 0$ 时，围线 c 仅包含极点 a，应用式(4.2-7)得

$$x(n)=\left[\frac{(a-1/a)z^n}{(z-1/a)}\right]_{z=a}=a^n$$

当 $n<0$ 时，因为在 c 围线外仅有一个极点 a^{-1}，且 $X(z)z^{n-1}$在 $z=\infty$ 处有 $2-n\geqslant 2$ 阶零点(因为 n 为负值)，所以应用式(4.2-9)得

$$x(n)=-\mathrm{Res}[X(z)z^{n-1},\ a^{-1}]=-\left[\frac{(a-1/a)z^n}{(z-a)}\right]_{z=a^{-1}}=a^{-n}$$

综上所述，得

$$x(n)=\begin{cases}a^n, & n\geqslant 0\\ a^{-n}, & n<0\end{cases}$$

或表示为 $x(n)=a^{n}u(n)+a^{-n}u(-n-1)$。

最后，将一些常用序列的 z 变换列于表 4-1 中，以便求 z 反变换时参照。

表 4-1　常用序列的 z 变换

序列	z 变换	收敛域
$\delta(n)$	1	整个 z 平面
$u(n)$	$\dfrac{z}{z-1}=\dfrac{1}{1-z^{-1}}$	$\|z\|>1$
$a^{n}u(n)$	$\dfrac{z}{z-a}=\dfrac{1}{1-az^{-1}}$	$\|z\|>\|a\|$
$R_N(n)$	$\dfrac{z^{N}-1}{z^{N-1}(z-1)}=\dfrac{1-z^{-N}}{1-z^{-1}}$	$\|z\|>0$
$nu(n)$	$\dfrac{z}{(z-1)^{2}}=\dfrac{z^{-1}}{(1-z^{-1})^{2}}$	$\|z\|>\|a\|$
$na^{n}u(n)$	$\dfrac{az}{(z-a)^{2}}=\dfrac{az^{-1}}{(1-az^{-1})^{2}}$	$\|z\|>\|a\|$
$\mathrm{e}^{-\mathrm{j}n\omega_0}u(n)$	$\dfrac{z}{z-\mathrm{e}^{-\mathrm{j}\omega_0}}=\dfrac{1}{1-\mathrm{e}^{-\mathrm{j}\omega_0}z^{-1}}$	$\|z\|>1$
$\sin(n\omega_0)u(n)$	$\dfrac{z\sin(\omega_0)}{z^{2}-2z\cos(\omega_0)+1}=\dfrac{z^{-1}\sin(\omega_0)}{z^{-2}-2z^{-1}\cos(\omega_0)+1}$	$\|z\|>1$
$\cos(n\omega_0)u(n)$	$\dfrac{z^{2}-z\cos(\omega_0)}{z^{2}-2z\cos(\omega_0)+1}=\dfrac{1-z^{-1}\cos(\omega_0)}{z^{-2}-2z^{-1}\cos(\omega_0)+1}$	$\|z\|>1$
$\mathrm{e}^{-an}\sin(n\omega_0)u(n)$	$\dfrac{z^{-1}\mathrm{e}^{-a}\sin(\omega_0)}{\mathrm{e}^{-2a}z^{-2}-2z^{-1}\mathrm{e}^{-a}\cos(\omega_0)+1}$	$\|z\|>\mathrm{e}^{-a}$
$\mathrm{e}^{-an}\cos(n\omega_0)u(n)$	$\dfrac{1-z^{-1}\mathrm{e}^{-a}\cos(\omega_0)}{\mathrm{e}^{-2a}z^{-2}-2z^{-1}\mathrm{e}^{-a}\cos(\omega_0)+1}$	$\|z\|>\mathrm{e}^{-a}$
$\sin(n\omega_0+\theta)u(n)$	$\dfrac{z^{2}\sin(\theta)+z\sin(\omega_0-\theta)}{z^{2}-2z\cos(\omega_0)+1}=\dfrac{\sin\theta+z^{-1}\sin(\omega_0-\theta)}{z^{-2}-2z^{-1}\cos(\omega_0)+1}$	$\|z\|>1$
$(n+1)a^{n}u(n)$	$\dfrac{z^{2}}{(z-a)^{2}}=\dfrac{1}{(1-az^{-1})^{2}}$	$\|z\|>\|a\|$
$\dfrac{(n+1)(n+2)}{2!}a^{n}u(n)$	$\dfrac{z^{3}}{(z-a)^{3}}=\dfrac{1}{(1-az^{-1})^{3}}$	$\|z\|>\|a\|$
$\dfrac{(n+1)(n+2)\cdots(n+m)}{m!}a^{n}u(n)$	$\dfrac{z^{m+1}}{(z-a)^{m+1}}=\dfrac{1}{(1-az^{-1})^{m+1}}$	$\|z\|>\|a\|$

4.3 z 变换的性质和定理

4.3.1 线性

z 变换是一种线性变换，可以使用叠加原理。设

$$\mathrm{ZT}[x(n)]=X(z),\ R_{x-}<|z|<R_{x+}$$
$$\mathrm{ZT}[y(n)]=Y(z),\ R_{y-}<|z|<R_{y+}$$

则

$$\begin{aligned}&\mathrm{ZT}[ax(n)+by(n)]=aX(z)+bY(z),\\&\max(R_{x-},R_{y-})<|z|<\min(R_{x+},R_{y+})\end{aligned}\tag{4.3-1}$$

这里，线性组合序列 $ax(n)+by(n)$ 的收敛域是 $x(n)$ 和 $y(n)$ 的 z 变换的收敛域的重叠部分。若没有重叠部分，$ax(n)+by(n)$ 的 z 变换不存在。一般情况下，收敛域的范围会变小。但是，组合 z 变换可能出现新的零点抵消原来的某些极点的情况，这时收敛域可能增大。例如，$a^nu(n)$ 和 $a^nu(n-1)$ 的 z 变换的收敛域都是 $|z|>|a|$，但是两者之差组成新的序列 $\delta(n)=a^nu(n)-a^nu(n-1)$，其 z 变换的收敛域是整个 z 平面。

4.3.2 序列的移位

如果 $\mathrm{ZT}[x(n)]=X(z)$，$R_{x-}<|z|<R_{x+}$，则

$$\mathrm{ZT}[x(n-m)]=z^{-m}X(z),\ R_{x-}<|z|<R_{x+}\tag{4.3-2}$$

一般情况下，$x(n-m)$ 和 $x(n)$ 的 z 变换的收敛域相同，只在 $z=0$ 或 $z=\infty$ 处有例外。例如 $\delta(n)$ 的 z 变换的收敛域是整个 z 平面，而 $\delta(n-1)$ 的 z 变换在 $z=0$ 处不收敛，$\delta(n+1)$ 的 z 变换在 $z=\infty$ 处不收敛。

4.3.3 z 域尺度变换

如果 $\mathrm{ZT}[x(n)]=X(z)$，$R_{x-}<|z|<R_{x+}$，则

$$\mathrm{ZT}[a^nx(n)]=X(a^{-1}z),\ |a|R_{x-}<|z|<|a|R_{x+}\tag{4.3-3}$$

此性质可使 z 变换的零—极点移动。如果 $X(z)$ 在 $z=z_1$ 处有极点，则 $X(a^{-1}z)$ 在 $z=az_1$ 处有极点。

若 a 为正实数，该性质可被解释为 z 平面尺度的缩小或扩大，即零点和极点的位置在 z 平面上沿径向移动；若 a 是模为 1 的复数，则相当于 z 平面的旋转，即零点和极点的位置沿着以原点为中心的圆周移动即只有角度的变化；若 a 为任意复数，则零点和极点既有幅度的伸缩，又有角度的变化。

4.3.4 序列的反转

如果 $\mathrm{ZT}[x(n)]=X(z)$，$R_{x-}<|z|<R_{x+}$，则

$$\mathrm{ZT}[x(-n)]=X\left(\frac{1}{z}\right),\ \frac{1}{R_{x+}}<|z|<\frac{1}{R_{x-}}\tag{4.3-4}$$

4.3.5 复序列的共轭

如果 $ZT[x(n)]=X(z)$，$R_{x-}<|z|<R_{x+}$，则

$$ZT[x^*(n)]=X^*(z^*)，R_{x-}<|z|<R_{x+} \tag{4.3-5}$$

式中，$x^*(n)$为$x(n)$的共轭序列。

4.3.6 序列的线性加权

如果 $ZT[x(n)]=X(z)$，$R_{x-}<|z|<R_{x+}$，则

$$ZT[nx(n)]=-z\frac{d}{dz}X(z)，R_{x-}<|z|<R_{x+} \tag{4.3-6}$$

另一种形式

$$ZT[nx(n)]=z^{-1}\frac{d}{dz^{-1}}X(z)，R_{x-}<|z|<R_{x+} \tag{4.3-7}$$

该性质表明，序列在时域进行线性加权，对应着 z 域求导数。

4.3.7 初值定理

对于因果序列 $x(n)$，有 $x(0)=\lim\limits_{z\to\infty}X(z)$。

对于反因果序列 $x(n)$，则有 $x(0)=\lim\limits_{z\to 0}X(z)$。

证明：对于因果序列 $x(n)$，有

$$X(z)=\sum_{n=0}^{\infty}x(n)z^{-n}=x(0)+x(1)z^{-1}+x(2)z^{-2}+x(3)z^{-3}+\cdots$$

因此

$$\lim_{z\to\infty}X(z)=x(0)$$

4.3.8 终值定理

若 $x(n)$是因果序列，而且 $X(z)=ZT[x(n)]$除在 $z=1$ 处可以有一阶极点外，其他极点都在单位圆内，则

$$\lim_{n\to\infty}x(n)=\lim_{z\to 1}[(z-1)X(z)]$$

证明：

$$\begin{aligned}(z-1)X(z)&=zX(z)-X(z)\\&=ZT[x(n+1)-x(n)]=\sum_{n=-\infty}^{\infty}[x(n+1)-x(n)]z^{-n}\end{aligned}$$

考虑到 $x(n)$是因果序列，因此可将上式改写成

$$(z-1)X(z)=\lim_{n\to\infty}\sum_{m=-1}^{n}[x(m+1)-x(m)]z^{-m} \tag{4.3-8}$$

由于 $X(z)$只在 $z=1$ 处可能有一阶极点，而$(z-1)$将抵消掉这个极点，因此$(z-1)X(z)$的收敛域将包括单位圆，即式(4.3-8)在 $z\geqslant 1$ 上成立，这样就允许对式(4.3-8)取极限 $z\to 1$，即

$$\lim_{z\to 1}(z-1)X(z)=\lim_{n\to\infty}\sum_{m=-1}^{n}[x(m+1)-x(m)]$$

$$= \lim_{n\to\infty}\{[x(0)-0]+[x(1)-x(0)]+\cdots+[x(n+1)-x(n)]\}$$
$$= \lim_{n\to\infty}[x(n+1)] = \lim_{n\to\infty}x(n)$$

4.3.9 时域卷积定理

设$y(n)$是$x(n)$和$h(n)$的卷积，即$y(n) = x(n) * h(n) = \sum_{m=-\infty}^{\infty} x(m)h(n-m)$，则

$$Y(z) = \mathrm{ZT}[y(n)] = X(z)H(z) \tag{4.3-9}$$

$Y(z)$的收敛域为$X(z)$和$H(z)$的收敛域的公共部分，即

$$\max[R_{x-}, R_{h-}] < |z| < \min[R_{x+}, R_{h+}]$$

式中，$X(z) = \mathrm{ZT}[x(n)]$，$R_{x-} < |z| < R_{x+}$；$H(z) = \mathrm{ZT}[h(n)]$，$R_{h-} < |z| < R_{h+}$。

证明：$\mathrm{ZT}[x(n) * h(n)] = \sum_{n=-\infty}^{\infty} [x(n) * h(n)]z^{-n}$

$$= \sum_{n=-\infty}^{\infty}\left[\sum_{m=-\infty}^{\infty} x(m)h(n-m)\right]z^{-n}$$

交换上式右边求和次序，得

$$Y(z) = \sum_{m=-\infty}^{\infty} x(m)\left[\sum_{n=-\infty}^{\infty} h(n-m)z^{-n}\right]$$

作变量代换$l = n - m$，得

$$Y(z) = \sum_{m=-\infty}^{\infty} x(m)z^{-m}\left[\sum_{l=-\infty}^{\infty} h(l)z^{-l}\right]$$

当z处在$X(z)$与$H(z)$的收敛域的公共区域内时，$Y(z)$可写为

$$Y(z) = X(z)H(z),\ \max[R_{x-}, R_{h-}] < |z| < \min[R_{x+}, R_{h+}]$$

由于$Y(z)$的收敛域是$X(z)$和$H(z)$的收敛域的公共部分，所以在一般情况下$Y(z)$的收敛域变小。但是，如果$X(z)$或$H(z)$收敛域边界上的极点被$H(z)$或$X(z)$的零点所抵消，则$Y(z)$的收敛域会扩大。

该性质表明，时域中的序列卷积转换到复频域为序列z变换乘积，若$x(n)$、$h(n)$分别为线性时不变系统的激励和单位序列响应，在求零状态响应时，可以避免复杂的卷积和运算，用$y(n) = Z^{-1}[Y(z)] = Z^{-1}[X(z)H(z)]$求得。这个性质大大简化了对系统的分析，应用十分广泛，详细介绍见本书第6章和第9章。

4.3.10 复卷积定理

设

$$X(z) = \mathrm{ZT}[x(n)],\ R_{x-} < |z| < R_{x+}$$
$$H(z) = \mathrm{ZT}[h(n)],\ R_{h-} < |z| < R_{h+}$$

则

$$Y(z) = \mathrm{ZT}[x(n)h(n)] = \frac{1}{2\pi \mathrm{j}}\oint_c X\left(\frac{z}{v}\right)H(v)v^{-1}\mathrm{d}v = \frac{1}{2\pi \mathrm{j}}\oint_c X(v)H\left(\frac{z}{v}\right)v^{-1}\mathrm{d}v$$

$$R_{x-}R_{h-} < |z| < R_{x+}R_{h+} \tag{4.3-10}$$

式中，c是在v平面收敛域中任一条环绕原点的逆时针方向的闭合曲线，v平面的收敛域为

$$\max\left[\frac{|z|}{R_{x+}},\ R_{h-}\right] < |v| < \min\left[\frac{|z|}{R_{x+}},\ R_{h+}\right] \tag{4.3-11}$$

证明：$Y(z) = \sum_{n=-\infty}^{\infty} x(n)h(n)z^{-n}$

将 $h(n) = \frac{1}{2\pi j}\oint_c H(v)v^{n-1}\mathrm{d}v$ 代入上式得

$$Y(z) = \sum_{n=-\infty}^{\infty} x(n)\frac{1}{2\pi j}\oint_c H(v)v^{n-1}\cdot z^{-n}\mathrm{d}v$$

$$= \frac{1}{2\pi j}\oint_c H(v)v^{-1}\left[\sum_{n=-\infty}^{\infty} x(n)\left(\frac{z}{v}\right)^{-n}\right]\mathrm{d}v$$

在收敛域 $R_{x-} < \left|\frac{z}{v}\right| < R_{x+}$ 内，方括号中的级数收敛为 $X\left(\frac{z}{v}\right)$，因此

$$Y(z) = \frac{1}{2\pi j}\oint_c X\left(\frac{z}{v}\right)H(v)v^{-1}\mathrm{d}v$$

这个公式称为复卷积公式，可用留数定理来计算，即

$$Y(z) = \frac{1}{2\pi j}\oint_c X\left(\frac{z}{v}\right)H(v)v^{-1}\mathrm{d}v$$

$$= \sum_k \mathrm{Res}\left[X\left(\frac{z}{v}\right)H(v)v^{-1},\ v_k\right] \tag{4.3-12}$$

式中，c 是 $X\left(\frac{z}{v}\right)H(v)v^{-1}$ 在 v 平面收敛域中的曲线，$\{v_k\}$ 是 c 所包含的全部极点。另外，$Y(z)$ 还可表示为

$$Y(z) = \mathrm{ZT}[x(n)h(n)] = \frac{1}{2\pi j}\oint_{c_1} X(v)H\left(\frac{z}{v}\right)v^{-1}\mathrm{d}v \tag{4.3-13}$$

式中，c_1 是 $X(v)H\left(\frac{z}{v}\right)v^{-1}$ 在 v 平面收敛域中任一条环绕原点的逆时针方向的闭合曲线。

确定 $Y(z)$ 在 z 平面中的收敛域和 $H\left(\frac{z}{v}\right)X(v)v^{-1}$ 在 v 平面的收敛域。注意到 $X(z)$ 的收敛域为 $R_{x-} < |z| < R_{x+}$，$H(z)$ 的收敛域为 $R_{h-} < |z| < R_{h+}$，因此 $X\left(\frac{z}{v}\right)$ 和 $H(v)$ 的收敛域分别为

$$R_{x-} < \left|\frac{z}{v}\right| < R_{x+} \tag{4.3-14}$$

$$R_{h-} < |v| < R_{h+} \tag{4.3-15}$$

联立式(4.3-14)和式(4.3-15)，得 $Y(z)$ 在 z 平面上的收敛域为

$$R_{x-}R_{h-} < |z| < R_{x+}R_{h+} \tag{4.3-16}$$

将式(4.3-14)写成倒数的形式，得

$$\frac{1}{R_{x+}} < \left|\frac{v}{z}\right| < \frac{1}{R_{x-}}$$

或

$$\frac{|z|}{R_{x+}} < |v| < \frac{|z|}{R_{x-}} \tag{4.3-17}$$

由式(4.3-15)和式(4.3-17)可得到 $X\left(\frac{z}{v}\right)H(v)v^{-1}$在 v 平面收敛域为

$$\max\left[\frac{|z|}{R_{x+}},\ R_{h-}\right] < |v| < \min\left[\frac{|z|}{R_{x-}},\ R_{h+}\right] \tag{4.3-18}$$

如果 $x(n)$和 $h(n)$都是因果序列，则有 $R_{x+}=R_{h+}=\infty$，因此得到

$$R_{h-} < |v| < \frac{|z|}{R_{x-}} \tag{4.3-19}$$

在 $Y(z) = \mathrm{ZT}[x(n)h(n)] = \frac{1}{2\pi \mathrm{j}}\oint_{c_1} X(v)H\left(\frac{z}{v}\right)v^{-1}\mathrm{d}v$ 中，令 $v=\rho \mathrm{e}^{\mathrm{j}\theta}$，$z=r\mathrm{e}^{\mathrm{j}\varphi}$，积分围线取为一个圆周，于是得到

$$Y(r\mathrm{e}^{\mathrm{j}\varphi}) = \frac{1}{2\pi}\int_{-\pi}^{\pi} X(\rho \mathrm{e}^{\mathrm{j}\theta})H\left(\frac{r}{\rho}\mathrm{e}^{\mathrm{j}(\varphi-\theta)}\right)\mathrm{d}\theta \tag{4.3-20}$$

若把 φ 看作变量，把 θ 看作哑变量，则式(4.3-20)在形式上与卷积积分类似。

例 4-10 设 $x(n)=a^n u(n)$，$y(n)=b^n u(n)$，相应的 z 变换为

$$X(z)=\frac{1}{1-az^{-1}},\ |a|<|z|\leqslant\infty$$

$$Y(z)=\frac{1}{1-bz^{-1}},\ |b|<|z|\leqslant\infty$$

求 $\omega(n)=x(n)y(n)$的 z 变换。

解：应用式(4.3-10)得

$$\omega(z) = \frac{1}{2\pi \mathrm{j}}\oint_{c_1}\frac{1}{1-a\left(\frac{z}{v}\right)^{-1}}\frac{v^{-1}}{1-bv^{-1}}\mathrm{d}v = \frac{1}{2\pi \mathrm{j}}\oint_{c_1}\frac{-\frac{z}{a}}{\left(v-\frac{z}{a}\right)(v-b)}\mathrm{d}v$$

在 v 平面中，被积函数有两个极点 $v_1=b$ 和 $v_2=\frac{z}{a}$。由于 $x(n)$和 $y(n)$都是因果序列，所以由式(4.3-19)确定的 v 平面的收敛域为

$$|b| < |v| < \left|\frac{z}{a}\right|$$

如图 4-9 所示。因为只有极点 $v_1=b$ 在围线 c_1 之内，所以应用上面的结论得

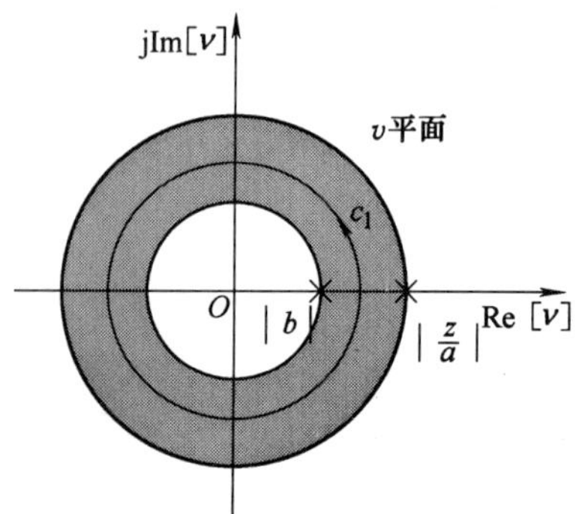

图 4-9 例 4-10 图

$$\omega(z)=\mathrm{Res}\left[X\left(\frac{z}{v}\right)Y(v)v^{-1},\ b\right]=\left[\frac{-\frac{z}{a}}{v-\frac{z}{a}}\right]_{v=b}=\frac{1}{1-abz^{-1}}$$

4.3.11 帕塞瓦尔定理

设

$$H(z)=\mathrm{ZT}[h(n)],\ R_{h-}<|z|<R_{h+}$$

$$X(z)=\mathrm{ZT}[x(n)],\ R_{x-}<|z|<R_{x+}$$

且 $R_{x-}R_{h-}<1<R_{x+}R_{h+}$，则

$$\sum_{n=-\infty}^{\infty}x(n)h^{*}(n)=\frac{1}{2\pi\mathrm{j}}\oint_{c}X(v)H^{*}\left(\frac{1}{v^{*}}\right)v^{-1}\mathrm{d}v \tag{4.3-21}$$

式中，c 是 $x(v)H^{*}\left(\frac{1}{v^{*}}\right)$收敛域中环绕原点的反时针方向的围线，$*$ 表示复共轭。在 v 平面的收敛域由下式确定：

$$\max\left[\frac{1}{R_{h+}},\ R_{x-}\right]<|v|<\min\left[\frac{1}{R_{h-}},\ R_{x+}\right] \tag{4.3-22}$$

证明：设 $y(n)=x(n)h^{*}(n)$，应用序列的复共轭和复卷积定理得

$$Y(z)=\frac{1}{2\pi\mathrm{j}}\oint_{c}X(v)H^{*}\left(\frac{z^{*}}{v^{*}}\right)v^{-1}\mathrm{d}v,\ R_{x-}R_{h-}<|z|<R_{x+}R_{h+}$$

因为已假设 $X(z)$和 $H(z)$的公共收敛域包含单位圆，即 $R_{x-}R_{h-}<1<R_{x+}R_{h+}$，所以 $Y(z)$在单位圆上收敛，于是有

$$Y(z)|_{z=1}=\frac{1}{2\pi\mathrm{j}}\oint_{c}X(v)H^{*}\left(\frac{1}{v^{*}}\right)v^{-1}\mathrm{d}v$$

又因为 $Y(z)|_{z=1}=\sum_{n=-\infty}^{\infty}x(n)h^{*}(n)z^{-n}=\sum_{n=-\infty}^{\infty}x(n)h^{*}(n)$，所以得到

$$\sum_{n=-\infty}^{\infty}x(n)h^{*}(n)=\frac{1}{2\pi\mathrm{j}}\oint_{c}X(v)H^{*}\left(\frac{1}{v^{*}}\right)v^{-1}\mathrm{d}v$$

如果 $X(z)$和 $H(z)$在单位圆上收敛，则将围线 c 选为单位圆，且令 $v=\mathrm{e}^{\mathrm{j}\omega}$，于是得

$$\sum_{n=-\infty}^{\infty}x(n)h^{*}(n)=\frac{1}{2\pi}\int_{-\pi}^{\pi}X(\mathrm{e}^{\mathrm{j}\omega})Y^{*}(\mathrm{e}^{\mathrm{j}\omega})\mathrm{d}\omega \tag{4.3-23}$$

特别在 $x(n)=h(n)$时，有

$$\sum_{n=-\infty}^{\infty}|x(n)|^{2}=\frac{1}{2\pi}\int_{-\pi}^{\pi}|X(\mathrm{e}^{\mathrm{j}\omega})|^{2}\mathrm{d}\omega \tag{4.3-24}$$

这就是帕塞瓦尔（Parseval）定理。式（4.3-24）的等号左边表示时间信号的能量，等号右边表示信号频谱的能量，因此帕塞瓦尔定理的物理意义是：在时域中计算得到的序列能量与在频域中计算得到的频谱能量相等。

z 变换的一些基本性质列于表 4-2。

表 4-2　z 变换的基本性质

序列	z 变换	收敛域
$ax(n)+by(n)$	$aX(z)+bY(z)$	$\max(R_{x-},R_{y-})<\lvert z\rvert<\min(R_{x+},R_{y+})$
$x(n-m)$	$z^{-m}X(z)$	$R_{x-}<\lvert z\rvert<R_{x+}$
$a^n x(n)$	$X(a^{-1}z)$	$\lvert a\rvert R_{x-}<\lvert z\rvert<\lvert a\rvert R_{x+}$
$x(-n)$	$X\left(\frac{1}{z}\right)$	$\frac{1}{R_{x+}}<\lvert z\rvert<\frac{1}{R_{x-}}$
$x^*(n)$	$X^*(z^*)$	$R_{x-}<\lvert z\rvert<R_{x+}$
$nx(n)$	$-z\frac{\mathrm{d}}{\mathrm{d}z}X(z)$	$R_{x-}<\lvert z\rvert<R_{x+}$
$\mathrm{Re}[x(n)]$	$\frac{1}{2}[X(z)+X^*(z^*)]$	$R_{x-}<\lvert z\rvert<R_{x+}$
$\mathrm{Im}[x(n)]$	$\frac{1}{2\mathrm{j}}[X(z)-X^*(z^*)]$	$R_{x-}<\lvert z\rvert<R_{x+}$
$x(n)*h(n)$	$X(z)H(z)$	$\max[R_{x-},R_{h-}]<\lvert z\rvert<\min[R_{x+},R_{h+}]$
$x(n)h(n)$	$\frac{1}{2\pi\mathrm{j}}\oint_c X(v)H\left(\frac{z}{v}\right)v^{-1}\mathrm{d}v$	$R_{x-}R_{h-}<\lvert z\rvert<R_{x+}R_{h+}$
$x(0)=\lim\limits_{z\to\infty}X(z)$		$x(n)$ 为因果序列，$\lvert z\rvert>R_{x-}$
$\lim\limits_{n\to\infty}x(n)=\lim\limits_{z\to1}[(z-1)X(z)]$		$x(n)$ 为因果序列，$(z-1)X(z)$ 的极点都在单位圆内
$\sum\limits_{n=-\infty}^{\infty}x(n)h^*(n)=\frac{1}{2\pi\mathrm{j}}\oint_c X(v)H^*\left(\frac{1}{v^*}\right)v^{-1}\mathrm{d}v$		$R_{x-}R_{h-}<\lvert z\rvert<R_{x+}R_{h+}$

4.4　序列 z 变换与时域连续信号拉普拉斯变换、傅里叶变换的关系

4.4.1　z 变换与拉普拉斯变换的关系

为了了解时域连续信号 $x_a(t)$ 的拉普拉斯变换 $X_a(s)$ 与时域离散信号 $x(n)$ 的 z 变换之间的关系，我们进行如下的分析。

1. 时域连续信号和理想采样信号拉普拉斯变换之间的关系

理想采样信号表示为

$$\hat{x}_a(t)=x_a(t)p(t)=\sum_{n=-\infty}^{\infty}x_a(t)\delta(t-nT) \tag{4.4-1}$$

式中，$p(t)$ 为单位冲激串，$p(t)=\sum\limits_{n=-\infty}^{\infty}\delta(t-nT)$，$T$ 为采样间隔。这样，理想采样信号的拉普拉斯变换表示为

$$\hat{X}_a(s) = \mathscr{L}[\hat{x}_a(t)] = \int_{-\infty}^{\infty} \hat{x}_a(t)e^{-st}dt = \int_{-\infty}^{\infty} x_a(t)p(t)e^{-st}dt \tag{4.4-2}$$

由于$p(t)$为时域连续的周期信号，其傅里叶级数展开式为$p(t) = \frac{1}{T}\sum_{r=-\infty}^{\infty} e^{jr\Omega_s t}$，$\Omega_s = \frac{2\pi}{T}$为基波角频率。将$p(t)$代入上式，并改变积分与求和的次序，得

$$\hat{X}_a(s) = \frac{1}{T}\sum_{r=-\infty}^{\infty}\int_{-\infty}^{\infty} x_a(t)e^{-(s-jr\Omega_s)t}dt \tag{4.4-3}$$

因此

$$\hat{X}_a(s) = \frac{1}{T}\sum_{r=-\infty}^{\infty} X_a(s - jr\Omega_s) \tag{4.4-4}$$

式(4.4-4)表明，时域连续信号$x_a(t)$经理想采样得到的采样信号$\hat{x}_a(t)$的拉普拉斯变换，是时域连续信号$x_a(t)$的拉普拉斯变换在s平面上沿虚轴的周期延拓，即当$\hat{X}_a(s)$沿平行于$j\Omega$轴的路径求值时，将以Ω_s为周期重复出现。

2. 采样信号的拉普拉斯变换与离散信号的z变换之间的关系

对式(4.4-1)两边求拉普拉斯变换，得

$$\begin{aligned}\hat{X}_a(s) &= \int_{-\infty}^{\infty}\left[\sum_{n=-\infty}^{\infty} x_a(nT)\delta(t-nT)\right]e^{-st}dt = \sum_{n=-\infty}^{\infty}\int_{-\infty}^{\infty} x_a(nT)e^{-st}\delta(t-nT)dt \\ &= \sum_{n=-\infty}^{\infty} x_a(nT)e^{-nTs} = \sum_{n=-\infty}^{\infty} x_a(nT)(e^{sT})^{-n}\end{aligned} \tag{4.4-5}$$

序列$x(n)$的z变换为$X(z) = \sum_{n=-\infty}^{\infty} x(n)z^{-n}$，考虑到$x(n) = x_a(nT)$，显然，当$z = e^{sT}$时，序列$x(n)$的$z$变换就等于理想采样信号的拉普拉斯变换，即

$$X(z)|_{z=e^{sT}} = X(e^{sT}) = \hat{X}_a(s) \tag{4.4-6}$$

若令$s = \sigma + j\Omega$，$z = re^{j\omega}$，则由$z = e^{sT}$得到$re^{j\omega} = e^{(\sigma+j\Omega)T} = e^{\sigma T}e^{j\Omega T}$，因此

$$r = e^{\sigma T} \tag{4.4-7}$$

$$\omega = \Omega T \tag{4.4-8}$$

根据式（4.4-7），当$\sigma = 0$时，有$r = 1$，即s平面中的$j\Omega$轴映射到z平面中的单位圆上；当$\sigma < 0$时，有$r < 1$，即s平面的左半平面映射到z平面的单位圆内部；当$\sigma > 0$时，有$r > 1$，即s平面的右半平面映射到z平面的单位圆外部。

根据式（4.4-8），$\omega = \Omega T = \frac{\Omega}{f_s}$，表示数字域频率是模拟角频率对采样频率的归一化频率。当$\Omega = -\frac{\pi}{T}$时，有$\omega = -\frac{\pi}{T}T = -\pi$；当$\Omega = 0$时，有$\omega = 0$；当$\Omega = \frac{\pi}{T}$时，有$\omega = \frac{\pi}{T}T = \pi$。因此，当$\Omega$从$-\frac{\pi}{T}$增加到$+\frac{\pi}{T}$时，$\omega$则由$-\pi$增加到$+\pi$，即辐角旋转一周，或将整个$z$平面映射一次。这样，当$\Omega$再增加$\frac{2\pi}{T}$（一个采样频率）时，则$\omega$相应地又增加$2\pi$，即辐角再次旋转一周，或将整个$z$平面又映射一次。因此，$s$平面上宽度为$\frac{2\pi}{T}$的水平带映射到整个

z 平面，左半带映射到单位圆内部，右半带映射到单位圆外部，长度为$\dfrac{2\pi}{T}$的虚轴映射成单位圆周。由于 s 平面可被分成无限条宽度为$\dfrac{2\pi}{T}$的水平带，所以 s 平面可映射到 z 平面无限多次。由于这些 z 平面重叠在一起，因此这种映射不是简单的一一映射关系。图 4-10 描述了这种映射关系。

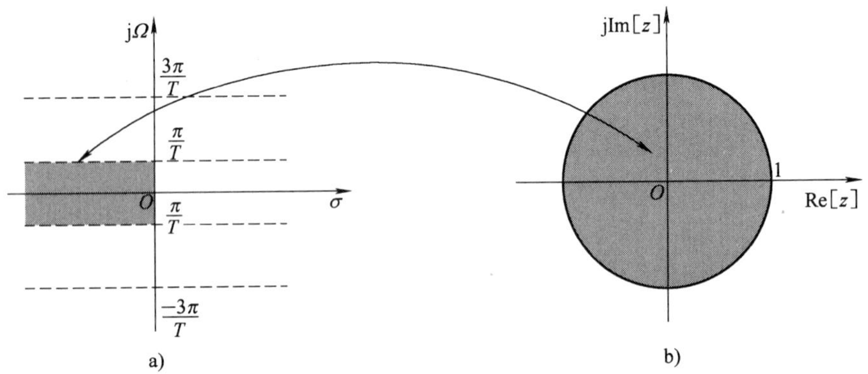

图 4-10　s 平面到 z 平面的映射关系

a) s 平面　b) z 平面

最后，由式（4.4-4）和式（4.4-6）得到

$$X(z)\big|_{z=e^{sT}}=\frac{1}{T}\sum_{r=-\infty}^{+\infty}X_a(s-\mathrm{j}\Omega_s r)=\frac{1}{T}\sum_{r=-\infty}^{\infty}X_a\left(s-\mathrm{j}\frac{2\pi}{T}r\right) \tag{4.4-9}$$

从上式看出，由映射 $z=e^{sT}$确定的不是 $X_a(s)$ 本身直接与 $X(z)$ 的关系，而是 $X_a(s)$ 的周期延拓与 $X(z)$ 的关系。这种非直接关系将给设计 IIR 数字滤波器的冲激响应不变法带来不利影响，详细介绍在第 10 章。

4.4.2　z 变换和傅里叶变换的关系

时域连续信号经理想采样后，其频谱产生周期延拓，即

$$\hat{X}_a(\mathrm{j}\Omega)=\frac{1}{T}\sum_{r=-\infty}^{\infty}X_a\left(\mathrm{j}\Omega-\mathrm{j}r\frac{2\pi}{T}\right) \tag{4.4-10}$$

已知傅里叶变换是拉普拉斯变换在虚轴 $s=\mathrm{j}\Omega$ 上的特例，因而映射到 z 平面上为单位圆，即

$$X(z)\big|_{z=e^{\mathrm{j}\Omega T}}=X(e^{\mathrm{j}\Omega T})=\hat{X}_a(\mathrm{j}\Omega) \tag{4.4-11}$$

这就是说，序列在单位圆上的 z 变换，就等于理想采样信号的傅里叶变换。$z=e^{\mathrm{j}\omega}$用数字频率 ω 作为 z 平面单位圆的参数，ω 表示 z 平面的辐角，且 $\omega=\Omega T$。

考虑到 $\omega=\Omega T$，则

$$X(z)\big|_{z=e^{\mathrm{j}\omega}}=X(e^{\mathrm{j}\omega})=\hat{X}_a(\mathrm{j}\Omega) \tag{4.4-12}$$

又因为式（4.4-10），得

$$X(z)\big|_{z=e^{j\omega}} = X(e^{j\omega}) = \frac{1}{T}\sum_{r=-\infty}^{\infty} X_a\left(j\,\frac{\omega-2r\pi}{T}\right) \tag{4.4-13}$$

由式（4.4-13）可看出，序列在单位圆上的 z 变换为序列傅里叶变换，序列傅里叶变换是时域连续信号傅里叶变换 $X_a(j\Omega)$ 以周期 $\Omega_s=2\pi/T$ 进行的周期延拓，4.5 节将详细介绍序列的傅里叶变换。

4.5 时域离散信号的傅里叶变换

时域离散信号的傅里叶变换，即序列傅里叶变换，在分析序列的频谱，研究时域离散系统的频域特性等方面都是重要的工具。序列傅里叶变换是单位圆上的 z 变换，即 $X(e^{j\omega})=X(z)\big|_{z=e^{j\omega}}$，在 $e^{j\omega n}$的完备正交函数集上对序列作正交展开。

4.5.1 序列傅里叶变换的定义

序列 $x(n)$的傅里叶变换定义为

$$X(e^{j\omega}) = \sum_{n=-\infty}^{\infty} x(n)e^{-j\omega n} \tag{4.5-1}$$

可以用 FT(Fourier Transform) 缩写字母表示。

为求 FT 的反变换，用 $e^{j\omega n}$乘以（4.5-1）等式的两边，并在 $-\pi\sim\pi$ 内对 ω 进行积分，得到

$$\begin{aligned}\int_{-\pi}^{\pi} X(e^{j\omega})e^{j\omega m}d\omega &= \int_{-\pi}^{\pi}\left[\sum_{n=-\infty}^{\infty} x(n)e^{-j\omega n}\right]e^{j\omega m}d\omega \\ &= \sum_{n=-\infty}^{\infty} x(n)\int_{-\pi}^{\pi} e^{j\omega(m-n)}d\omega\end{aligned}$$

式中

$$\int_{-\pi}^{\pi} e^{j\omega(m-n)}d\omega = 2\pi\delta(n-m) \tag{4.5-2}$$

因此

$$x(n) = \frac{1}{2\pi}\int_{-\pi}^{\pi} X(e^{j\omega})e^{j\omega n}d\omega \tag{4.5-3}$$

上式即是 FT 的反变换。式（4.5-1）和式（4.5-3）组成一对傅里叶变换公式。在物理意义上，$X(e^{j\omega})$ 表示 $x(n)$ 的频谱密度，简称频谱，ω 为数字域频率。$X(e^{j\omega})$ 一般为复数，可用实部和虚部表示为

$$X(e^{j\omega}) = X_R(e^{j\omega}) + jX_I(e^{j\omega}) \tag{4.5-4}$$

或用幅度和相位表示为

$$X(e^{j\omega}) = |X(e^{j\omega})|e^{j\arg[X(e^{j\omega})]} = X(\omega)e^{j\varphi(\omega)} \tag{4.5-5}$$

其中

$$X(\omega) = |X(e^{j\omega})| = [X_R^2(e^{j\omega}) + X_I^2(e^{j\omega})]^{\frac{1}{2}} \tag{4.5-6}$$

$$\varphi(\omega) = \arg[X(e^{j\omega})] = \text{arctg}\,\frac{X_I(e^{j\omega})}{X_R(e^{j\omega})} \tag{4.5-7}$$

例 4-11 求信号 $x(n)=R_4(n)$的傅里叶变换。

解：

$$X(\mathrm{e}^{\mathrm{j}\omega}) = \sum_{n=0}^{\infty} R_4(n)\mathrm{e}^{-\mathrm{j}\omega n} = \sum_{n=0}^{3} \mathrm{e}^{-\mathrm{j}\omega n} = \frac{1-\mathrm{e}^{-\mathrm{j}4\omega}}{1-\mathrm{e}^{-\mathrm{j}\omega}} = \frac{\mathrm{e}^{-\mathrm{j}2\omega}(\mathrm{e}^{\mathrm{j}2\omega}-\mathrm{e}^{-\mathrm{j}2\omega})}{\mathrm{e}^{-\mathrm{j}\omega/2}(\mathrm{e}^{\mathrm{j}\omega/2}-\mathrm{e}^{-\mathrm{j}\omega/2})} = \mathrm{e}^{-\mathrm{j}3\omega/2}\frac{\sin(2\omega)}{\sin\left(\frac{\omega}{2}\right)}$$

$$|X(\mathrm{e}^{\mathrm{j}\omega})| = \left|\frac{\sin(2\omega)}{\sin\left(\frac{\omega}{2}\right)}\right| \qquad \arg[X(\mathrm{e}^{\mathrm{j}\omega})] = \begin{cases} -\frac{3}{2}\omega, & \frac{\sin(2\omega)}{\sin\left(\frac{\omega}{2}\right)} \geqslant 0 \\ \pi-\frac{3}{2}\omega, & \frac{\sin(2\omega)}{\sin\left(\frac{\omega}{2}\right)} < 0 \end{cases}$$

序列 $x(n)$ 以及 $x(n)$ 的幅度特性 $|X(\mathrm{e}^{\mathrm{j}\omega})|$ 和相位特性 $\arg[X(\mathrm{e}^{\mathrm{j}\omega})]$ 如图 4-11 所示。

序列傅里叶变换具有以下两个特点：

1）$X(\mathrm{e}^{\mathrm{j}\omega})$ 是以 2π 为周期的 ω 的连续函数。这是因为 $\mathrm{e}^{\mathrm{j}(\omega+2\pi)n}=\mathrm{e}^{\mathrm{j}\omega n}$，所以从式(4.5-1)可得出 $X(\mathrm{e}^{\mathrm{j}(\omega+2\pi)})=X(\mathrm{e}^{\mathrm{j}\omega})$。

2）当 $x(n)$ 为实序列时，$X(\mathrm{e}^{\mathrm{j}\omega})$ 的幅值 $|X(\mathrm{e}^{\mathrm{j}\omega})|$ 在 $0\leqslant\omega\leqslant 2\pi$ 区间内是偶对称函数，相位 $\arg[X(\mathrm{e}^{\mathrm{j}\omega})]$ 是奇对称函数。

序列的傅里叶变换与时域连续信号的傅里叶变换之间的区别在于，前者是以 2π 为周期的 ω 的连续函数，而后者是角频率 Ω 的非周期连续函数。值得注意的是，式（4.5-1）中右边的级数并不总是收敛的，或者说并不是任何序列 $x(n)$ 的傅里叶变换都是存在的。只有当序列 $x(n)$ 满足绝对可和条件，即

$$\sum_{-\infty}^{\infty} |x(n)| < \infty \tag{4.5-8}$$

式（4.5-1）中右边的级数才是绝对收敛的，或序列 $x(n)$ 的傅里叶变换才存在。$x(n)$ 绝对可和只是一个充分条件，像 $u(n)$、a^n 和 $\mathrm{e}^{\mathrm{j}\omega n}$ 这一类序列，都不是绝对可和的，它们的傅里叶变换存在，但无法用（4.5-1）式求解。如果引入奇异信号的概念，那么这类不绝对可和序列的傅里叶变换问题也迎刃而解。

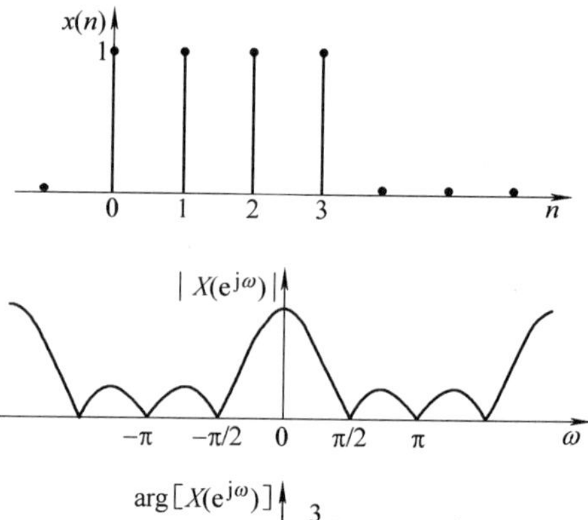

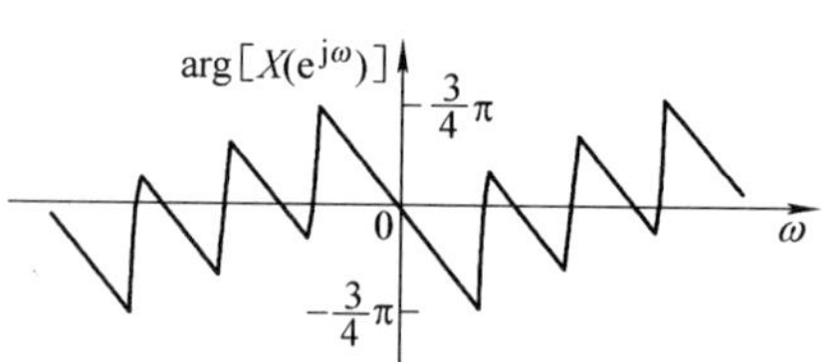

图 4-11　例 4-11 的信号及信号的幅度和相位曲线

4.5.2　序列傅里叶变换的性质

因为序列的傅里叶变换是单位圆上的 z 变换，即［BF］$X(\mathrm{e}^{\mathrm{j}\omega})=X(z)|_{z=\mathrm{e}^{\mathrm{j}\omega}}$，所以序列傅里叶变换的主要性质皆可由 z 变换的主要性质得出，归纳如下：

1. 序列傅里叶变换的线性

设 $X_1(\mathrm{e}^{\mathrm{j}\omega})=\mathrm{FT}[x_1(n)]$，$X_2(\mathrm{e}^{\mathrm{j}\omega})=\mathrm{FT}[x_2(n)]$，则

$$\mathrm{FT}[ax_1(n)+bx_2(n)] = aX_1(\mathrm{e}^{\mathrm{j}\omega})+bX_2(\mathrm{e}^{\mathrm{j}\omega}) \tag{4.5-9}$$

2. 序列的移位

设 $FT[x(n)]=X(e^{j\omega})$，则

$$FT[x(n-n_0)]=e^{-j\omega n_0}X(e^{j\omega}) \tag{4.5-10}$$

3. 序列的调制

设 $FT[x(n)]=X(e^{j\omega})$，则

$$FT[e^{j\omega_0 n}x(n)]=X(e^{j(\omega-\omega_0)}) \tag{4.5-11}$$

4. 序列的反转

设 $FT[x(n)]=X(e^{j\omega})$，则

$$FT[x(-n)]=X(e^{-j\omega}) \tag{4.5-12}$$

5. 序列乘以 *n*

设 $FT[x(n)]=X(e^{j\omega})$，则

$$FT[nx(n)]=j\frac{dX(e^{j\omega})}{d\omega} \tag{4.5-13}$$

6. 序列的复共轭

设 $FT[x(n)]=X(e^{j\omega})$，则

$$FT[x^*(n)]=X^*(e^{-j\omega}) \tag{4.5-14}$$

$$FT[x^*(-n)]=X^*(e^{j\omega}) \tag{4.5-15}$$

以上性质请读者自己证明(见习题8)。

7. 序列的卷积

设 $FT[x(n)]=X(e^{j\omega})$，$FT[y(n)]=Y(e^{j\omega})$，$\omega(n)=x(n)*y(n)$，则

$$W(e^{j\omega})=FT[x(n)*y(n)]=X(e^{j\omega})Y(e^{j\omega}) \tag{4.5-16}$$

证明：
$$W(e^{j\omega}) = FT[x(n)*y(n)] = \sum_{n=-\infty}^{+\infty}[x(n)*y(n)]e^{-j\omega n}$$
$$= \sum_{n=-\infty}^{+\infty}\sum_{k=-\infty}^{+\infty}x(k)y(n-k)e^{-j\omega n}$$
$$= \sum_{k=-\infty}^{+\infty}x(k)\sum_{n=-\infty}^{+\infty}y(n-k)e^{-j\omega n}$$

令 $n-k=m$，得

$$W(e^{j\omega}) = \sum_{k=-\infty}^{+\infty}x(k)e^{-j\omega k}\sum_{m=-\infty}^{+\infty}y(m)e^{-j\omega m} = X(e^{j\omega})Y(e^{j\omega})$$

8. 序列相乘

设 $FT[x(n)]=X(e^{j\omega})$，$FT[y(n)]=Y(e^{j\omega})$，$\omega(n)=x(n)y(n)$，则

$$W(e^{j\omega}) = \frac{1}{2\pi}X(e^{j\omega})*Y(e^{j\omega}) = \frac{1}{2\pi}\int_{-\pi}^{\pi}X(e^{j\theta})Y(e^{j(\omega-\theta)})d\theta \tag{4.5-17}$$

证明：
$$W(e^{j\omega}) = FT[x(n)y(n)] = \sum_{n=-\infty}^{+\infty}x(n)y(n)e^{-j\omega n}$$
$$= \sum_{n=-\infty}^{+\infty}\frac{1}{2\pi}\int_{-\pi}^{\pi}X(e^{j\theta})e^{j\theta n}d\theta y(n)e^{-j\omega n}$$
$$= \frac{1}{2\pi}\int_{-\pi}^{\pi}X(e^{j\theta})d\theta\sum_{n=-\infty}^{+\infty}y(n)e^{-j(\omega-\theta)n}$$
$$= \frac{1}{2\pi}\int_{-\pi}^{\pi}X(e^{j\theta})Y(e^{j(\omega-\theta)})d\theta$$

9. 序列傅里叶变换的对称性

序列的傅里叶变换有许多很有用的对称性质。为介绍这些性质，首先定义两个对称序列：共轭对称序列 $x_e(n)$，定义为

$$x_e(n)=x_e^*(-n) \tag{4.5-18}$$

共轭反对称序列 $x_o(n)$，定义为

$$x_o(n)=-x_o^*(-n) \tag{4.5-19}$$

下面分析共轭对称序列和共轭反对称序列的对称关系，设序列

$$x_e(n)=x_{er}(n)+\mathrm{j}x_{ei}(n) \tag{4.5-20}$$

式中，$x_{er}(n)$和 $x_{ei}(n)$分别表示共轭对称序列的实部和虚部。对其两边取共轭，则

$$x_e^*(n)=x_{er}(n)-\mathrm{j}x_{ei}(n) \tag{4.5-21}$$

再将 $-n$ 代入，则

$$x_e^*(-n)=x_{er}(-n)-\mathrm{j}x_{ei}(-n) \tag{4.5-22}$$

根据定义，得

$$x_{er}(n)=x_{er}(-n),\ x_{ei}(n)=-x_{ei}(-n) \tag{4.5-23}$$

这说明共轭对称序列的实部是偶对称序列（偶序列），而虚部是奇对称序列（奇序列）。特殊地，如果是实序列，共轭对称序列就是偶对称序列。

对共轭反对称序列，同理可得

$$x_{or}(n)=-x_{or}(-n),\ x_{oi}(n)=x_{oi}(-n) \tag{4.5-24}$$

这说明共轭反对称序列的实部是奇对称序列（奇序列），而虚部是偶对称序列（偶序列）。特殊地，如是实序列，共轭反对称序列就是奇对称序列。

任一序列可表示为共轭对称序列与共轭反对称序列之和，即

$$x(n)=x_e(n)+x_o(n) \tag{4.5-25}$$

对 $x(n)$反转后再取共轭得

$$x^*(-n)=x_e^*(-n)+x_o^*(-n)=x_e(n)-x_o(n) \tag{4.5-26}$$

联立(4.5-25)和(4.5-26)，可得

$$x_e(n)=\frac{1}{2}[x(n)+x^*(-n)],\ x_o(n)=\frac{1}{2}[x(n)-x^*(-n)] \tag{4.5-27}$$

序列傅里叶变换也可表示为共轭对称分量与共轭反对称分量之和，即

$$X(\mathrm{e}^{\mathrm{j}\omega})=X_e(\mathrm{e}^{\mathrm{j}\omega})+X_o(\mathrm{e}^{\mathrm{j}\omega}) \tag{4.5-28}$$

其中

$$X_e(\mathrm{e}^{\mathrm{j}\omega})=\frac{1}{2}[X(\mathrm{e}^{\mathrm{j}\omega})+X^*(\mathrm{e}^{-\mathrm{j}\omega})] \tag{4.5-29}$$

$$X_o(\mathrm{e}^{\mathrm{j}\omega})=\frac{1}{2}[X(\mathrm{e}^{\mathrm{j}\omega})-X^*(\mathrm{e}^{-\mathrm{j}\omega})] \tag{4.5-30}$$

下面讨论序列实、虚部傅里叶变换与傅里叶变换共轭对称分量和共轭反对称分量的关系：

（1）序列实部的傅里叶变换等于其傅里叶变换的共轭对称分量，即

$$\mathrm{FT}\{\mathrm{Re}[x(n)]\}=X_e(\mathrm{e}^{\mathrm{j}\omega}) \tag{4.5-31}$$

证明：因为 $\mathrm{Re}[x(n)]=\frac{1}{2}[x(n)+x^*(n)]$

所以 $$\mathrm{FT}\{\mathrm{Re}[x(n)]\}=\frac{1}{2}[X(\mathrm{e}^{\mathrm{j}\omega})+X^*(\mathrm{e}^{-\mathrm{j}\omega})]=X_e(\mathrm{e}^{\mathrm{j}\omega})$$

（2）序列虚部的傅里叶变换等于其傅里叶变换的共轭反对称分量，即

$$\mathrm{FT}\{\mathrm{jIm}[x(n)]\}=X_o(\mathrm{e}^{\mathrm{j}\omega}) \tag{4.5-32}$$

证明：因为 $$\mathrm{jIm}[x(n)]=\frac{1}{2}[x(n)-x^*(n)]$$

所以 $$\mathrm{FT}\{\mathrm{jIm}[x(n)]\}=\frac{1}{2}[X(\mathrm{e}^{\mathrm{j}\omega})-X^*(\mathrm{e}^{-\mathrm{j}\omega})]=X_o(\mathrm{e}^{\mathrm{j}\omega})$$

序列共轭对称分量、共轭反对称分量的傅里叶变换与其傅里叶变换实、虚部的关系：

（1）序列共轭对称分量的傅里叶变换等于其傅里叶变换的实部，即

$$\mathrm{FT}[x_e(n)]=X_R(\mathrm{e}^{\mathrm{j}\omega}) \tag{4.5-33}$$

证明：因为 $$x_e(n)=\frac{1}{2}[x(n)+x^*(-n)]$$

所以 $$\mathrm{FT}[x_e(n)]=\frac{1}{2}[X(\mathrm{e}^{\mathrm{j}\omega})+X^*(\mathrm{e}^{\mathrm{j}\omega})]=X_R(\mathrm{e}^{\mathrm{j}\omega})$$

（2）序列共轭反对称分量的傅里叶变换等于其傅里叶变换的虚部再乘以 j，即

$$\mathrm{FT}[x_o(n)]=\mathrm{j}X_I(\mathrm{e}^{\mathrm{j}\omega}) \tag{4.5-34}$$

证明：因为 $x_o(n)=\frac{1}{2}[x(n)-x^*(-n)]$

所以

$$\mathrm{FT}[x_o(n)]=\frac{1}{2}[X(\mathrm{e}^{\mathrm{j}\omega})-X^*(\mathrm{e}^{\mathrm{j}\omega})]=\frac{1}{2}[X_R(\mathrm{e}^{\mathrm{j}\omega})+\mathrm{j}X_I(\mathrm{e}^{\mathrm{j}\omega})-X_R(\mathrm{e}^{\mathrm{j}\omega})+\mathrm{j}X_I(\mathrm{e}^{\mathrm{j}\omega})]$$

$$=\mathrm{j}X_I(\mathrm{e}^{\mathrm{j}\omega})$$

序列傅里叶变换的对称性有以下两个基本性质：

（1）如果 $X(\mathrm{e}^{\mathrm{j}\omega})=\mathrm{FT}[x(n)]$，则有

$$X^*(\mathrm{e}^{-\mathrm{j}\omega})=\mathrm{FT}[x^*(n)] \tag{4.5-35}$$

证明：

$$\mathrm{FT}[x^*(n)]=\sum_{n=-\infty}^{\infty}x^*(n)\mathrm{e}^{-\mathrm{j}\omega n}=\sum_{n=-\infty}^{\infty}[x(n)\mathrm{e}^{\mathrm{j}\omega n}]^*=\left(\sum_{n=-\infty}^{\infty}[x(n)\mathrm{e}^{\mathrm{j}\omega n}]\right)^*=X^*(\mathrm{e}^{-\mathrm{j}\omega})$$

（2）如果 $X(\mathrm{e}^{\mathrm{j}\omega})=\mathrm{FT}[x(n)]$，则有

$$X^*(\mathrm{e}^{\mathrm{j}\omega})=\mathrm{FT}[x^*(-n)] \tag{4.5-36}$$

证明：

$$\mathrm{FT}[x^*(-n)]=\sum_{n=-\infty}^{\infty}x^*(-n)\mathrm{e}^{-\mathrm{j}\omega n}=\sum_{n=-\infty}^{\infty}x^*(n)\mathrm{e}^{\mathrm{j}\omega n}=\sum_{n=-\infty}^{\infty}[x(n)\mathrm{e}^{-\mathrm{j}\omega n}]^*=X^*(\mathrm{e}^{\mathrm{j}\omega})$$

特殊地，序列 $x(n)=x_e(n)+x_o(n)$ 为实序列的情况：

1）$x_e(n)$ 为偶序列、偶对称序列、偶函数；$x_o(n)$ 为奇序列、奇对称序列、奇函数。

2）$x_e(n)=\frac{1}{2}[x(n)+x(-n)]$，$x_o(n)=\frac{1}{2}[x(n)-x(-n)]$。

3）$X(e^{j\omega})=X^*(e^{-j\omega})$。

4）$FT[x(-n)]=X^*(e^{j\omega})$，即序列反转后的傅里叶变换等于其傅里叶变换的共轭。

5）实序列傅里叶变换的实部是关于 ω 的偶函数，即

$$\mathrm{Re}[X(e^{j\omega})]=\mathrm{Re}[X^*(e^{-j\omega})]=\mathrm{Re}[X(e^{-j\omega})]$$

实序列傅里叶变换的虚部是关于 ω 的奇函数，即

$$\mathrm{Im}[X(e^{j\omega})]=\mathrm{Im}[X^*(e^{-j\omega})]=-\mathrm{Im}[X(e^{-j\omega})]$$

6）实序列傅里叶变换的模是关于 ω 的偶函数，即

$$|X(e^{j\omega})|=|X^*(e^{-j\omega})|=|X(e^{-j\omega})|$$

其幅角是关于 ω 的奇函数，即

$$\begin{aligned}\arg[X(e^{j\omega})]&=\arg[X^*(e^{-j\omega})]=\arg\{\mathrm{Im}[X^*(e^{-j\omega})]/\mathrm{Re}[X^*(e^{-j\omega})]\}\\&=\arg\{-\mathrm{Im}[X(e^{-j\omega})]/\mathrm{Re}[X(e^{-j\omega})]\}=-\arg[X(e^{-j\omega})]\end{aligned}$$

7）实序列还有如下性质：$FT[x_e(n)]=X_R(e^{j\omega})=\mathrm{Re}[X(e^{j\omega})]$

$$FT[x_o(n)]=X_I(e^{j\omega})=j\mathrm{Im}[X(e^{j\omega})]$$

表 4-3 列出了序列傅里叶变换的一些重要性质。

表 4-3　序列的傅里叶变换的有关性质

	时域离散信号	傅里叶变换
	$x(n)$	$X(e^{j\omega})$
	$y(n)$	$Y(e^{j\omega})$
线性	$ax_1(n)+bx_2(n)$	$aX_1(e^{j\omega})+bX_2(e^{j\omega})$
移位	$x(n-n_0)$	$e^{-j\omega n_0}X(e^{j\omega})$
调制	$e^{j\omega_0 n}x(n)$	$X(e^{j(\omega-\omega_0)})$
反转	$x(-n)$	$X(e^{-j\omega})$
乘以 n	$nx(n)$	$j\frac{dX(e^{j\omega})}{d\omega}$
复共轭	$x^*(n)$	$X^*(e^{-j\omega})$
	$x^*(-n)$	$X^*(e^{j\omega})$
卷积	$x(n)*y(n)$	$X(e^{j\omega})Y(e^{j\omega})$
相乘	$x(n)y(n)$	$\frac{1}{2\pi}\int_{-\pi}^{\pi}X(e^{j\theta})Y(e^{j(\omega-\theta)})d\theta$
对称性	$\mathrm{Re}[x(n)]$	$X_e(e^{j\omega})$
	$j\mathrm{Im}[x(n)]$	$X_o(e^{j\omega})$
	$x_e(n)$	$X_R(e^{j\omega})$
	$x_o(n)$	$jX_I(e^{j\omega})$

4.6 周期序列的离散傅里叶级数及其傅里叶变换

4.6.1 周期序列的离散傅里叶级数

设$\tilde{x}(n)$是一个周期为N的周期序列，即$\tilde{x}(n)=\tilde{x}(n+rN)$，$r$为任意整数。由于$\tilde{x}(n)$不满足绝对可和的性质，不能通过式（4.5-1）来求周期序列的傅里叶变换，那周期序列的傅里叶变换怎么表示？周期序列的频谱是怎样的呢？正如时域连续周期信号的傅里叶变换可以通过引入冲激信号，用傅里叶级数表示一样，周期序列也可以通过引入冲激信号，用离散傅里叶级数来表示，该级数相当于成谐波关系的复指数序列（正弦型序列）之和。也就是说，复指数序列的频率是周期序列的基频$2\pi/N$的整数倍。这些复指数序列$e_k(n)$的形式为

$$e_k(n)=\mathrm{e}^{\mathrm{j}\left(\frac{2\pi}{N}\right)kn}=e_{k+rN}(n) \tag{4.6-1}$$

上式可展成离散傅里叶级数，即

$$\tilde{x}(n)=\frac{1}{N}\sum_{k=0}^{N-1}\tilde{X}(k)\mathrm{e}^{\mathrm{j}\frac{2\pi}{N}kn} \tag{4.6-2}$$

式（4.6-2）中，求和符号前所乘的系数$1/N$是习惯上采用的常数，是k次谐波的系数。

下面利用复正弦序列的正交特性求解系数$\tilde{X}(k)$，即

$$\frac{1}{N}\sum_{n=0}^{N-1}\mathrm{e}^{\mathrm{j}\frac{2\pi}{N}rn}=\frac{1}{N}\frac{1-\mathrm{e}^{\mathrm{j}\frac{2\pi}{N}rN}}{1-\mathrm{e}^{\mathrm{j}\frac{2\pi}{N}r}}=\begin{cases}1, & r=0\\0, & r\neq 0\end{cases} \tag{4.6-3}$$

将式（4.6-2）两端同乘以$\mathrm{e}^{-\mathrm{j}\frac{2\pi}{N}rn}$，然后在$0\leqslant n\leqslant N-1$的一个周期内求和，得到

$$\begin{aligned}\sum_{n=0}^{N-1}\tilde{x}(n)\mathrm{e}^{-\mathrm{j}\frac{2\pi}{N}rn}&=\frac{1}{N}\sum_{n=0}^{N-1}\sum_{k=0}^{N-1}\tilde{X}(k)\mathrm{e}^{\mathrm{j}\frac{2\pi}{N}(k-r)n}\\&=\sum_{k=0}^{N-1}\tilde{X}(k)\left[\frac{1}{N}\sum_{n=0}^{N-1}\mathrm{e}^{\mathrm{j}\frac{2\pi}{N}(k-r)n}\right]\\&=\tilde{X}(r)\end{aligned} \tag{4.6-4}$$

把r换成k可得

$$\tilde{X}(k)=\sum_{n=0}^{N-1}\tilde{x}(n)\mathrm{e}^{-\mathrm{j}\frac{2\pi}{N}kn} \tag{4.6-5}$$

这就是求$0\leqslant k\leqslant N-1$的$N$次谐波系数的公式。同时得到$\tilde{X}(k)$也是一个以$N$为周期的周期序列，即

$$\tilde{X}(k+mN)=\sum_{n=0}^{N-1}\tilde{x}(n)\mathrm{e}^{-\mathrm{j}\frac{2\pi}{N}(k+mN)n}=\sum_{n=0}^{N-1}\tilde{x}(n)\mathrm{e}^{-\mathrm{j}\frac{2\pi}{N}kn}=\tilde{X}(k) \tag{4.6-6}$$

定义$W_N=\mathrm{e}^{-\mathrm{j}\frac{2\pi}{N}}$，周期序列的傅里叶级数(DFS)变换对为

$$\begin{aligned}\tilde{X}(k)&=\mathrm{DFS}[\tilde{x}(n)]=\sum_{n=0}^{N-1}\tilde{x}(n)\mathrm{e}^{-\mathrm{j}\frac{2\pi}{N}nk}=\sum_{n=0}^{N-1}\tilde{x}(n)W_N^{nk}\quad k=0,1,\cdots,N-1\\\tilde{x}(n)&=\mathrm{IDFS}[\tilde{X}(k)]=\frac{1}{N}\sum_{k=0}^{N-1}\tilde{X}(k)\mathrm{e}^{\mathrm{j}\frac{2\pi}{N}nk}=\frac{1}{N}\sum_{k=0}^{N-1}\tilde{X}(k)W_N^{-nk}\quad n=0,1,\cdots,N-1\end{aligned} \tag{4.6-7}$$

式中，n 和 k 都是离散变量。如果将 n 当作时间变量，k 当作频率变量，则 DFS[·] 表示时域到频域的离散傅里叶级数正变换，IDFS[·] 表示由频域到时域的离散傅里叶级数反变换。

从式（4.6-7）看出，只要知道周期序列一个周期的内容，其他周期的内容也都知道了。所以，这种无限长周期序列实际上只有一个周期中的 N 个序列值有信息。

将 n 和 k 进行周期延拓可得

$$\widetilde{X}(k) = \sum_{n=0}^{N-1} \tilde{x}(n) W_N^{kn} \quad k = -\infty \sim \infty \tag{4.6-8}$$

$$\tilde{x}(n) = \frac{1}{N}\sum_{k=0}^{N-1} \widetilde{X}(k) W_N^{-kn} \quad n = -\infty \sim \infty \tag{4.6-9}$$

1）上式表明将周期序列分解成 N 次谐波，第 k 次谐波频率为 $\omega_k = (2\pi/N)k$，$k = 0$，1，2，…，$N-1$，幅度为 $(1/N)\widetilde{X}(k)$。

2）基波分量的频率是 $2\pi/N$，幅度是 $(1/N)\widetilde{X}(1)$。一个周期序列可以用离散傅里叶级数表示其频谱分布规律。

4.6.2 DFS 的性质

1. 线性性质

如果 $\mathrm{DFS}[\tilde{x}_1(n)] = \widetilde{X}_1(k)$，$\mathrm{DFS}[\tilde{x}_2(n)] = \widetilde{X}_2(k)$，则

$$\mathrm{DFS}[a\tilde{x}_1(n) + b\tilde{x}_2(n)] = a\widetilde{X}_1(k) + b\widetilde{X}_2(k) \tag{4.6-10}$$

式中，a，b 为任意常数。

2. 移位性质

如果 $\mathrm{DFS}[\tilde{x}(n)] = \widetilde{X}(k)$，则

$$\mathrm{DFS}[\tilde{x}(n+m)] = W_N^{-mk}\widetilde{X}(k) = \mathrm{e}^{\mathrm{j}\frac{2\pi}{N}mk}\widetilde{X}(k) \tag{4.6-11}$$

证明：$\mathrm{DFS}[\tilde{x}(n+m)] = \sum_{n=0}^{N-1} \tilde{x}(n+m) W_N^{nk}$

令 $i = m + n$，则 $n = i - m$。当 $n = 0$ 时，$i = m$；当 $n = N-1$ 时，$i = m + N - 1$，所以

$$\mathrm{DFS}[\tilde{x}(n+m)] = \sum_{i=m}^{N-1+m} \tilde{x}(i) W_N^{ik} W_N^{-mk} = W_N^{-mk}\sum_{i=0}^{N-1} \tilde{x}(i) W_N^{ik} = W_N^{-mk}\tilde{x}(k)$$

式中，$\tilde{x}(i)$ 和 W_N^{ik} 都是以 N 为周期的周期函数。

3. 调制特性

如果 $\mathrm{DFS}[\tilde{x}(n)] = \widetilde{X}(k)$，则

$$\mathrm{DFS}[W_N^{mn}\tilde{x}(n)] = \widetilde{X}(k+m) \tag{4.6-12}$$

证明：$\mathrm{DFS}[W_N^{mn}\tilde{x}(n)] = \sum_{n=0}^{N-1} W_N^{mn}\tilde{x}(n) W_N^{kn} = \sum_{n=0}^{N-1} \tilde{x}(n) W_N^{(k+m)n} = \widetilde{X}(k+m)$

式中，$W_N^{mn} = \mathrm{e}^{-\mathrm{j}\frac{2\pi}{N}mn} = (\mathrm{e}^{-\mathrm{j}\frac{2\pi}{N}n})^m$。时域乘以虚指数 $(\mathrm{e}^{-\mathrm{j}\frac{2\pi}{N}n})$ 的 m 次幂，频域搬移 m。

4. 周期卷积和

（1）时域卷积定理

如果$\tilde{Y}(k)=\tilde{X}_1(k)\tilde{X}_2(k)$，则

$$\tilde{y}(n) = \mathrm{IDFS}[\tilde{Y}(k)] = \sum_{m=0}^{N-1}\tilde{x}_1(m)\tilde{x}_2(n-m) = \sum_{m=0}^{N-1}\tilde{x}_2(m)\tilde{x}_1(n-m) \tag{4.6-13}$$

（2）频域卷积定理

如果$\tilde{y}(n)=\tilde{x}_1(n)\tilde{x}_2(n)$，则

$$\tilde{Y}(k) = \mathrm{DFS}[\tilde{y}(n)] = \sum_{n=0}^{N-1}\tilde{y}(n)W_N^{nk} = \frac{1}{N}\sum_{l=0}^{N-1}\tilde{X}_1(l)\tilde{X}_2(k-l)$$

$$= \frac{1}{N}\sum_{l=0}^{N-1}\tilde{X}_2(l)\tilde{X}_1(k-l) \tag{4.6-14}$$

4.6.3 周期序列的傅里叶变换

1. 复指数序列的傅里叶变换

设复指数序列为$x(n)=\mathrm{e}^{\mathrm{j}\omega_0 n}$，对于任意整数$n$，$\mathrm{e}^{\mathrm{j}\omega_0 n}=\mathrm{e}^{\mathrm{j}(\omega_0+2\pi i)n}$，$i$为任意的整数，则其傅里叶变换为

$$\mathrm{FT}[\mathrm{e}^{\mathrm{j}\omega_0 n}] = X(\mathrm{e}^{\mathrm{j}\omega}) = \sum_{i=-\infty}^{\infty}2\pi\delta(\omega-\omega_0-2\pi i),\ -\pi<\omega_0<\pi \tag{4.6-15}$$

上式表明复指数序列的傅里叶变换是在$\omega_0+2\pi i$处的单位冲激串，强度为2π。若式（4.6-15）成立，则根据式（4.5-3）的反变换必然存在，且唯一等于$\mathrm{e}^{\mathrm{j}\omega_0 n}$。由（4.5-3）式得

$$\frac{1}{2\pi}\int_{-\pi}^{\pi}X(\mathrm{e}^{\mathrm{j}\omega})\mathrm{e}^{\mathrm{j}\omega n}\mathrm{d}\omega = \frac{1}{2\pi}\int_{-\pi}^{\pi}\sum_{i=-\infty}^{\infty}2\pi\delta(\omega-\omega_0-2\pi i)\mathrm{e}^{\mathrm{j}\omega n}\mathrm{d}\omega = \mathrm{e}^{\mathrm{j}\omega_0 n} \tag{4.5-16}$$

证明前面的假设是正确的。

2. 一般周期序列的傅里叶变换

对于一般的周期序列$\tilde{x}(n)$，按照（4.6-5）式展成DFS，第k次谐波为$(1/N)\tilde{X}(k)\mathrm{e}^{\mathrm{j}\frac{2\pi}{N}kn}$，其傅里叶变换应为$(2\pi/N)\tilde{X}(k)\sum_{i=-\infty}^{\infty}\delta\left(\omega-\frac{2\pi}{N}k-2\pi i\right)$，因此$\tilde{x}(n)$的傅里叶变换为

$$X(\mathrm{e}^{\mathrm{j}\omega}) = (2\pi/N)\sum_{k=0}^{N-1}\tilde{X}(k)\sum_{i=-\infty}^{\infty}\delta\left(\omega-\frac{2\pi}{N}k-2\pi i\right) \tag{4.6-17}$$

式中，$k=0, 1, 2, \cdots, N-1$，如果让k在$\pm\infty$之间变化，上式可简化为

$$X(\mathrm{e}^{\mathrm{j}\omega}) = (2\pi/N)\sum_{k=-\infty}^{\infty}\tilde{X}(k)\delta\left(\omega-\frac{2\pi}{N}k\right) \tag{4.6-18}$$

式（4.6-18）是周期序列的傅里叶变换表达式，式中$\tilde{X}(k)$为离散傅里叶级数，$\tilde{X}(k)=\sum_{n=0}^{N-1}\tilde{x}(n)\mathrm{e}^{-\mathrm{j}\frac{2\pi}{N}kn}$。表4-4中给出了一些常用序列的傅里叶变换。

表 4-4 常用序列的傅里叶变换

常用序列	傅里叶变换
$\delta(n)$	1
$a^n u(n) \quad 0<\lvert a\rvert<1$	$(1-a\mathrm{e}^{-\mathrm{j}\omega})^{-1}$
$R_N(n)$	$\mathrm{e}^{-\mathrm{j}(N-1)\omega/2}\sin(\omega N/2)/\sin(\omega/2)$
$u(n)$	$(1-\mathrm{e}^{-\mathrm{j}\omega})^{-1}+\sum\limits_{k=-\infty}^{\infty}\pi\delta(\omega-2\pi k)$
$x(n)=1$	$2\pi\sum\limits_{k=-\infty}^{\infty}\delta(\omega-2\pi k)$
$\mathrm{e}^{\mathrm{j}\omega_0 n}$,$2\pi/\omega_0$ 为有理数	$2\pi\sum\limits_{k=-\infty}^{\infty}\delta(\omega-\omega_0-2\pi k)$
$\cos(\omega_0 n)$, $2\pi/\omega_0$ 为有理数	$\pi\sum\limits_{k=-\infty}^{\infty}[\delta(\omega-\omega_0-2\pi k)+\delta(\omega+\omega_0-2\pi k)]$
$\sin(\omega_0 n)$, π/ω_0 为有理数	$-\mathrm{j}\pi\sum\limits_{k=-\infty}^{\infty}[\delta(\omega-\omega_0-2\pi k)-\delta(\omega+\omega_0-2\pi k)]$

例 4-12 设 $x(n)=R_4(n)$，将 $x(n)$ 以 $N=8$ 为周期作周期延拓，得到图 4-12a 所示的周期序列 $\tilde{x}(n)$，求 $\tilde{x}(n)$ 的离散傅里叶级数和傅里叶变换。

解：按照(4.6-5)式有

$$\tilde{X}(k)=\sum_{n=0}^{7}\tilde{x}(n)\mathrm{e}^{-\mathrm{j}\frac{2\pi}{8}kn}=\sum_{n=0}^{3}\mathrm{e}^{-\mathrm{j}\frac{\pi}{4}kn}=\frac{1-\mathrm{e}^{-\mathrm{j}\frac{\pi}{4}k\cdot 4}}{1-\mathrm{e}^{-\mathrm{j}\frac{\pi}{4}k}}=\frac{1-\mathrm{e}^{-\mathrm{j}\pi k}}{1-\mathrm{e}^{-\mathrm{j}\frac{\pi}{4}k}}$$

$$=\frac{\mathrm{e}^{-\mathrm{j}\frac{\pi}{2}k}(\mathrm{e}^{\mathrm{j}\frac{\pi}{2}k}-\mathrm{e}^{-\mathrm{j}\frac{\pi}{2}k})}{\mathrm{e}^{-\mathrm{j}\frac{\pi}{8}k}(\mathrm{e}^{\mathrm{j}\frac{\pi}{8}k}-\mathrm{e}^{-\mathrm{j}\frac{\pi}{8}k})}=\mathrm{e}^{-\mathrm{j}\frac{3\pi}{8}k}\frac{\sin\left(\frac{\pi}{2}k\right)}{\sin\left(\frac{\pi}{8}k\right)}$$

其幅度特性 $\lvert\tilde{X}(k)\rvert$ 如图 4-12b 所示。

将 $\tilde{X}(k)$ 代入式(4.6-18)，得到

$$X(\mathrm{e}^{\mathrm{j}\omega})=(2\pi/8)\sum_{k=-\infty}^{\infty}\mathrm{e}^{-\mathrm{j}\frac{3\pi}{8}k}\frac{\sin\left(\frac{\pi}{2}k\right)}{\sin\left(\frac{\pi}{8}k\right)}\delta\left(\omega-\frac{2\pi}{8}k\right)$$

$$=(\pi/4)\sum_{k=-\infty}^{\infty}\mathrm{e}^{-\mathrm{j}\frac{3\pi}{8}k}\frac{\sin\left(\frac{\pi}{2}k\right)}{\sin\left(\frac{\pi}{8}k\right)}\delta\left(\omega-\frac{\pi}{4}k\right)$$

其幅频特性 $\lvert X(\mathrm{e}^{\mathrm{j}\omega})\rvert$ 如图 4-12c 所示。

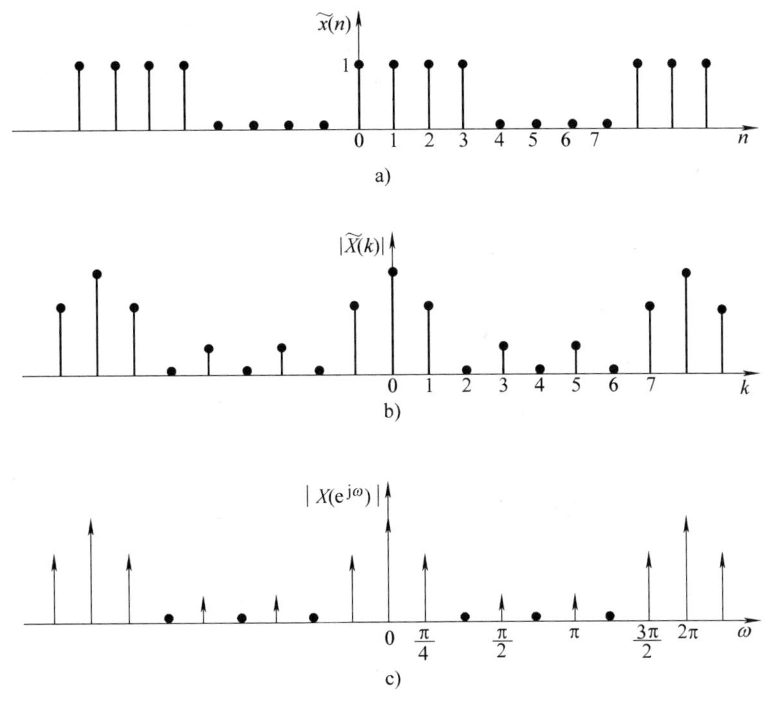

图 4-12　例 4-12 的周期序列及其频谱图

比较图 4-12b 和 c，对于同一个周期信号，其 DFS 和 FT 分别取模的形状是一样的，不同的是 FT 用单位冲激信号表示（用带箭头的竖线表示）。因此，周期序列的频谱分布用 DFS 或 FT 表示都可以，但画图时应注意单位冲激信号的画法。

比较图 4-12 和图 4-11，发现绝对可和序列的频谱是周期为 2π 的连续谱，而周期序列的频谱是周期为 2π 的离散谱，从而得到序列频谱的共同点——周期性。进而联系时域连续信号的频谱特点，可以总结出：时域的连续性对应频域的非周期，时域的离散性对应频域的周期性，时域的周期性对应频域的离散性，时域的非周期对应频域的连续性。

4.7　小结

本章给出了 z 变换的定义、z 变换的收敛域以及不同类型序列 z 变换的收敛域。讨论 z 变换的收敛域问题不仅涉及 z 变换的存在性和唯一性，而且由收敛域的形态，可大致推断出其对应信号的类型，归纳于表 4-5 中。

表 4-5　序列类型与收敛域的对应关系

序列类型	n_1	n_2	收敛域
有限长序列	$n_1 \geqslant 0$	$n_2 > 0$	$\|z\| > 0$
	$n_1 < 0$	$n_2 \leqslant 0$	$\|z\| < \infty$
	$n_1 < 0$	$n_2 > 0$	$0 < \|z\| < \infty$

（续）

序列类型	n_1	n_2	收敛域
右边序列	$n_1<0$	$n_2=\infty$	$R_{x_-}<\lvert z\rvert<\infty$
	$n_1\geqslant 0$	$n_2=\infty$	$\lvert z\rvert>R_{x_-}$
左边序列	$n_1=-\infty$	$n_2>0$	$0<\lvert z\rvert<R_{x_+}$
	$n_1=-\infty$	$n_2\leqslant 0$	$\lvert z\rvert<R_{x_+}$
双边序列	$n_1=-\infty$	$n_2=\infty$	$R_{x_-}<\lvert z\rvert<R_{x_+}$

已知 $X(z)$ 及其收敛域求解序列 $x(n)$ 的方法有三种：幂级数展开法原理简单，但一般得不到封闭解；留数法能得到封闭解，但需要讨论多种情况；相比较而言，部分分式展开与收敛域相结合的方法是最适用的。当然也可以应用 z 变换的性质来求 z 反变换，灵活掌握 z 变换的性质不仅能简化求 z 变换的运算，也能简化求 z 反变换的运算。

序列傅里叶变换是单位圆上的 z 变换。序列傅里叶变换 $X(e^{j\omega})$ 是以 2π 为周期的 ω 的连续函数。只有绝对可和的序列才能用式（4.5-1）求傅里叶变换。特殊地，周期序列需要引入冲激信号，才能得到周期序列的傅里叶变换，周期序列傅里叶变换是以 2π 为周期的频率为 $\omega_k=(2\pi/N)k$ 的一系列冲激，这是周期序列频谱和非周期序列频谱的最大区别。同时序列傅里叶变换和周期序列离散傅里叶级数的性质和 z 变换的性质有很多相似之处，有些可以直接由 z 变换的性质导出。

序列 z 变换、傅里叶变换和时域连续信号拉普拉斯变换、傅里叶变换有着千丝万缕的联系。在连续域，信号傅里叶变换是虚轴上的拉普拉斯变换；在离散域，序列傅里叶变换是单位圆上的 z 变换；将连续域和离散域结合起来，当 $z=e^{sT}$，序列 z 变换等于时域连续信号拉普拉斯变换 $X_a(s)$ 以 $\Omega_s=2\pi/T$ 为周期进行的周期延拓，序列傅里叶变换 $X(e^{j\omega})$ 等于时域连续信号傅里叶变换 $X_a(j\Omega)$ 以 $\Omega_s=2\pi/T$ 为周期进行的周期延拓。再联系周期信号傅里叶变换，可总结出时域和频域的对应关系：时域的连续性对应频域的非周期，时域的离散性对应频域的周期性，时域的周期性对应频域的离散性，时域的非周期对应频域的连续性。

4.8 习题

1. 求出以下序列的 z 变换及收敛域。

（1）$2^{-n}u(n)$　　（2）$-2^{-n}u(-n-1)$

（3）$2^{-n}u(-n)$　　（4）$\delta(n)$

（5）$\delta(n-1)$　　（6）$2^{-n}[u(n)-u(n-10)]$

2. 求以下序列的 z 变换及收敛域，并在 z 平面上画出零—极点分布图。

（1）$x(n)=R_N(n)$，$N=4$

（2）$x(n)=Ar^n\cos(\omega_0 n+\varphi)u(n)$，$r=0.9$，$\omega_0=0.5\pi\text{rad}$，$\varphi=0.25\pi\text{rad}$

（3）$x(n)=\begin{cases} n & 0\leqslant n\leqslant N \\ 2N-n & N+1\leqslant n\leqslant 2N \\ 0 & \text{其他} \end{cases}$，式中 $N=4$

3. 已知

$$X(z)=\frac{3}{1-\frac{1}{2}z^{-1}}+\frac{2}{1-2z^{-1}}$$

求出 $X(z)$ 对应的各种可能的序列表达式。

4. 已知 $x(n)=a^n u(n)$，$0<a<1$。分别求

(1) $x(n)$ 的 z 变换。

(2) $nx(n)$ 的 z 变换。

(3) $a^{-n}u(-n)$ 的 z 变换。

5. 已知 $X(z)=\frac{-3z^{-1}}{2-5z^{-1}+2z^{-2}}$，分别求

(1) 收敛域 $0.5<|z|<2$ 对应的原序列 $x(n)$。

(2) 收敛域 $|z|>2$ 对应的原序列 $x(n)$。

6. 分别用长除法、部分分式法求以下 $X(z)$ 的反变换。

(1) $X(z)=\frac{1-\frac{1}{3}z^{-1}}{1-\frac{1}{4}z^{-2}}$，$|z|>\frac{1}{2}$

(2) $X(z)=\frac{1-2z^{-1}}{1-\frac{1}{4}z^{-2}}$，$|z|<\frac{1}{2}$

7. 设确定性实序列 $x(n)$ 的自相关函数用下式表示

$$r_{xx}(m)=\sum_{n=-\infty}^{\infty}x(n)x(n+m)$$

试用 $x(n)$ 的 z 变换 $X(z)$ 和傅里叶变换 $X(e^{j\omega})$ 分别表示自相关函数的 z 变换 $R_{xx}(z)$ 和傅里叶变换 $R_{xx}(e^{j\omega})$。

8. 设 $X(e^{j\omega})$ 和 $Y(e^{j\omega})$ 分别是 $x(n)$ 和 $y(n)$ 的傅里叶变换，试求下列序列的傅里叶变换：

(1) $x(n-n_0)$

(2) $x^*(n)$

(3) $x(-n)$

(4) $x(n)*y(n)$

(5) $x(n)\cdot y(n)$

(6) $nx(n)$

(7) $x(2n)$

(8) $x^2(n)$

(9) $x_9(n)=\begin{cases}x(n/2), & n=\text{偶数}\\ 0, & n=\text{奇数}\end{cases}$

9. 已知

$$X(e^{j\omega})=\begin{cases}1, & |\omega|<\omega_0\\ 0, & \omega_0<|\omega|\leqslant\pi\end{cases}$$

求 $X(e^{j\omega})$ 的傅里叶反变换 $x(n)$。

10. 线性时不变系统的频率响应 $H(e^{j\omega})=|H(e^{j\omega})|e^{j\theta(\omega)}$，如果单位序列响应 $h(n)$ 为实序列，试证明 $x(n)=A\cos(\omega_0 n+\varphi)$ 的稳态响应为

$$y(n)=x(n)*h(n)=A|H(e^{j\omega_0})|\cos[\omega_0 n+\varphi+\theta(\omega_0)]$$

11. 设图4-13所示的序列 $x(n)$ 的傅里叶变换用 $X(e^{j\omega})$ 表示，不直接求出 $X(e^{j\omega})$，完成下列运算。

(1) $X(e^{j0})$。

(2) $\int_{-\pi}^{\pi}X(e^{j\omega})d\omega$。

(3) $X(e^{j\pi})$。

(4) 确定并画出傅里叶变换的实部 $\mathrm{Re}[X(e^{j\omega})]$ 的时间序列 $x_e(n)$。

(5) 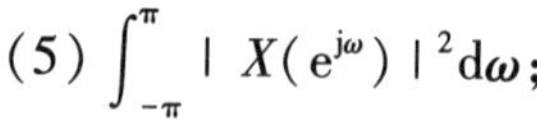 $\int_{-\pi}^{\pi}|X(e^{j\omega})|^2d\omega$;

(6) 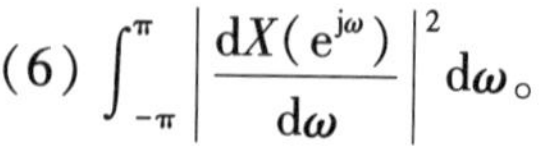 $\int_{-\pi}^{\pi}\left|\frac{dX(e^{j\omega})}{d\omega}\right|^2d\omega$。

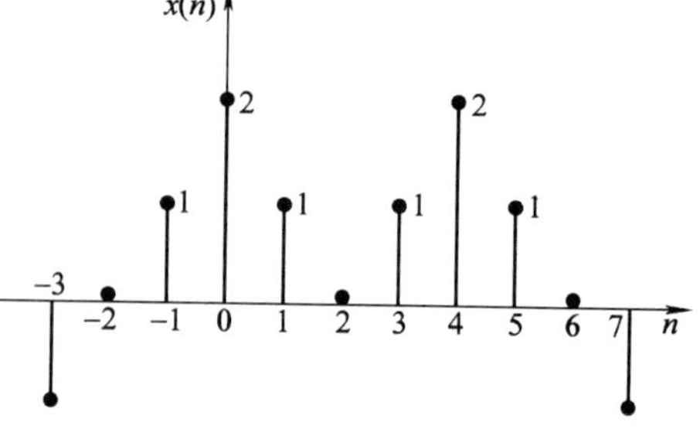

图4-13　题11图

12. 试求如下序列的傅里叶变换。

(1) $x_1(n)=\delta(n-3)$

(2) $x_2(n)=\frac{1}{2}\delta(n+1)+\delta(n)+\frac{1}{2}\delta(n-1)$

(3) $x_3(n)=a^n u(n)$，$0<a<1$

(4) $x_4(n)=u(n+3)-u(n-4)$

13. 分别分析推导在以下两种假设下，其 $x(n)$ 的傅里叶变换的性质。

(1) $x(n)$ 是实偶序列，

(2) $x(n)$ 是实奇序列，

14. 设 $x(n)=R_4(n)$，试求 $x(n)$ 的共轭对称序列 $x_e(n)$ 和共轭反对称序列 $x_o(n)$，并分别用图表示。

15. 设 $x(n)=a^n u(n)$，$0<a<1$，分别求出 $x(n)$ 的偶序列 $x_e(n)$ 和奇序列 $x_o(n)$ 的傅里叶变换。

16. 若序列 $h(n)$ 是实因果序列，其傅里叶变换的实部如下

$$H_R(e^{j\omega})=1+\cos(\omega)$$

求序列 $h(n)$ 及其傅里叶变换 $H(e^{j\omega})$。

17. 若序列 $h(n)$ 是实因果序列，$h(0)=1$，其傅里叶变换的虚部为

$$H_I(e^{j\omega})=-\sin(\omega)$$

求序列 $h(n)$ 及其傅里叶变换 $H(e^{j\omega})$。

18. 设系统的单位序列响应 $h(n)=a^n u(n)$，$0<a<1$，输入序列为

$$x(n)=\delta(n)+2\delta(n-2)$$

(1) 求出系统输出序列 $y(n)=x(n)*h(n)$。

(2) 分别求出 $x(n)$、$h(n)$ 和 $y(n)$ 的傅里叶变换。

19. 已知 $x_a(t)=2\cos(2\pi f_0 t)$，式中，$f_0=100\text{Hz}$，以采样频率 $f_s=400\text{Hz}$ 对 $x_a(t)$ 进行采样，得到采样信号 $\hat{x}_a(t)$ 和时域离散信号 $x(n)$。

(1) 写出 $x_a(t)$ 的傅里叶变换表达式 $X_a(j\Omega)$。

(2) 写出 $\hat{x}_a(t)$ 和 $x(n)$ 的表达式。

(3) 分别求出 $\hat{x}_a(t)$ 的傅里叶变换和 $x(n)$ 的傅里叶变换。

参 考 文 献

[1] 胡广书. 数字信号处理——理论、算法与实现[M]. 北京:清华大学出版社,1997.

[2] 奥本海姆. 时域离散信号处理[M]. 刘树棠,译. 西安:西安交通大学出版社,2001.

[3] 王华奎,张立毅. 数字信号处理及应用[M]. 北京:高等教育出版社,2004.

[4] 丁玉美,高西全. 数字信号处理[M]. 2 版. 西安:西安电子科技大学出版社,2001.

[5] 邹理和. 数字信号处理:上册[M]. 北京:国防工业出版社,1985.

[6] 程佩青. 数字信号处理教程[M]. 3 版. 北京:清华大学出版社,2007.

[7] 黄顺吉. 数字信号处理及其应用[M]. 北京:国防工业出版社,1982.

[8] 陈后金. 数字信号处理[M]. 北京:高等教育出版社,2004.

[9] John G Proakis, Dimitris G Manolakis. 数字信号处理[M]. 4 版. 方艳梅,刘永清,译. 北京:电子工业出版社,2007.

[10] 陈玉东. 数字信号处理[M]. 北京:地质出版社,2005.

第 5 章　离散傅里叶变换和快速傅里叶变换

时域离散信号的傅里叶变换和 z 变换结果都是连续函数，无法用计算机进行处理。实际中处理的长度为 N 的有限长信号可以用离散时间傅里叶变换的 N 个等间隔采样点来描述，即离散傅里叶变换（Discrete Fourier Transform，DFT）。离散傅里叶变换是一种在时域和频域都取离散值的变换，变换结果是对时域离散信号频谱的等间隔采样。因此，序列经过离散傅里叶变换后频域函数也被离散化了，可以用计算机进行处理。

离散傅里叶变换（DFT）是信号分析与处理中的一种重要变换，但是直接计算离散傅里叶变换时计算量较大。为了提高离散傅里叶变换（DFT）的运算效率，形成了多种快速算法，从而使其具有重要的应用价值。

本章学习离散傅里叶变换的定义、物理意义、基本性质，频域采样定理，快速傅里叶变换及其基本应用。

5.1　离散傅里叶变换

5.1.1　离散傅里叶变换的定义

在工程实际中，序列往往是有限长的，因而其傅里叶变换即其频谱 $X(e^{j\omega})$ 是关于 ω 的连续周期性函数。因而，$X(e^{j\omega})$ 在频域中不能利用计算机直接对它进行数值计算。这就需要设法将 $X(e^{j\omega})$ 变成一个频域中的有限长序列。从周期序列的离散傅里叶级数(DFS)变换对的关系可知，如果把给定的有限长序列 $x(n)(0\leqslant n\leqslant N-1)$ 作周期延拓就变为一个以 N 为周期的周期序列 $\tilde{x}(n)$，从而可以对 $\tilde{x}(n)$ 作 DFS。由于序列 $x(n)$ 周期化，从而使得频谱离散化。所以有限长序列的离散频谱 $X(k)$ 就得从周期序列 $\tilde{x}(n)$ 的离散傅里叶级数的系数 $\tilde{X}(k)$ 中来求得，即 $X(k)=\tilde{X}(k)R_N(k)=X((k))_N R_N(k)$。根据周期序列的 DFS，其 $\tilde{x}(n)$、$\tilde{X}(k)$ 都是以 N 为周期的周期序列，只有 N 个独立的复数值，所以取一个周期的内容即可，也即 $\tilde{X}(k)$ 的值完全可以由一个周期内的有限长序列 $x(n)$ 来确定。取主值区间即 $\tilde{x}(n)$ 的第一个周期，即 $0\leqslant n\leqslant N-1$ 上的序列（即主值序列），就把离散傅里叶级数变为离散傅里叶变换，从而得到有限长序列的 DFT，定义为

$$X(k)=\mathrm{DFT}[x(n)]=\sum_{n=0}^{N-1}x(n)W_N^{kn},0\leqslant k\leqslant N-1 \tag{5.1-1}$$

$$x(n)=\mathrm{IDFT}[X(k)]=\frac{1}{N}\sum_{k=0}^{N-1}X(k)W_N^{-kn},0\leqslant n\leqslant N-1 \tag{5.1-2}$$

式中，$W_N=e^{-j\frac{2\pi}{N}}$。式（5.1-1）称为 $x(n)$ 的 N 点离散傅里叶变换(DFT)，式（5.1-2）称为 $X(k)$ 的离散傅里叶反变换(Inverse Discrete Fourier Transform, IDFT)。$x(n)$ 及其 DFT 变换如图 5-1 所示。

因为 $x(n)$ 与 $X(k)$ 都是离散的，所以可以利用计算机进行数值计算。从数学观点看，DFT 表示的是对序列 x(n) 或 X(k) 的线性运算。

显然，DFS 与 DFT 的区别只是在定义域上，前者是周期序列，具有无限多个样值，而后者是长度为 N 的有限长序列。因为 $\tilde{X}(k)$、$\tilde{x}(n)$ 只有 N 个独立样值，其他值均是这些样值的重复。所以在一个周期的有限长范围内计算 DFS 与 DFT，其结果是一样的。实质上 DFT 就是将有限长序列作为周期序列的一个周期所进行的离散变换。DFT 具有隐藏的周期性，而且 DFT 可以看作序列傅里叶变换的近似，所以对连续函数 $X(e^{j\omega})$ 的处理就可以代之以离散采样的处理。

例 5-1 若 $x(n)=\cos\left(\frac{n\pi}{6}\right)$ 是一个 $N=12$ 的有限长序列，求其离散傅里叶变换。

解：序列 $x(n)$ 的 DFT 为

$$
\begin{aligned}
X(k) &= \mathrm{DFT}\left[\cos\left(\frac{n\pi}{6}\right)\right] \\
&= \sum_{n=0}^{11}\cos\left(\frac{n\pi}{6}\right)W_{12}^{kn} \\
&= \sum_{n=0}^{11}\cos\left(\frac{n\pi}{6}\right)e^{-j\left(\frac{2\pi}{12}\right)kn} \\
&= \begin{cases}6, k=1,11 \\ 0, \text{其他 } k \text{ 且 } 0\leqslant k\leqslant 11\end{cases}
\end{aligned}
$$

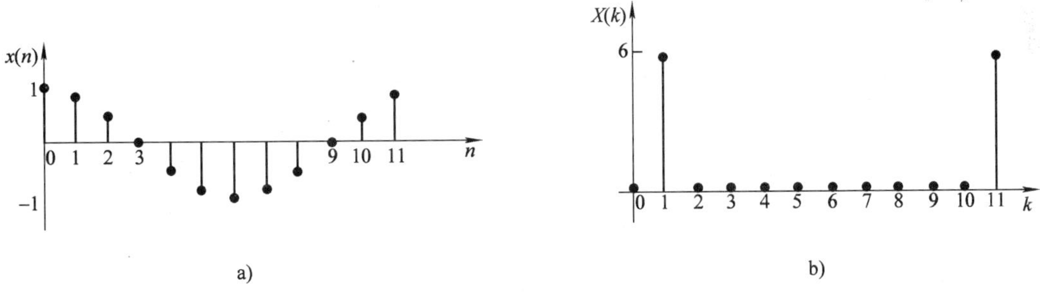

图 5-1 $x(n)$ 及其 DFT 变换($N=12$)

5.1.2 DFT 与序列傅里叶变换、z 变换的关系

设 $x(n)$ 是一个长度为 N 的有限长序列，对 $x(n)$ 进行 z 变换

$$X(z) = \sum_{n=0}^{N-1}x(n)z^{-n}$$

比较 z 变换与 DFT 的定义式，可以看到，当 $z=W_N^{-k}(0\leqslant k\leqslant N-1)$ 时，有

$$X(z)\Big|_{z=W_N^{-k}} = \sum_{n=0}^{N-1}x(n)W_N^{nk} = \mathrm{DFT}[x(n)]$$

即

$$X(k) = X(z)\Big|_{z=W_N^{-k}},0 \leqslant k \leqslant N-1 \tag{5.1-3}$$

式中,$z=W_N^{-k}=\mathrm{e}^{\mathrm{j}\left(\frac{2\pi}{N}\right)k}$表明 W_N^{-k} 是 z 平面单位圆上辐角为 $\omega=\frac{2\pi}{N}k$ 的点,也即将 z 平面单位圆 N 等分后的第 k 点,所以 $X(k)$也就是对 $X(z)$在 z 平面单位圆上的 N 点等间隔采样值,如图 5-2a 所示。此外,由于序列的傅里叶变换 $X(\mathrm{e}^{\mathrm{j}\omega})$是单位圆上的 Z 变换,根据式(5.1-3),DFT 与序列傅里叶变换的关系为

$$X(k) = X(\mathrm{e}^{\mathrm{j}\omega})\Big|_{\omega=\frac{2\pi}{N}k} = X(\mathrm{e}^{\mathrm{j}k\frac{2\pi}{N}}) \tag{5.1-4}$$

式(5.1-4)说明 $X(k)$也可以看作序列 $x(n)$的傅里叶变换 $X(\mathrm{e}^{\mathrm{j}\omega})$在区间$[0,2\pi]$上的 N 点等间隔采样,其采样间隔为 $2\pi/N$,如图 5-2b 所示,这就是 DFT 的物理意义。显而易见,DFT 的变换区间长度 N 不同,表示对 $X(\mathrm{e}^{\mathrm{j}\omega})$在区间$[0,2\pi]$上的采样间隔和采样点数不同,所以 DFT 的变换结果也不同。

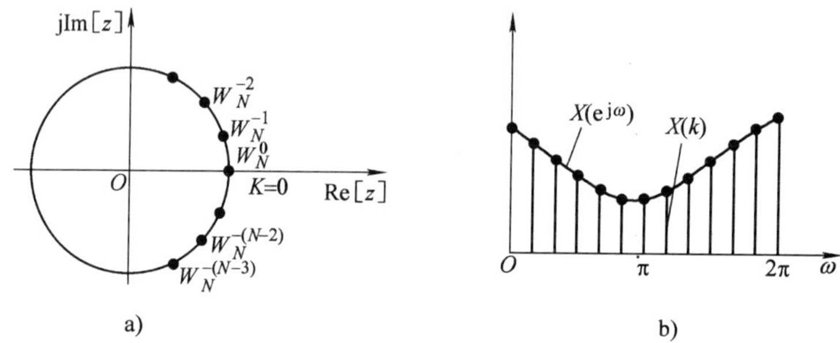

图 5-2　DFT 与序列傅里叶变换、z 变换的关系

5.1.3　离散傅里叶变换的基本性质

1. 线性性质

设 $x(n)$和 $y(n)$分别是长度为 N_1 和 N_2 的有限长序列,且

$$w(n) = ax(n) + by(n)$$

式中,a、b 为任意常数。

取 $N=\max[N_1,N_2]$,若 $x(n)$和 $y(n)$对应的 N 点 DFT 分别为 $X(k)$和 $Y(k)$,则 $w(n)$的 N 点 DFT 为

$$W(k) = aX(k) + bY(k) \tag{5.1-5}$$

2. 对称定理

设序列 $x(n)$的 N 点 DFT 为 $X(k)$,则当时间序列为 $X(n)$即具有频谱序列的形状时,其对应的 DFT 为

$$\mathrm{DFT}[X(n)] = Nx(N-k) \tag{5.1-6}$$

对应的频谱序列具有原来时间序列 $x(n)$在时间上倒置的形状。

3. 时间反转定理

设序列 $x(n)$的 N 点 DFT 为 $X(k)$,则

$$\mathrm{DFT}[x(N-n)] = X(N-k) \tag{5.1-7}$$

4. 序列求和

设长度为 N 的有限长序列 $x(n)$ 的 N 点 DFT 为 $X(k)$，则

$$\sum_{n=0}^{N-1} x(n) = X(k)\Big|_{k=0} = \sum_{n=0}^{N-1} x(n) W_N^{nk}\Big|_{k=0} \tag{5.1-8}$$

即长度为 N 的有限长序列 $x(n)$ 中各个取样值的总和等于其 DFT 在 $k=0$ 时的取值。

5. 初值定理

设序列 $x(n)$ 的 N 点 DFT 为 $X(k)$，则

$$x(0) = \frac{1}{N}\sum_{k=0}^{N-1} X(k) \tag{5.1-9}$$

$x(n)$ 在 $n=0$ 时的取值是频谱序列各取样值 $X(k)$ 的总和除以 N。

以上性质请读者自行证明。

6. 序列的循环移位

（1）序列循环移位的定义

将长度为 N 的有限长序列 $x(n)$（如图 5-3a 所示）以 N 为周期进行周期延拓，得到

$$\tilde{x}(n) = x((n))_N \tag{5.1-10}$$

如图 5-3b 所示。再把 $\tilde{x}(n)$ 左偏移 m 位，得到

$$\tilde{x}(n+m) = x((n+m))_N \tag{5.1-11}$$

如图 5-3c 所示。最后取 $\tilde{x}(n+m)$ 移位周期序列的主值序列（即仍在区间 $[0,N-1]$ 上取序列值）$x_1(n)$，如图 5-3d 所示。

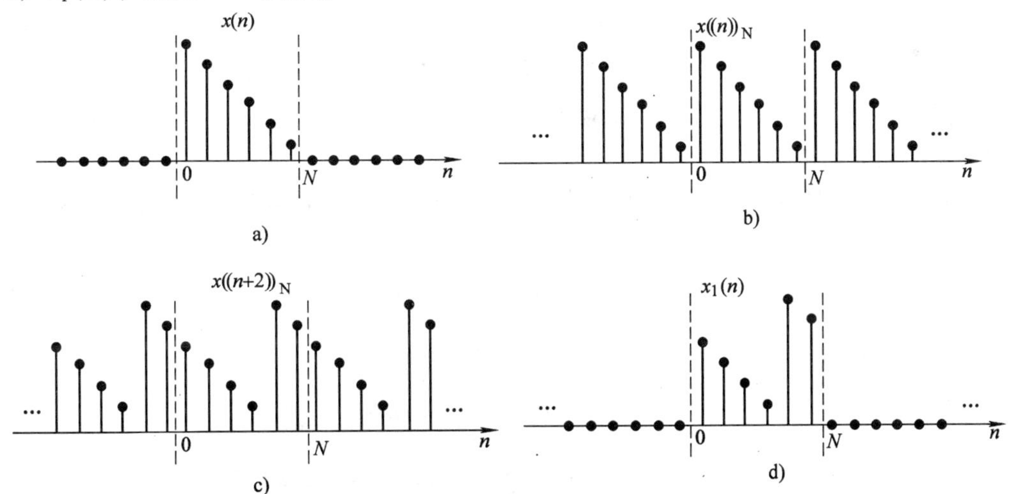

图 5-3　序列的循环移位过程示意图

有限长序列 $x(n)$ 的循环移位即定义为

$$x_1(n) = x((n+m))_N R_N(n) \tag{5.1-12}$$

$x_1(n)$ 仍是长度为 N 的有限长序列。如图 5-3 所示，循环移位实际上是把 $x(n)$ 左移 m 位，但移出区间 $[0,N-1]$ 的序列值又依次从右边 $n=N-1$ 处循环移进，所以称之为循环移位。当 $m<0$ 时，$x(n)$ 向右循环移位 m 位，即 $x(n)$ 右移 m 位，移出区间 $[0,N-1]$ 的序列值又依次从左边 $n=0$ 处循环移进。

(2) 时域循环移位定理

设长度为 N 的有限长序列 $x(n)$ 的 N 点 DFT 为 $X(k)$，$y(n)$ 为 $x(n)$ 的循环移位，即

$$y(n)=x((n+m))_N R_N(n)$$

则

$$Y(k)=\mathrm{DFT}[y(n)]=W_N^{-km}X(k) \tag{5.1-13}$$

证明：

$$\begin{aligned}Y(k)&=\mathrm{DFT}[y(n)]\\&=\sum_{n=0}^{N-1}x((n+m))_N R_N(n)W_N^{kn}\\&=\sum_{n=0}^{N-1}x((n+m))_N W_N^{kn}\end{aligned}$$

令 $n+m=n'$，则有

$$\begin{aligned}Y(k)&=\sum_{n'=m}^{N-1+m}x((n'))_N W_N^{k(n'-m)}\\&=W_N^{-km}\sum_{n'=m}^{N-1+m}x((n'))_N W_N^{kn'}\end{aligned}$$

由于上式中求和项 $x((n'))_N W_N^{kn'}$ 以 N 为周期，所以对其在任一周期上的求和结果相同。将上式的求和区间改在主值区间，则得

$$\begin{aligned}Y(k)&=W_N^{-km}\sum_{n'=0}^{N-1}x((n'))_N W_N^{kn'}\\&=W_N^{-km}\sum_{n'=0}^{N-1}x(n')W_N^{kn'}\\&=W_n^{-km}X(k)\end{aligned}$$

(3) 频域循环移位定理

设长度为 N 的有限长序列 $x(n)$ 的 N 点 DFT 为 $X(k)$，且 $Y(k)=X((k+l))_N R_N(k)$

则

$$y(n)=\mathrm{IDFT}[Y(k)]=W_N^{nl}x(n)=\mathrm{e}^{-\mathrm{j}(\frac{2\pi}{N})nl}x(n) \tag{5.1-14}$$

证明：

$$\begin{aligned}y(n)&=\mathrm{IDFT}[Y(k)]\\&=\mathrm{IDFT}[X((k+l))_N R_N(k)]\\&=\frac{1}{N}\sum_{k=0}^{N-1}X((k+l))_N R_N(k)W_N^{-kn}\\&=W_N^{nl}\frac{1}{N}\sum_{k=0}^{N-1}X((k+l))_N W_N^{-(k+l)n}\end{aligned}$$

令 $m=k+l$，则有

$$\begin{aligned}y(n)&=W_N^{nl}\frac{1}{N}\sum_{m=l}^{N-1+l}X((m))_N W_N^{-mn}\\&=W_N^{nl}\frac{1}{N}\sum_{m=0}^{N-1}X(m)W_N^{-mn}\\&=W_N^{nl}x(n)\end{aligned}$$

7. 循环卷积

（1）循环卷积的定义

设 $x_1(n)$ 和 $x_2(n)$ 均是长度为 N 的有限长序列。定义 $x_1(n)$ 和 $x_2(n)$ 的循环卷积为

$$
\begin{aligned}
x_3(n) &= x_1(n) \circledast x_2(n) \\
&= \sum_{m=0}^{N-1} x_1(m) x_2((n-m))_N R_N(n) \\
&= \sum_{m=0}^{N-1} x_2(m) x_1((n-m))_N R_N(n)
\end{aligned} \tag{5.1-15}
$$

循环卷积的计算过程如图 5-4 所示：

1）变量代换：将 $x_1(n), x_2(n)$ 变成 $x_1(m), x_2(m)$，如图 5-4a、5-4b 所示。

2）将 $x_2(m)$ 周期延拓为 $x_2((m))_N$。

3）翻转后得到 $x_2((-m))_N$，如图 5-4c 所示。

4）从 $n=0$ 开始，对每一个 $n=0,1,\cdots,N-1$，分别对 $x_2((-m))_N$ 进行循环移位，如图 5-4d 所示，并取主值形成 $x_2((n-m))_N R_N(m)$。

5）分别将 $x_1(m)$ 与 $x_2((n-m))_N R_N(m)$ 对应的点从 $m=0,1,\cdots,N-1$ 逐点相乘，并将乘积累加就得到了各个点 $n=0,1,\cdots,N-1$ 的 $x_3(n)$，如图 5-4e 所示。

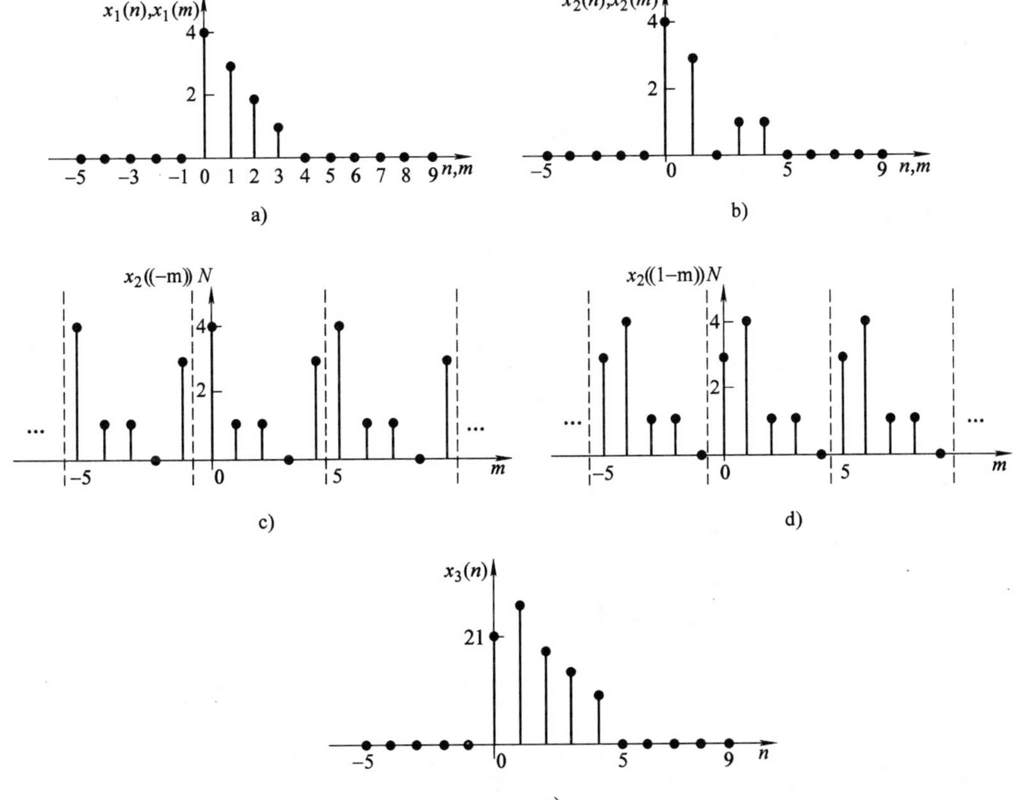

图 5-4　循环卷积过程示意图

因为卷积过程只在主值区间 $0 \leqslant n \leqslant N-1$ 内进行，$x_2((n-m))_N$ 实际上就是 $x_2(m)$ 的循环移位。

（2）时域循环卷积定理

设 $x_1(n)$ 和 $x_2(n)$ 分别是长度为 N_1 和 N_2 的有限长序列，取 $N=\max[N_1,N_2]$。若 $x_1(n)$ 和 $x_2(n)$ 对应的 N 点 DFT 分别为 $X_1(k)$ 和 $X_2(k)$，即

$$X_1(k)=\mathrm{DFT}[x_1(n)]$$
$$X_2(k)=\mathrm{DFT}[x_2(n)]$$

且

$$X_3(k)=X_1(k)X_2(k)$$

则

$$\begin{aligned}x_3(n)&=\mathrm{IDFT}[X_3(k)]\\&=\sum_{m=0}^{N-1}x_1(m)x_2((n-m))_NR_N(n)\\&=\sum_{m=0}^{N-1}x_2(m)x_1((n-m))_NR_N(n)\end{aligned}\tag{5.1-16}$$

证明：对式（5.1-16）两边直接进行 DFT，有

$$\begin{aligned}X_3(k)&=\mathrm{DFT}[x_3(n)]\\&=\sum_{n-0}^{N-1}\left[\sum_{m=0}^{N-1}x_1(m)x_2((n-m))_NR_N(n)\right]W_N^{kn}\\&=\sum_{m=0}^{N-1}x_1(m)\sum_{n=0}^{N-1}x_2((n-m))_NW_N^{kn}\end{aligned}$$

令 $n-m=n'$，则有

$$\begin{aligned}X_3(k)&=\sum_{m=0}^{N-1}x_1(m)\sum_{n'=-m}^{N-1-m}x_2((n'))_NW_N^{k(n'+m)}\\&=\sum_{m=0}^{N-1}x_1(m)W_N^{km}\sum_{n'=-m}^{N-1-m}x_2((n'))_NW_N^{kn'}\\&=\sum_{m=0}^{N-1}x_1(m)W_N^{km}\sum_{n'=0}^{N-1}x_2(n')W_N^{kn'}\\&=X_1(k)X_2(k),\qquad 0\leqslant k\leqslant N-1\end{aligned}$$

（3）频域循环卷积定理

若 $x_3(n)=x_1(n)x_2(n)$，则

$$\begin{aligned}X_3(k)&=\mathrm{DFT}[x_3(n)]\\&=\frac{1}{N}\sum_{l=0}^{N-1}X_1(l)X_2((k-l))_NR_N(k)\\&=\frac{1}{N}\sum_{l=0}^{N-1}X_2(l)X_1((k-l))_NR_N(k)\end{aligned}\tag{5.1-17}$$

8. 帕塞瓦尔定理（Parseval）

设长度为 N 的有限长序列 $x(n)$ 的 N 点 DFT 为 $X(k)$，则

$$\sum_{n=0}^{N-1}|x(n)|^2=\frac{1}{N}\sum_{k=0}^{N-1}|X(k)|^2\tag{5.1-18}$$

证明：

$$\begin{aligned}\sum_{n=0}^{N-1}|x(n)|^2 &= \sum_{n=0}^{N-1}x(n)x^*(n)\\ &= \sum_{n=0}^{N-1}x(n)\left[\frac{1}{N}\sum_{k=0}^{N-1}X(k)W_N^{-kn}\right]^*\\ &= \frac{1}{N}\sum_{k=0}^{N-1}X^*(k)\sum_{n=0}^{N-1}x(n)W_N^{kn}\\ &= \frac{1}{N}\sum_{k=0}^{N-1}X^*(k)X(k)\\ &= \frac{1}{N}\sum_{k=0}^{N-1}|X(k)|^2\end{aligned}$$

表明一个序列在时域计算的能量与在频域计算的能量是相等的，即能量守恒原理。

9. DFT 的对称性

因为把有限长序列看成为周期为 N 的时间序列中的一个周期，因此有

$$x(-n) = x(N-n) \tag{5.1-19}$$

$$X(-k) = X(N-k) \tag{5.1-20}$$

（1）奇偶序列的 DFT

若 $x(n) = -x(-n) = -x(N-n)$ 奇对称

则 $X(k) = -X(-k) = -X(N-k)$ 奇对称 （5.1-21）

若 $x(n) = x(-n) = x(N-n)$ 偶对称

则 $X(k) = X(-k) = X(N-k)$ 偶对称 （5.1-22）

（2）共轭复序列的 DFT

设长度为 N 的有限长序列 $x(n)$ 的 N 点 DFT 为 $X(k)$，则

$$\begin{aligned}\mathrm{DFT}[x^*(n)] &= X^*((-k))_N R_N(n)\\ &= X^*((N-k))_N R_N(n)\\ &= X^*(N-k), \qquad 0 \leqslant k \leqslant N-1\end{aligned} \tag{5.1-23}$$

$X(k)$ 可认为是分布在 N 等分的圆周上，它的末点即它的起点，即 $X(N)=X(0)$，所以凡是 $X(N)$ 都认为有 $X((N))_N=X(0)$。

证明：

$$\begin{aligned}\mathrm{DFT}[x^*(n)] &= \sum_{n=0}^{N-1}x^*(n)W_N^{nk}R_N(k)\\ &= \left[\sum_{n=0}^{N-1}x(n)W_N^{-nk}\right]^*R_N(k)\\ &= X^*((-k))_N R_N(k)\end{aligned}$$

由于 $W_N^{nN}=\mathrm{e}^{-\mathrm{j}\frac{2\pi}{N}nN}=\mathrm{e}^{-\mathrm{j}2\pi n}=1$，所以

$$\begin{aligned}\mathrm{DFT}[x^*(n)] &= \left[\sum_{n=0}^{N-1}x(n)W_N^{-nk}\right]^*R_N(k)\\ &= \left[\sum_{n=0}^{N-1}x(n)W_N^{(N-k)n}\right]^*R_N(k)\end{aligned}$$

$$= X^*((N-k))_N R_N(k)$$
$$= X^*(N-k)$$

同理可证

$$\mathrm{DFT}[x^*((-n))_N R_N(n)] = \mathrm{DFT}[x^*((N-n))_N R_N(n)] = X^*(k)$$

即

$$\mathrm{DFT}[x^*(N-n)] = X^*(k) \tag{5.1-24}$$

(3) DFT 的共轭对称性

设 $x(n)$是长度为 N 的有限长序列，则 $x(n)$的共轭对称分量 $x_{ep}(n)$和共轭反对称分量 $x_{op}(n)$分别定义为

$$x_{ep}(n) = \frac{1}{2}[x(n) + x^*(N-n)] \tag{5.1-25}$$

$$x_{op}(n) = \frac{1}{2}[x(n) - x^*(N-n)] \tag{5.1-26}$$

则两者满足

$$x_{ep}(n) = x_{ep}^*(N-n), 0 \leqslant n \leqslant N-1 \tag{5.1-27}$$

$$x_{op}(n) = -x_{op}^*(N-n), 0 \leqslant n \leqslant N-1 \tag{5.1-28}$$

如同任何实函数都可以分解成偶对称分量和奇对称分量一样，任何有限长序列 $x(n)$都可以表示成其共轭对称分量 $x_{ep}(n)$和共轭反对称分量 $x_{op}(n)$之和，即

$$x(n) = x_{ep}(n) + x_{op}(n), 0 \leqslant n \leqslant N-1 \tag{5.1-29}$$

则

$$\begin{aligned}\mathrm{DFT}[x_{ep}(n)] &= \mathrm{DFT}\left[\frac{1}{2}(x(n) + x^*(N-n))\right] \\ &= \frac{1}{2}\mathrm{DFT}[x(n)] + \frac{1}{2}\mathrm{DFT}[x^*(N-n)] \\ &= \frac{1}{2}[X(k) + X^*(k)] \\ &= \mathrm{Re}[X(k)]\end{aligned} \tag{5.1-30}$$

同理可得

$$\mathrm{DFT}[x_{op}(n)] = \mathrm{jIm}[X(k)] \tag{5.1-31}$$

又假设将序列 $x(n)$分成实部和虚部,即

$$x(n) = x_r(n) + \mathrm{j}x_i(n) \tag{5.1-32}$$

其中

$$x_r(n) = \mathrm{Re}[x(n)] = \frac{1}{2}[x(n) + x^*(n)]$$

$$\mathrm{j}x_i(n) = \mathrm{jIm}[x(n)] = \frac{1}{2}[x(n) - x^*(n)]$$

则

$$\mathrm{DFT}[x_r(n)] = X_{ep}(k) = \frac{1}{2}[X(k) + X^*(N-k)] \tag{5.1-33}$$

$$\mathrm{DFT}[\mathrm{j}x_i(n)] = X_{op}(k) = \frac{1}{2}[X(k) - X^*(N-k)] \tag{5.1-34}$$

所以,由 DFT 的线性性质可得

$$X(k) = \mathrm{DFT}[x(n)] = X_{ep}(k) + X_{op}(k) \tag{5.1-35}$$

式中,$X_{ep}(k) = \mathrm{DFT}[x_r(n)]$为 $X(k)$的共轭对称分量,$X_{op}(k) = \mathrm{DFT}[\mathrm{j}x_i(n)]$为 $X(k)$的共轭反对称分量。

表 5-1 列出了 DFT 的一些基本性质。

表 5-1 DFT 的基本性质

序号	序 列	离散傅里叶变换	备 注
1	$x(n)$	$X(k)$	
2	$w(n) = ax(n) + by(n)$	$W(k) = aX(k) + bY(k)$	a、b 为任意常数
3	$X(n)$	$Nx(N-k)$	对称定理
4	$x(N-n)$	$X(N-k)$	时间反转定理
5	$x((n+m))_N R_N(n)$	$W_N^{-km}X(k)$	时域循环移位定理
6	$W_N^{nl}x(n)$	$X((k+l))_N R_N(k)$	频域循环移位定理
7	$\sum_{m=0}^{N-1} x_1(m)x_2((n-m))_N R_N(n)$	$X_1(k)X_2(k)$	时域循环卷积定理
8	$x_1(n)x_2(n)$	$\frac{1}{N}\sum_{l=0}^{N-1} X_1(l)X_2((k-l))_N R_N(k)$	频域循环卷积定理
9	$x^*(n)$	$X^*(N-k)$	
10	$x^*(N-n)$	$X^*(k)$	
11	$x_{ep}(n) = \frac{1}{2}[x(n) + x^*(N-n)]$	$\mathrm{Re}[X(k)]$	
12	$x_{op}(n) = \frac{1}{2}[x(n) - x^*(N-n)]$	$\mathrm{jIm}[X(k)]$	
13	$x_r(n) = \frac{1}{2}[x(n) + x^*(n)]$	$X_{ep}(k) = \frac{1}{2}[X(k) + X^*(N-k)]$	
14	$\mathrm{j}x_i(n) = \frac{1}{2}[x(n) - x^*(n)]$	$X_{op}(k) = \frac{1}{2}[X(k) - X^*(N-k)]$	

注:表中所有序列长度以及 DFT 变换区间长度均为 N。

5.2 频域采样定理

在时域采样定理一节中,曾经分析过,如果对连续时间信号进行理想采样,只要采样频率大于等于信号最高频率的 2 倍,那么这些采样值就能恢复原来的连续信号。另外,模拟信号经时域采样得到序列,序列的频谱是原模拟信号频谱的周期延拓函数,延拓周期为 $2\pi/T$。

在很多方面时域与频域具有对偶关系。下面证明频域采样的特性与时域采样对偶,即对时间序列 $x(n)$的连续频谱函数在频域等间隔采样,则采样得到的离散频谱对应时域序列将是原时间序列 $x(n)$的周期延拓序列,这一特性将与时域采样、频域周期延拓相对偶。

设任意序列 $x(n)$绝对可和,其 z 变换和傅里叶变换分别表示为

$$X(z) = \sum_{n=-\infty}^{+\infty} x(n)z^{-n}$$

$$X(\mathrm{e}^{\mathrm{j}\omega}) = \sum_{n=-\infty}^{\infty} x(n)\mathrm{e}^{-\mathrm{j}\omega n}$$

现对 $X(\mathrm{e}^{\mathrm{j}\omega})$ 进行等间隔采样得到 $\tilde{X}(k)$，采样间隔为 $2\pi/N$，则

$$
\begin{aligned}
\tilde{X}(k) &= X(\mathrm{e}^{\mathrm{j}\omega})\Big|_{\omega=\frac{2\pi}{N}k} \\
&= \sum_{n=-\infty}^{\infty} x(n)\mathrm{e}^{-\mathrm{j}\frac{2\pi}{N}kn} \\
&= \sum_{n=-\infty}^{\infty} x(n) W_N^{kn}
\end{aligned}
\tag{5.2-1}
$$

由于 $X(\mathrm{e}^{\mathrm{j}\omega})$ 以 2π 为周期，所以 $\tilde{X}(k)$ 以 N 为周期，可将 $\tilde{X}(k)$ 看作一个以 N 为周期的周期序列 $\tilde{x}(n)$ 的 DFS 系数，则有

$$
\tilde{x}(n) = \frac{1}{N}\sum_{k=0}^{N-1}\tilde{X}(k) W_N^{-kn}
$$

由于 $\tilde{X}(k)$ 以 N 为周期，所以在主值区间 $[0,N-1]$ 上的 $\tilde{X}(k)$ 即 $X(k)$，即有

$$
\begin{aligned}
\tilde{x}(n) &= \frac{1}{N}\sum_{k=0}^{N-1} X(k) W_N^{-kn} \\
&= \frac{1}{N}\sum_{k=0}^{N-1}\left[\sum_{m=-\infty}^{\infty} x(m) W_N^{km}\right] W_N^{-kn} \\
&= \sum_{m=-\infty}^{\infty} x(m)\left[\frac{1}{N}\sum_{k=0}^{N-1} W_N^{k(m-n)}\right]
\end{aligned}
$$

其中

$$
\frac{1}{N}\sum_{k=0}^{N-1} W_N^{k(m-n)} = \begin{cases} 1, m = n + rN, r \text{ 为整数} \\ 0, \text{其他 } m \end{cases}
$$

所以

$$
\tilde{x}(n) = \sum_{r=-\infty}^{\infty} x(n + rN) \tag{5.2-2}
$$

式（5.2-2）表明对 $X(\mathrm{e}^{\mathrm{j}\omega})$ 以 $2\pi/N$ 为间隔采样，对应于时域序列周期延拓，延拓周期为 N，这一结果与对连续时间信号采样导致频谱周期延拓类似。时域周期序列 $\tilde{x}(n)$ 的主值序列为

$$
x_N(n) = \tilde{x}(n) R_N(n) = \left[\sum_{r=-\infty}^{\infty} x(n + rN)\right] R_N(n) \tag{5.2-3}
$$

如果序列 $x(n)$ 长度为 M，则只有当 $N \geqslant M$ 时，才能由频域采样 $X(k)$ 恢复出 $X(\mathrm{e}^{\mathrm{j}\omega})$ 和 $x(n)$，且

$$
x_N(n) = \mathrm{IDFT}[X(k)] = x(n) \tag{5.2-4}
$$

否则将产生时域混叠失真，无法由 $X(k)$ 得到 $x(n)$，这就是频域采样定理。

在前面讨论过周期序列的离散傅里叶级数的系数 $\tilde{X}(k)$ 在一个周期内的值和 $\tilde{x}(n)$ 的一个周期的 z 变换在单位圆（即序列的傅里叶变换）的 N 个均匀点上的采样值相等，这其实就是频域的采样。因此可以得到一个结论：可以用 N 个点的 $X(k)$ 来代表序列的傅里叶变换。但是要注意，不是所有的序列都可以这样。已经证明过 $\tilde{x}(n) = \sum\limits_{r=-\infty}^{\infty} x(n+rN)$，即周期序列

可以看作是非周期序列以 N 为周期进行延拓而成。只有在 N 大于非周期序列 $x(n)$ 的长度时，延拓后才不会发生混叠现象。所以要求 $x(n)$ 为有限长序列，且长度小于等于 N，这样就可以用 $\widetilde{X}(k)$ 来代表 $X(\mathrm{e}^{\mathrm{j}\omega})$。此时，$\widetilde{X}(k)$ 的一个周期就可以代表 $X(\mathrm{e}^{\mathrm{j}\omega})$ 或 $X(z)$，而 $\widetilde{X}(k)$ 的一个周期就是 $X(k)$。下面分析如何用 $X(k)$ 来表示 $X(\mathrm{e}^{\mathrm{j}\omega})$ 或 $X(z)$。

有限长序列 $x(n)(0\leqslant n\leqslant N-1)$ 的 z 变换为

$$X(z) = \sum_{n=0}^{N-1} x(n) z^{-n}$$

而由 IDFT 变换有：$x(n) = \dfrac{1}{N}\sum_{k=0}^{N-1} X(k) W_N^{-kn}$，代入上式得

$$\begin{aligned} X(z) &= \sum_{n=0}^{N-1}\left[\frac{1}{N}\sum_{k=0}^{N-1} X(k) W_N^{-kn}\right] z^{-n} \\ &= \frac{1}{N}\sum_{k=0}^{N-1} X(k)\left[\sum_{n=0}^{N-1} W_N^{-kn} z^{-n}\right] \\ &= \frac{1}{N}\sum_{k=0}^{N-1} X(k)\,\frac{1 - W_N^{-Nk} z^{-N}}{1 - W_N^{-k} z^{-1}} \end{aligned}$$

式中，$W_N^{-Nk}=1$，因此

$$X(z) = \frac{1 - z^{-N}}{N}\sum_{k=0}^{N-1}\frac{X(k)}{1 - W_N^{-k} z^{-1}} \tag{5.2-5}$$

这就是用 N 个频率采样值 $X(k)$ 来恢复 $X(z)$ 的插值公式，它可以表示为

$$X(z) = \sum_{k=0}^{N-1} X(k)\,\Phi_k(z) \tag{5.2-6}$$

式中

$$\Phi_k(z) = \frac{1}{N}\,\frac{1 - z^{-N}}{1 - W_N^{-k} z^{-1}} \tag{5.2-7}$$

式中，$\Phi_k(z)$ 称为内插函数。

式（5.2-6）中把 z 换成 $\mathrm{e}^{\mathrm{j}\omega}$ 就变成用 N 个频率采样值 $X(k)$ 来恢复 $X(\mathrm{e}^{\mathrm{j}\omega})$ 的插值公式，即

$$X(\mathrm{e}^{\mathrm{j}\omega}) = \sum_{k=0}^{N-1} X(k)\,\Phi_k(\mathrm{e}^{\mathrm{j}\omega}) \tag{5.2-8}$$

式中

$$\Phi_k(\mathrm{e}^{\mathrm{j}\omega}) = \frac{1}{N}\,\frac{1 - \mathrm{e}^{-\mathrm{j}\omega N}}{1 - \mathrm{e}^{-\mathrm{j}\left(\omega - k\frac{2\pi}{N}\right)}} \tag{5.2-9}$$

进一步简化可得

$$X(\mathrm{e}^{\mathrm{j}\omega}) = \sum_{k=0}^{N-1} X(k)\,\Phi\left(\omega - \frac{2\pi}{N}k\right) \tag{5.2-10}$$

式中

$$\Phi(\omega) = \frac{1}{N}\,\frac{\sin(\omega N/2)}{\sin(\omega/2)}\mathrm{e}^{-\mathrm{j}\left(\frac{N-1}{2}\right)\omega} \tag{5.2-11}$$

在以后介绍有关数字滤波器的结构与设计中，频域采样定理及相关公式将会用于 FIR 滤

波器的结构与设计。

5.3 快速傅里叶变换

快速傅里叶变换（Fast Fourier Transform，FFT）并不是一种新的变换，而是离散傅里叶变换（DFT）的一种快速算法。由于有限长序列在其频域也可离散化为有限长序列，因此离散傅里叶变换（DFT）在数字信号处理中是非常有用的。但是，在相当长的时间里，由于 DFT 的计算量太大，即使采用计算机也很难对问题进行实时处理，所以并没有得到真正的运用。直到 1965 年库利（J. W. Cooley）和图基（J. W. Tukey）首次提出了 DFT 运算的一种快速算法，后来桑德（G. Sande）和图基（J. W. Tukey）的快速算法相继出现以后，情况才发生了根本的变化。人们开始认识到 DFT 运算的一些内在规律，从而很快地发展和完善了一套高速有效的运算方法，这就是现在人们普遍称之为快速傅里叶变换（FFT）的算法。FFT 出现后使 DFT 的运算大大简化，运算时间一般可缩短一、二个数量级之多，从而使 DFT 的运算在实际中真正得到了广泛的应用。FFT 作为计算 DFT 的一种快速算法，它的发现引起了数字信号处理技术的许多重大变革，推动了数字信号处理学科的发展。

5.3.1 FFT 算法的基本思想

1. 直接计算 DFT 的问题

对于长度为 N 的有限长序列 $x(n)$ 的 DFT 及其 IDFT 为

$$X(k) = \mathrm{DFT}[x(n)] = \sum_{n=0}^{N-1} x(n) W_N^{kn}, 0 \leqslant k \leqslant N-1 \tag{5.3-1}$$

$$x(n) = \mathrm{IDFT}[X(k)] = \frac{1}{N}\sum_{k=0}^{N-1} X(k) W_N^{-kn}, 0 \leqslant n \leqslant N-1 \tag{5.3-2}$$

可见式（5.3-1）和式（5.3-2）差别只在于 W_N 指数符号不同及相差一个比例因子$\frac{1}{N}$，所以只需要对 $x(n)$ 的 DFT 算法进行讨论，该算法同样可用于 IDFT 的运算。

式（5.3-1）中的 $X(k)$ 可以展开为

$$X(0) = W_N^{0(0)}x(0) + W_N^{0(1)}x(1) + W_N^{0(2)}x(2) + \cdots + W_N^{0(N-1)}x(N-1)$$
$$X(1) = W_N^{1(0)}x(0) + W_N^{1(1)}x(1) + W_N^{1(2)}x(2) + \cdots + W_N^{1(N-1)}x(N-1)$$
$$X(2) = W_N^{2(0)}x(0) + W_N^{2(1)}x(1) + W_N^{2(2)}x(2) + \cdots + W_N^{2(N-1)}x(N-1)$$
$$\cdots$$
$$X(N-1) = W_N^{(N-1)(0)}x(0) + W_N^{(N-1)(1)}x(1) + W_N^{(N-1)(2)}x(2) + \cdots + W_N^{(N-1)(N-1)}x(N-1)$$

可见，完成每一个频率分量的运算需要作 N 次复数乘法和 $N-1$ 次复数加法，则完成 $X(k)$ 的 N 个频率分量的运算需要作 N^2 次复数乘法和 $N(N-1)$ 次复数加法。当 $N=1024$ 时，则需要 $N^2 \approx 10^6$ 次复数乘法。计算机作乘法运算时间比作加法运算时间长得多，所以一般用乘法时间来估算运算时间。又因为复数运算实际上是由实数运算来完成的，这时 DFT 运算式可写成

$$X(k) = \sum_{n=0}^{N-1} x(n) W_N^{kn}$$

$$
\begin{aligned}
&= \sum_{n=0}^{N-1}\{\mathrm{Re}[x(n)]+\mathrm{jIm}[x(n)]\}\{\mathrm{Re}[W_N^{kn}]+\mathrm{jIm}[W_N^{kn}]\}\\
&= \sum_{n=0}^{N-1}\{\mathrm{Re}[x(n)]\mathrm{Re}[W_N^{kn}]-\mathrm{Im}[x(n)]\mathrm{Im}[W_N^{kn}]+\\
&\quad \mathrm{j}\{\mathrm{Re}[x(n)]\mathrm{Im}[W_N^{kn}]+\mathrm{Im}[x(n)]\mathrm{Re}[W_N^{kn}]\}\}
\end{aligned}
\tag{5.3-3}
$$

由式（5.3-3）可知，进行一次复数乘法运算实际上包括4次实数相乘和2次实数相加。类似地，一次复数加法需要完成二次实数加法。把复数运算变成实数运算，则每完成一个$X(k)$值的运算需要$4N$次实数相乘，以及$2N$（由复数乘法所带来的加法）$+2(N-1)$（复数加法引起）$=2(2N-1)$次实数相加。所以整个N点$X(k)$值运算需要$4N^2$次实数相乘和$2N(2N-1)$次实数相加。可见，直接计算DFT，乘法次数和加法次数都是和N^2成正比的，当N很大时，运算量是很大的。

2. DFT快速算法FFT的基本途径

仔细研究DFT的计算，会发现有很多重复的计算，利用权函数W_N^{kn}的对称性和周期性就可以使DFT计算中的重复项合并，从而减少运算量，提高运算效率。

对称性：
$$
\begin{cases}
W_N^{k(N-n)} = W_N^{-kn} = (W_N^{kn})^* \\
W_N^{\left(k+\frac{N}{2}\right)} = -W_N^k, W_N^k = (W_N^{-k})^*
\end{cases}
\tag{5.3-4}
$$

周期性：
$$
\begin{cases}
W_N^{kn} = W_N^{k(n+N)} = W_N^{(k+N)n} \\
W_N^{(k+lN)(n+rN)} = W_N^{kn}
\end{cases}
\tag{5.3-5}
$$

显而易见：

$$W_{\frac{N}{2}}^{kn} = \mathrm{e}^{-\mathrm{j}\left[\frac{2\pi}{\frac{N}{2}}\right]kn} = W_N^{2kn}$$

$$W_N^N = 1, W_N^{lN} = 1, W_N^{N/2} = -1$$

$$W_N^{N/4} = -\mathrm{j}, W_N^{N3/4} = \mathrm{j}, W_{2N}^k = W_N^{k/2}$$

这样，$W_N^0 = W_N^{mN} = 1, W_N^1 = W_N^{1+N} = W_N^{1+2N} = \cdots = W_N^{1+mN}$

在计算DFT时就不要把它们当作不同的数，而只要计算一次就可以了。在作乘法运算时能适当安排则可节省大量的计算。其次由于$W_N^{N/2} = W_N^{(mN+N/2)} = -1$，以及考虑$W_N^{kn}$的对称性，也可以节省大量计算。

$N=8$时，根据权函数W_N^{kn}在复平面上分布的对称性和周期性，有

$$W_8^3 = W_8^{-5} = (W_8^5)^* = -W_8^{-1}$$

$$W_8^7 = W_8^4 W_8^3 = -W_8^3$$

$$W_8^2 = W_8^{-6} = (W_8^6)^* = -W_8^{-2}$$

如果善于处理运算过程，尽可能多地消除这些多余量，必然会较大地提高计算效率。

FFT的基本思想就是把原始的N点序列，依次地分解成一系列的短序列，然后求出与这些短序列相对应的DFT并进行适当的组合，借以减少乘法计算的目的。因为DFT的复数乘法次数与复数加法次数都与N^2成正比，所以N分得越小对减少运算量越有利。快速傅里叶变换就是将长序列的DFT分解成几组短序列的DFT，并且利用权函数W_N^{kn}的对称性和周期性减少运算量。根据把长序列依次分解为短序列的分解形式不同，FFT算法基本上可以分为两大类：按时间抽取（Decimation-In-Time，DIT）的FFT算法和按频率抽取（Decimation-

In-Frequency，DIF）的 FFT 算法。

5.3.2 按时间抽取的基 2FFT 算法

为讨论方便，使序列长度为 $N=2^M$，M 为正整数。若 N 不满足此条件，可以人为地增加若干零值点来达到这一要求。这种 N 为 2 的整数次幂的 FFT 称为基 2 FFT。

1. 算法基本原理

设序列长度为 $N=2^M$，$m=0$，1，2，…，M 为依次分解级数。

把长度为 N 的序列 $x(n)$ 分解成由 $\frac{N}{2}$ 个偶数样点和 $\frac{N}{2}$ 个奇数样点构成的子序列，使序列 $x(n)$ 的 N 点 DFT 用 2 个 $\frac{N}{2}$ 点的 DFT 来计算。还可以依次类推进一步再分解为两个短序列，一直分解下去直到最后分解为两个 2 点 DFT 为止。而每次分解都是有规律地按输入序列在时域上的偶、奇次序来抽取的，所以称为按时间抽取的算法 DIT-FFT。由于每分解一次就降低一阶幂次，所以总可以通过 M 级的分解，最后全部变换成为一系列 2 点 DFT 运算的组合，使运算达到最高效率。

$N=2^3=8$ 时的整个分解过程如图 5-5 所示。

图 5-5 中，$M=3$ 即进行三级分解，把 8 点 DFT 分解为两个 4 点 DFT，然后又把 4 点 DFT 分解为两个 2 点 DFT。

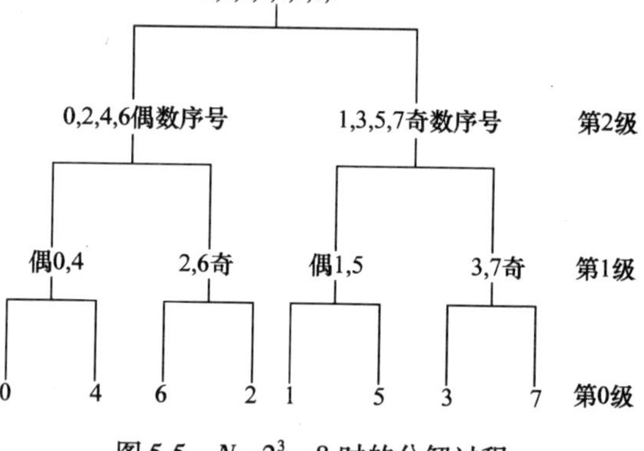

图 5-5 $N=2^3=8$ 时的分解过程

下面讨论分解过程的运算。

设序列 $x(n)$ 的长度为 $N(n=0,1,2,\cdots N-1)$，按序号 n 的奇、偶将 $x(n)$ 分解为两个 $\frac{N}{2}$ 点的子序列

$$\begin{aligned} x(n) &= a(r)+b(r) \\ &= \underset{\text{偶数}}{x(2r)}+\underset{\text{奇数}}{x(2r+1)} \end{aligned} \quad r=0,1,2\cdots,\frac{N}{2}-1 \tag{5.3-6}$$

则 $x(n)$ 的 N 点 DFT 为

$$\begin{aligned} X(k) &= \underset{n\text{ 为偶数}}{\sum_{n=0}^{N-1} x(n)W_N^{kn}} + \underset{n\text{ 为奇数}}{\sum_{n=0}^{N-1} x(n)W_N^{kn}} \\ &= \sum_{r=0}^{\frac{N}{2}-1} x(2r)W_N^{2rk} + \sum_{r=0}^{\frac{N}{2}-1} x(2r+1)W_N^{(2r+1)k} \\ &= \sum_{r=0}^{\frac{N}{2}-1} a(r)(W_N^2)^{rk} + W_N^k\sum_{r=0}^{\frac{N}{2}-1} b(r)(W_N^2)^{rk} \\ &= \sum_{r=0}^{\frac{N}{2}-1} a(r)W_{N/2}^{rk} + W_N^k\sum_{r=0}^{\frac{N}{2}-1} b(r)W_{N/2}^{rk} \\ &= A(k)+W_N^kB(k) \end{aligned} \tag{5.3-7}$$

式（5.3-7）表明一个 N 点 DFT 可分解为两个$\frac{N}{2}$点 DFT 的组合。其中，$A(k)$、$B(k)$分别是偶数序列 $a(r)$及奇数序列 $b(r)$的$\frac{N}{2}$点 DFT，即

$$A(k)=\sum_{r=0}^{\frac{N}{2}-1}a(r)W_{N/2}^{rk}=\sum_{r=0}^{\frac{N}{2}-1}x(2r)W_{N/2}^{rk},k=0,1,\cdots,\frac{N}{2}-1 \qquad (5.3\text{-}8)$$

$$B(k)=\sum_{r=0}^{\frac{N}{2}-1}b(r)W_{N/2}^{rk}=\sum_{r=0}^{\frac{N}{2}-1}x(2r+1)W_{N/2}^{rk},k=0,1,\cdots,\frac{N}{2}-1 \qquad (5.3\text{-}9)$$

可见，$A(k)$、$B(k)$都是$\frac{N}{2}$点的 DFT，所以按式（5.3-7）计算得到的只是 $X(k)$的前一半结果，即 $k=0$，1，…，$\frac{N}{2}-1$，并不能完整地表示 $X(k)$。要用 $A(k)$、$B(k)$来表达 $X(k)$的全部值，还需要利用权函数 $W_{N/2}^{rk}$、W_N^k 的周期性和对称性，即

$$W_{N/2}^{rk}=W_{N/2}^{r(k+N/2)},W_N^{(k+N/2)}=-W_N^k$$

可以得到

$$A\left(k+\frac{N}{2}\right)=\sum_{r=0}^{\frac{N}{2}-1}a(r)W_{N/2}^{r(k+N/2)}=\sum_{r=0}^{\frac{N}{2}-1}a(r)W_{N/2}^{rk}=A(k) \qquad (5.3\text{-}10)$$

同理可得

$$B\left(k+\frac{N}{2}\right)=B(k) \qquad (5.3\text{-}11)$$

则可以得到 $X(k)=\mathrm{DFT}[x(n)]$的后半部分，即 $k=\frac{N}{2}$，$\frac{N}{2}+1$，…$N-1$ 时的 $X(k)$值为

$$\begin{aligned}X\left(k+\frac{N}{2}\right)&=A\left(k+\frac{N}{2}\right)+W_N^{\left(k+\frac{N}{2}\right)}B\left(k+\frac{N}{2}\right)\\&=A(k)-W_N^kB(k)\end{aligned}\qquad k=0,1,\cdots\frac{N}{2}-1 \qquad (5.3\text{-}12)$$

比较式(5.3-7)和式(5.3-12)

$$\begin{cases}X(k)=A(k)+W_N^kB(k)\\X\left(k+\frac{N}{2}\right)=A(k)-W_N^kB(k)\end{cases}\qquad k=0,1,\cdots\frac{N}{2}-1$$

可见两式仅差一个负号，表明只要求出$\left[0\sim\frac{N}{2}-1\right]$区间内各个整数 k 值所对应的 $A(k)$及 $B(k)$，即可求出$[0\sim N-1]$区间内的全部 $X(k)$值。因而上式中的 k 可直接推广，作为基 2FFT 算法最基本的递推公式，这也就是 FFT 能节省大量计算量的关键。

通过上述分析可见，一个长度为 N 的序列 $x(n)$的 DFT 可以通过两个长度为$\frac{N}{2}$的序列的 DFT 求出，并可依此类推下去。

这种算法是将时间按奇、偶分开，因而称为按时间抽取算法。按时间抽取算法是在输入序列分成越来越小的子序列上执行 DFT 运算，最后再合成 N 点的 DFT。

$N=8$ 时，$X(k)$与 $A(k)$、$B(k)$的关系如图 5-6 所示。

$A(k)$、$B(k)$是$\frac{N}{2}$点 DFT，可以按照上述方法继续给以分解。此时，再按 r 的奇、偶将 $A(k)$及 $B(k)$进行分解。

令 $r=2l$ 为偶数部分，$r=2l+1$ 为奇数部分，而 $l=0$，1，2…，$\frac{N}{4}-1$，则$\frac{N}{2}$点的 DFT 分解为两个$\frac{N}{4}$点 DFT 的组合。则 $A(k)$、$B(k)$分别表示为

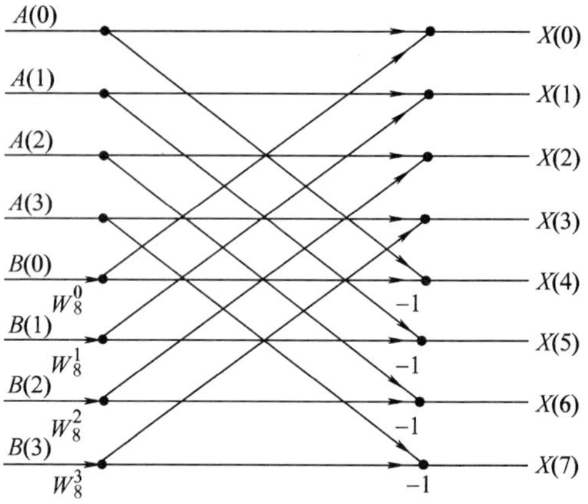

图 5-6　$N=8$ 时 $X(k)$与 $A(k)$、$B(k)$的关系

$$
\begin{aligned}
A(k) &= \sum_{r=0}^{\frac{N}{2}-1} a(r) W_{N/2}^{rk} = \sum_{r=0}^{\frac{N}{2}-1} x(2r) W_{N/2}^{rk} \\
&= \sum_{l=0}^{\frac{N}{4}-1} x(4l) W_{N/2}^{2lk} + \sum_{l=0}^{\frac{N}{4}-1} x(4l+2) W_{N/2}^{(2l+1)k} \\
&= \sum_{l=0}^{\frac{N}{4}-1} x(4l) W_{N/4}^{lk} + W_{N/2}^{k} \sum_{l=0}^{\frac{N}{4}-1} x(4l+2) W_{N/4}^{lk} \\
&= C(k) + W_{N/2}^{k} D(k) \\
&= C(k) + W_{N}^{2k} D(k)
\end{aligned}
\tag{5.3-13}
$$

其中

$$C(k) = \sum_{l=0}^{\frac{N}{4}-1} x(4l) W_{N/4}^{lk} \qquad k=0,1,\cdots,\frac{N}{4}-1 \tag{5.3-14}$$

$$D(k) = \sum_{l=0}^{\frac{N}{4}-1} x(4l+2) W_{N/4}^{lk} \qquad k=0,1,\cdots,\frac{N}{4}-1 \tag{5.3-15}$$

于是

$$\begin{cases} A(k) = C(k) + W_N^{2k} D(k) \\ A\left(k+\frac{N}{4}\right) = C(k) - W_N^{2k} D(k) \end{cases} \qquad k=0,1,\cdots,\frac{N}{4}-1 \tag{5.3-16}$$

同理

$$\begin{cases} B(k) = E(k) + W_N^{2k} F(k) \\ B\left(k+\frac{N}{4}\right) = E(k) - W_N^{2k} F(k) \end{cases} \qquad k=0,1,\cdots,\frac{N}{4}-1 \tag{5.3-17}$$

式(5.3-17)中

$$E(k) = \sum_{l=0}^{\frac{N}{4}-1} x(4l+1) W_{N/4}^{lk} \qquad k=0,1,\cdots,\frac{N}{4}-1 \tag{5.3-18}$$

$$F(k) = \sum_{l=0}^{\frac{N}{4}-1} x(4l+3) W_{N/4}^{lk} \qquad k=0,1,\cdots,\frac{N}{4}-1 \tag{5.3-19}$$

$N=8$ 时，$A(k)$、$B(k)$与 $C(k)$、$D(k)$、$E(k)$、$F(k)$的关系如图 5-7 所示。此时，$C(k)$、

$D(k)$、$E(k)$、$F(k)$都是两点的 DFT，无需再分。

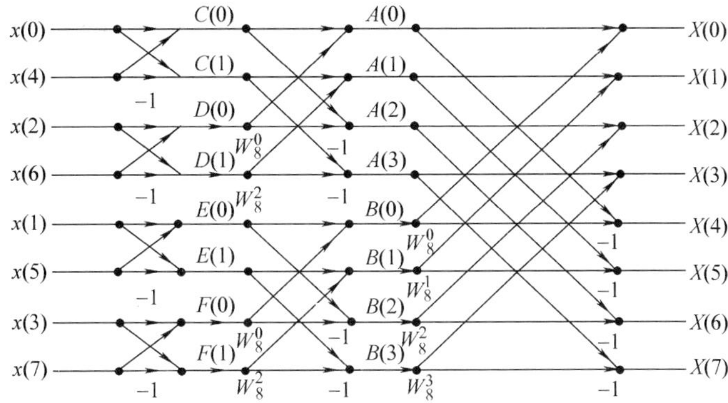

图 5-7　$N=8$ 时 $A(k)$、$B(k)$与 $C(k)$、$D(k)$、$E(k)$、$F(k)$的关系

2. 算法讨论

（1）运算流图

由前面讨论有关 DFT 分解过程的运算可以看到，整个 DFT 的分解过程是反复运用公式

$$\begin{cases} X(k) = A(k) + W_N^k B(k) \\ X\left(k + \dfrac{N}{2}\right) = A(k) - W_N^k B(k) \end{cases}, \qquad k = 0,1,\cdots,\frac{N}{2}-1$$

进行迭代计算的结果。该式所表示的运算称为蝶形（Butterfly）运算，其运算流图如图 5-8 所示。图中，支路上没有标注系数时，该支路的传输比为 1。

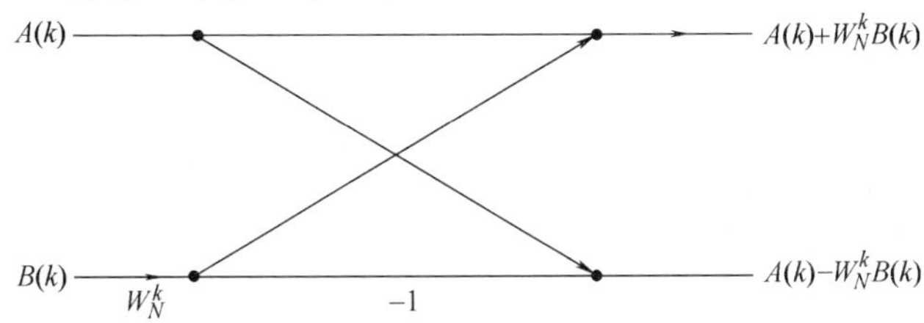

图 5-8　蝶形运算流图

计算一个蝶形运算共需一次复数乘法以及两次复数加（减）法。

若 $N=2^3=8$，8 点 FFT 时间抽取（DIT）算法运算流图如图 5-9 所示。

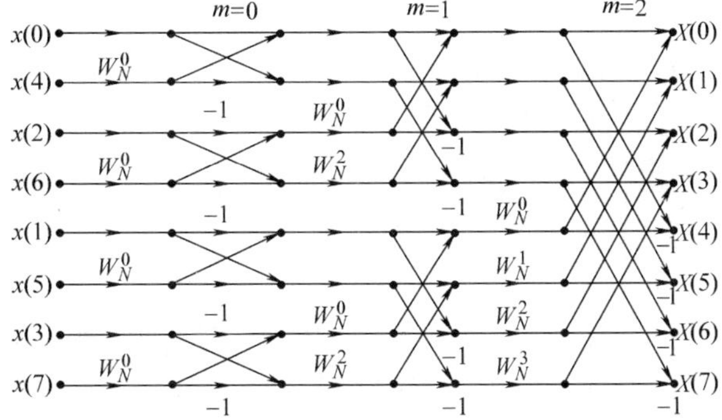

图 5-9　8 点 FFT 时间抽取（DIT）算法运算流图

（2）蝶形运算

从图 5-9 所示运算流图可以看出，$N=2^M$，$m=0$，1，2，$\cdots M$ 为分解的级数。图中，$N=8$,因此 $M=3$，从左至右依次为 $m=0$ 级，$m=1$ 级，$m=2$ 级。

在 FFT 运算流图中每一级里节点都是成对存在的，这一对节点中上边的节点称为上节点，下边的节点称为下节点。运算时总是下节点的值乘以 W_N^r，然后和上节点的值相加或相减形成下一列两个节点值，如图 5-10 所示。

所以蝶形运算的基本关系式为

$$\begin{cases}x_{m+1}(p)=x_m(p)+W_N^r x_m(q)\\x_{m+1}(q)=x_m(p)-W_N^r x_m(q)\end{cases}\tag{5.3-20}$$

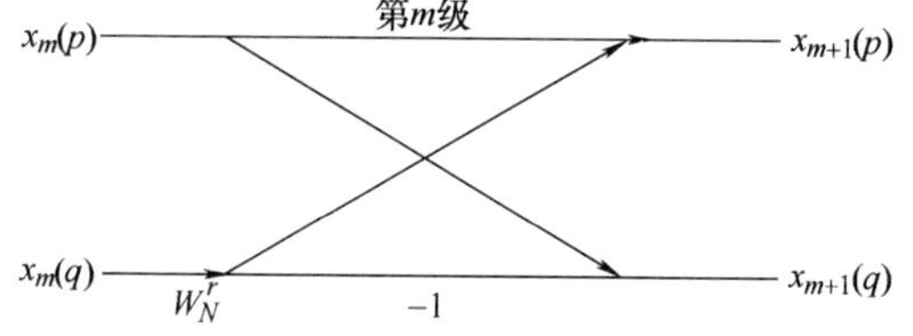

图 5-10　第 m 级蝶形运算

其中，p 和 q 分别为上、下节点的序号。一级中每一对 $x_m(p)$和 $x_m(q)$都称为对偶节点。需要注意的是，在对偶节点对中只有下节点的 $x_m(q)$才乘加权因子 W_N^r，该对中的上节点 $x_m(p)$是不加权的。

从运算流图 5-9 中可以归纳出分解级数 m，参加运算的对偶节点之间的间距$(q-p)$以及加权系数 W_N^r 的个数三者之间的关系。

分解级数 m	对偶节点间距（$q-p$）	加权系数 W_N^r	个数
第 0 级　$m=0$	1	$W_8^0=1$	1 个
第 1 级　$m=1$	2	W_8^0，W_8^2	2 个
第 2 级　$m=2$	4	W_8^0，W_8^1，W_8^2，W_8^3	4 个

可见，参加蝶形运算的两个数据点间距（即对偶节点间距）逐级增加，加权系数的个数也逐级增加。

最后一级加权系数用得最多，对于 $N=2^3=8$ 而言为 4 个，而前一级只用到它的偶序号即 W_8^0、W_8^2，最左边一级（第 0 级，$m=0$）也是用到上一级加权系数的偶序号即 W_8^0。也就是说，由后（即由右）向前（即向左）每推进一级则加权系数个数就减少一半，用后级加权系数中偶数序号的那一半。

对偶节点之间的间距用（$q-p$）来表示。同一级中对偶节点的间距是相同的，不同的级中对偶节点的间距是不同的。对偶节点的间距为

$$q-p=2^m\tag{5.3-21}$$

式中，m 为该级的序号；p 为对偶节点中的上节点序号；q 为对偶节点中的下节点序号。

利用间距计算公式，可以将式（5.3-20）所示的 FFT 的 DIT 算法的蝶形运算基本关系式表示为

$$\begin{cases}x_{m+1}(p)=x_m(p)+W_N^r x_m(p+2^m)\\x_{m+1}(q)=x_m(p)-W_N^r x_m(p+2^m)\end{cases}\tag{5.3-22}$$

在每一次的蝶形运算中，总是从 $x_m(p)$的 $p=0$ 的序号的那一点开始，而其对偶节点总是该级中向下间距为 2^m 的那一点。于是在计算过程中，每经过 2^m 个节点后就必须跳过已经进行过蝶形运算的节点，这就避免了重复的计算。

蝶形运算是 FFT 算法的基础，在整个 DFT 的分解过程中是反复地运用蝶形运算基本关

系式进行迭代计算的结果。

(3) 加权函数 W_N^r 的确定

第一次将 N 点 DFT 分成两个 $N/2$ 点 DFT 时，即图 5-9 所示运算流图中最右边一级，此时出现的 W_N^r 中 $r=0$，1，…，$N/2-1$。再往下分时，依次是 W_N^{2r}，$r=0,1,\cdots,N/4-1$。其余可类推。

3. FFT 的 DIT 算法与直接计算 DFT 运算量的比较

由图 5-9 所示运算流图可知，$N=2^M$ 有 M 级分解，每一级都由 $N/2$ 个蝶形运算构成。计算一个蝶形运算共需一次复数乘法以及两次复数加法，因而每一级运算都需要$\frac{N}{2}$次复数乘法和 N 次复数加法，所以 M 级运算总共需要

$$\text{复数乘法数}:\frac{N}{2}M=\frac{N}{2}\log_2 N \tag{5.3-23}$$

$$\text{复数加法数}:NM=N\log_2 N \tag{5.3-24}$$

因为 $W_N^0=1$，$W_N^{N/2}=-1$，$W_N^{N/4}=-\mathrm{j}$，这些系数都不用乘法运算，但直接计算 DFT 是存在的，所以实际计算是和上述复数乘法数、复数加法数有所出入。当 N 较大时可忽略这些问题。而直接计算 DFT 时所需复数乘法数与复数加法数都是与 N^2 成正比。所以直接计算 DFT 与 FFT 的 DIT 算法计算量之比为

$$\frac{N^2}{\frac{N}{2}\cdot M}=\frac{2N}{M}=\frac{2N}{\log_2 N} \tag{5.3-25}$$

N 愈大则 FFT 算法优越性愈突出。

4. FFT 的 DIT 算法特点

(1) 同址运算（原位运算）

仔细考察由图 5-9 所示运算流图可以发现，整个运算过程都是利用前述公式

$$\begin{cases}X(k)=A(k)+W_N^kB(k)\\X\left(k+\dfrac{N}{2}\right)=A(k)-W_N^kB(k)\end{cases},\qquad k=0,1,\cdots,\frac{N}{2}-1$$

迭代完成，所以都是蝶形运算的递推。

通过对蝶形运算的讨论可知，第 m 级的 $x_m(p)$ 和 $x_m(q)$ 经蝶形运算后，在第 $m+1$ 级中的节点序号是不改变的，即 $x_{m+1}(p)$ 中的 p 与 $x_{m+1}(q)$ 中的 q 仍分别是 $x_m(p)$ 中的 p 和 $x_m(q)$ 中的 q 值。而且蝶形运算自成独立单元即互为独立的，也就是 $x_{m+1}(p)$ 只与 $x_m(p)$ 和 $x_m(q)$ 有关，$x_{m+1}(q)$ 亦仅仅与 $x_m(p)$ 和 $x_m(q)$ 有关而和其他节点的值无关。同时，在该级中，$x_m(p)$ 和 $x_m(q)$ 也不再参加另外的蝶形运算。这样就可以将计算出来的结果 $x_{m+1}(p)$ 和 $x_{m+1}(q)$ 放入计算前的 $x_m(p)$ 和 $x_m(q)$ 所在的存储单元中去，而不需要另外开辟新的地址单元来存储计算结果，即同一个存储单元实现就地存储输入、输出数据，这就是同址运算。

同址计算所需要的存储单元数仅等于给定数据所需要的单元数 N 即可，不需要另外考虑存放中间计算结果的单元。而直接计算 DFT，必须对 N 个原始数据、中间结果和最后结果都要作存储。所以 FFT 比 DFT 节省存储单元。

(2) 码位倒置与整序

由图 5-9 所示运算流图可看出序列 $x(n)$ 的 DFT 输出如果按自然顺序排列，即 $X(k)$ 按

$X(0),X(1),X(2),X(3),\cdots,X(7)$的顺序排列，则输入的数据$x(n)$就必须按$x(0)$、$x(4)$、$x(2)$、$x(6)$、$x(1)$、$x(5)$、$x(3)$、$x(7)$的次序排列，不再是原来的自然顺序，而是倒位序。但给定的输入数据$x(n)$一般是按自然顺序排列的，即$x(0)$、$x(1)$、$x(2)$、$x(3)$、$x(4)$、$x(5)$、$x(6)$、$x(7)$，为此就需要从$x(n)$找到码位倒置的方法。

FFT 的 DIT 算法是按时间的奇、偶抽取来形成倒位序的。以$N=8$为例讨论倒位序的形成。把$x(n)$中的序号n写成二进制数，即$x(n)\to x(n_2n_1n_0)$，n_2、n_1、n_0为 0 或 1。如图 5-11 所示树状图描述了这种分成偶数子序列和奇数子序列的过程。

一般实际运算中，总是先按自然顺序将输入序列存入存储单元，为了得到倒位序的排列，通过变址运算来完成。如果输入序列的自然顺序号I用二进制数（例如$n_2n_1n_0$）表示，则其倒位序J对应的二进制数就是（$n_0n_1n_2$），这样，在原来自然顺序时应该放$x(I)$的单元，现在倒位序后放$x(J)$。例如，$N=8$时，$x(3)$的标号是$I=3$，它的二进制数是 011，倒位序的二进制数是 110，即$J=6$，所以原来存放在$x(011)$单元的数据现在应该存放在$x(110)$内。表 5-2 列出了$N=8$时的自然顺序二进制数以及相应的倒位序二进制数。

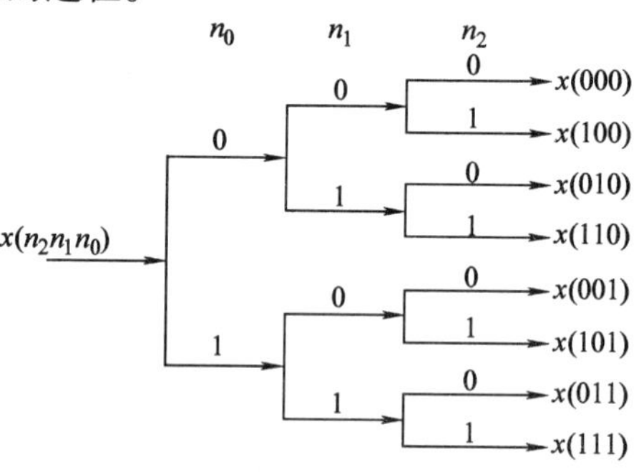

图 5-11 倒位序的形成

表 5-2 $N=8$ 时的自然顺序二进制数和相应的倒位序二进制数

自然顺序（I）	二进制表示	倒位序二进制表示	倒位序（J）
0	000	000	0
1	001	100	4
2	010	010	2
3	011	110	6
4	100	001	1
5	101	101	5
6	110	011	3
7	111	111	7

为了实现同址计算，输入必须呈倒位序，而计算结果则成自然位序。一般情况下，输入序列并不是倒位序的，所以实现第一步是先对输入样本序列作排列处理。当$N=8$时，这种处理可用图 5-12 表示。

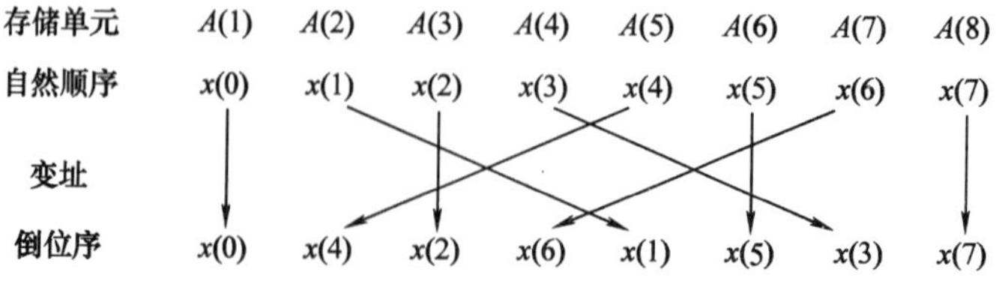

图 5-12 $N=8$ 倒位序的变址处理

5.3.3 按频率抽取的基 2FFT 算法

基 2FFT 的 DIT 算法是：每一级的处理都是建立在时域里将输入序列依次地按奇、偶一分为二，分成较小的序列，直到分成两点序列的 DFT 为止。与此类似还有基 2 FFT 的 DIF

算法。该算法是每一级的处理都是在频域里把序列分解为奇与偶的形式来进行计算。

基 2FFT 的 DIF 算法也是将输入序列 $x(n)$ 分解成两个长为$\frac{N}{2}$点的子序列，但此时的分解不是按 n 的奇、偶来分的，而是将 $x(n)$ 按 n 的序号分为上、下两部分，即 $n=0,1,\cdots,\frac{N}{2}-1$，及 $n=\frac{N}{2}$，$\frac{N}{2}+1,\cdots N-1$，得到

$$
\begin{aligned}
X(k) &= \sum_{n=0}^{N-1} x(n) W_N^{kn} \\
&= \sum_{n=0}^{\frac{N}{2}-1} x(n) W_N^{kn} + \sum_{n=\frac{N}{2}}^{N-1} x(n) W_N^{kn} \\
&= \sum_{n=0}^{\frac{N}{2}-1} x(n) W_N^{kn} + \sum_{n=0}^{\frac{N}{2}-1} x\left(n+\frac{N}{2}\right) W_N^{k\left(n+\frac{N}{2}\right)} \qquad k=0,1,\cdots,N-1 \qquad (5.3\text{-}26) \\
&= \sum_{n=0}^{\frac{N}{2}-1} x(n) W_N^{kn} + \sum_{n=0}^{\frac{N}{2}-1} x\left(n+\frac{N}{2}\right) W_N^{kn} \cdot W_N^{k\frac{N}{2}} \\
&= \sum_{n=0}^{\frac{N}{2}-1} \left[x(n) + (-1)^k x\left(n+\frac{N}{2}\right)\right] W_N^{kn}
\end{aligned}
$$

式中，$W_N^{k\frac{N}{2}}=(-1)^k$。在频域里的 k 按偶数序号及奇数序号分开，分别令 $k=2r$，$k=2r+1$，且 $r=0,1,2,\cdots,\frac{N}{2}-1$，则式（5.3-26）可以分解为两个式子

$$
X(2r) = \sum_{n=0}^{\frac{N}{2}-1} \left[x(n) + x\left(n+\frac{N}{2}\right)\right] W_{\frac{N}{2}}^{nr} \qquad r=0,1,2\cdots\frac{N}{2}-1 \qquad (5.3\text{-}27)
$$

$$
\begin{aligned}
X(2r+1) &= \sum_{n=0}^{\frac{N}{2}-1} \left[x(n) - x\left(n+\frac{N}{2}\right)\right] W_N^{(2r+1)n} \\
&\qquad\qquad r=0,1,2\cdots,\frac{N}{2}-1 \qquad (5.3\text{-}28) \\
&= \sum_{n=0}^{\frac{N}{2}-1} \left\{\left[x(n) - x\left(n+\frac{N}{2}\right)\right] W_N^{n}\right\} W_{\frac{N}{2}}^{nr}
\end{aligned}
$$

式(5.3-27)和式(5.3-28)中，$\left[x(n)+x\left(n+\frac{N}{2}\right)\right]$与$\left[x(n)-x\left(n+\frac{N}{2}\right)\right]W_N^n$ 形成了一个蝶形运算关系，如图 5-13 所示。其复数乘法出现于减法运算之后，这是与 DIT 算法的不同之处。由于这种算法是将 $X(k)$ 按序号 k 的奇、偶分开，所以这种算法称为 FFT 的 DIF 算法。

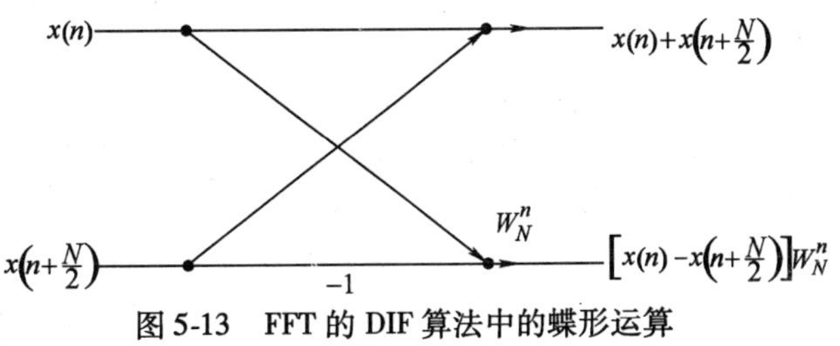

图 5-13　FFT 的 DIF 算法中的蝶形运算

DIF 算法中蝶形运算基本关系式为

$$\begin{cases} x_1(n) = x(n) - x\left(n + \dfrac{N}{2}\right) \\ x_2(n) = \left[x(n) - x\left(n + \dfrac{N}{2}\right)\right] W_N^n \end{cases}, \qquad n = 0, 1, \cdots, \frac{N}{2} - 1 \tag{5.3-29}$$

$N = 2^3 = 8$ 时，DIF 算法运算流图如图 5-14 所示。

DIF 与 DIT 算法在同址计算和码位倒置上是相同的，只是在 DIF 中输出序列是码位倒置的，需要把它按自然顺序排列起来。

比较 FFT 的 DIT 与 DIF 的运算流图是互为转置的，所以有以下结论：

1）DIF 的输入顺序，输出反序。这一点与 DIT 相反，DIT 为输入反序，输出为自然顺序。由于 DIF 的输出为反序，所以运算完毕后，要经过“整序”变为自然顺序后输出，整序的规律和方法与 DIT 相同。

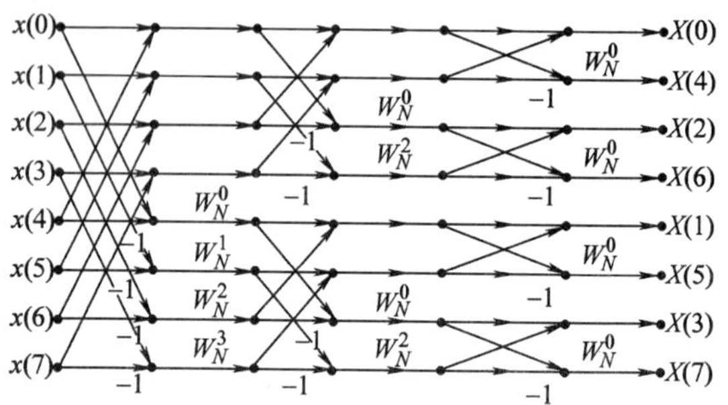

图 5-14　8 点 FFT 频率抽取（DIF）算法运算流图

2）DIF 和 DIT 的蝶形运算关系有所不同，差别是在 DIF 中复数乘法出现于减法运算后，而 DIT 则是先作复数乘法再作复数加减法。

5.3.4　快速傅里叶反变换

IDFT 的快速算法称为快速傅里叶反变换，简称为 IFFT。由于 DFT 变换对的对称性，IFFT的算法与前面所讨论的 FFT 算法几乎完全相同，只作两个小的改动即可。

长度为 N 的有限长序列 $x(n)$ 的 DFT 及其 IDFT 为

$$X(k) = \text{DFT}[x(n)] = \sum_{n=0}^{N-1} x(n) W_N^{kn}, 0 \leqslant k \leqslant N-1$$

$$x(n) = \text{IDFT}[X(k)] = \frac{1}{N}\sum_{k=0}^{N-1} X(k) W_N^{-kn}, 0 \leqslant n \leqslant N-1$$

比较两式，可见 IDFT 与 DFT 的差别仅在于：

1）权函数 W_N^{kn} 与 W_N^{-kn} 的指数仅差一个负号。

2）相差一个比例因子$\dfrac{1}{N}$。

IDFT 可表示为

$$\begin{aligned} x(n) &= \frac{1}{N}\left[\sum_{k=0}^{N-1} X^*(k) W_N^{kn}\right]^* \\ &= \frac{1}{N}\{\text{DFT}[X^*(k)]\}^* \end{aligned} \tag{5.3-30}$$

因此作 $X(k)$ 的 IFFT 可分下列三步：

1）先取 $X(k)$ 的共轭，得出 $X^*(k)$。

2）作 $X^*(k)$ 的 FFT，即得 $Nx^*(n)$。

3）取 $x^*(n)$ 的共轭，并除以 N，即得 $x(n)$。

因此，FFT 运算和 IFFT 运算就可以共用一个子程序块，这样就能很方便地进行 FFT 和

IFFT 计算。

5.4 FFT 的应用举例

DFT 的应用极为广泛，凡是利用快速信号处理的领域都可能用到 DFT，实际上都是采用 DFT 的快速算法 FFT 计算 DFT 和 IDFT。本节介绍 FFT 在计算线性卷积和对信号进行谱分析中的应用。

5.4.1 利用 FFT 计算线性卷积

1. 用 FFT 计算线性卷积

计算线性卷积是数字信号处理中经常遇到的问题。信号经过一个线性非时变系统进行处理，实质上就是计算输入信号 $x(n)$ 与系统单位冲激响应 $h(n)$ 的线性卷积，而线性卷积的计算量又很庞大。利用 FFT 计算线性卷积就是根据 DFT 的循环卷积定理，在满足一定的条件下，用循环卷积等价地取代线性卷积，通过 DFT 将 $x(n)$ 与 $h(n)$ 的卷积变成频域中 $X(k)$ 与 $H(k)$ 的乘积，再经过 IDFT 即得到。其中 DFT 和 IDFT 均采用快速算法，从而使卷积运算速度大大提高。用 DFT 计算循环卷积的方法如图 5-15 所示。

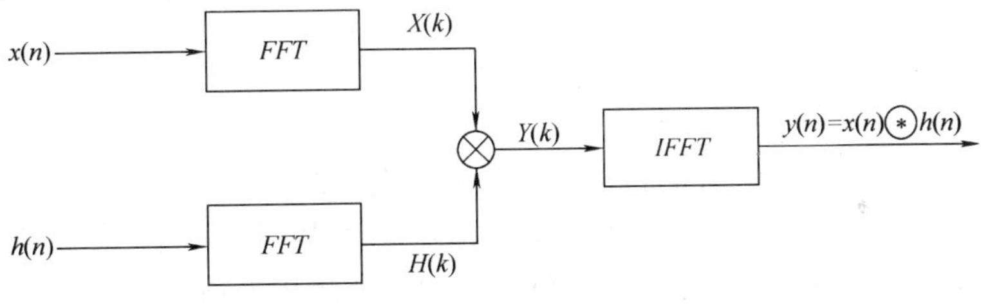

图 5-15　用 DFT 计算循环卷积

但是线性卷积 $h(n)*x(n)$ 与循环卷积 $h(n)⊛x(n)$ 不同，要用循环卷积等价地取代线性卷积的计算，则需要满足一定的条件。

设 $x(n)$ 是 N_1 点的有限长序列 $(0\leqslant n\leqslant N_1-1)$，$h(n)$ 是 N_2 点的有限长序列 $(0\leqslant n\leqslant N_2-1)$，$x(n)$ 和 $h(n)$ 的线性卷积为

$$
\begin{aligned}
y_1(n) = x(n) * h(n) &= \sum_{m=-\infty}^{\infty} x(m)h(n-m) \\
&= \sum_{m=0}^{N_1-1} x(m)h(n-m)
\end{aligned}
\tag{5.4-1}
$$

$y_1(n)$ 是长度为 N_1+N_2-1 点的有限长序列，即线性卷积的长度等于参与卷积的两序列的长度之和减 1。例如，图 5-16 中，$x(n)$ 为 $N_1=4$ 的矩形序列（如图 5-16a 所示），$h(n)$ 为 $N_2=5$ 的矩形序列（如图 5-16b 所示），则其线性卷积 $y_1(n)$ 为 $N=N_1+N_2-1=8$ 点的有限长序列（如图 5-16c 所示）。

下面再来讨论 $x(n)$ 与 $h(n)$ 的循环卷积。先假设进行 L 点的循环卷积，再讨论 L 取何值时，循环卷积才能代表线性卷积。

设 $y(n)=x(n)⊛h(n)$ 是两序列的 L 点循环卷积，$L\geqslant\max[N_1,N_2]$，这就要将 $x(n)$ 与

$h(n)$都看成是L点的序列。在这L个序列值中，$x(n)$只有前N_1个值是非零值，后$L-N_1$个值均为补充的零值。同样，$h(n)$只有前N_2个值是非零值，后$L-N_2$个值均为补充的零值，则

$$y(n)=x(n)\circledast h(x)=\sum_{m=0}^{L-1}x(m)h((n-m))_L R_L(n) \tag{5.4-2}$$

为了分析其循环卷积，先将序列$x(n)$与$h(n)$以L为周期进行周期延拓

$$\tilde{x}(n)=x((n))_L=\sum_{k=-\infty}^{\infty}x(n+kL)$$

$$\tilde{h}(n)=h((n))_L=\sum_{r=-\infty}^{\infty}h(n+rL)$$

周期卷积序列为

$$\begin{aligned}\tilde{y}(n)&=\sum_{m=0}^{L-1}\tilde{x}(m)\tilde{h}(n-m)\\&=\sum_{m=0}^{L-1}x(m)\sum_{r=-\infty}^{+\infty}h(n+rL-m)\\&=\sum_{r=-\infty}^{+\infty}\sum_{m=0}^{L-1}x(m)h(n+rL-m)\\&=\sum_{r=-\infty}^{+\infty}y_1(n+rL)\end{aligned} \tag{5.4-3}$$

式（5.4-3）表明$\tilde{y}(n)$是序列$y_1(n)$以L为周期的周期延拓序列。

由于$y_1(n)$具有N_1+N_2-1个非零值。因此可以看到，如果周期卷积的周期$L<N_1+N_2-1$,那么$y_1(n)$的周期延拓就必然有一部分非零序列值要重叠起来，从而出现混叠现象。只有在$L\geqslant N_1+N_2-1$时，才没有混叠现象。这时，在$y_1(n)$的周期延拓中，每一个周期L内，前N_1+N_2-1个序列值正好是$y_1(n)$的全部非零序列值，而剩下的$L-(N_1+N_2-1)$个点上的序列值则是补充的零值。

循环卷积正是周期卷积取主值序列，因此

$$y(n)=\left[\sum_{r=-\infty}^{\infty}y_1(n+rL)\right]R_L(n) \tag{5.4-4}$$

所以要使循环卷积等于线性卷积而不产生混叠的必要条件为

$$L\geqslant N_1+N_2-1 \tag{5.4-5}$$

满足此条件后就有

$$y(n)=y_1(n)$$

即

$$x(n)\circledast h(n)=x(n)*h(n)$$

图5-16d、e、f反映了循环卷积与线性卷积的关系。在图5-16d中，$L=6$小于$N_1+N_2-1=8$，这时产生混叠现象，其循环卷积不等于线性卷积；而在图5-16e、5-16f中，$L=8$和$L=10$,这时循环卷积结果与线性卷积结果相同，所得的前8点序列值正好代表线性卷积结果。所以只要$L\geqslant N_1+N_2-1$，循环卷积结果就能完全代表线性卷积。

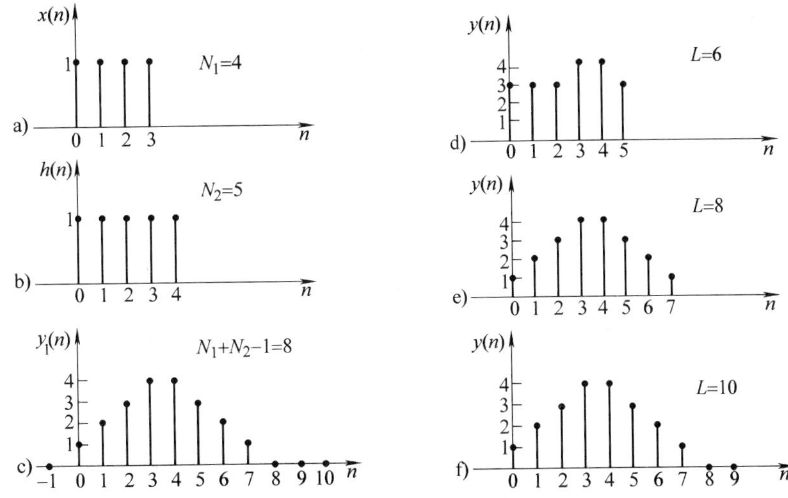

图 5-16　线性卷积与循环卷积

利用 DFT 计算线性卷积的方法如下：

1）对长度分别为 N_1、N_2 的有限长序列 $x(n)$、$h(n)$ 作补零延长序列处理，分别补 $L-N_1$、$L-N_2$ 个零值，其中 $L \geqslant N_1+N_2-1$，并以 L 为周期进行周期延拓。

2）作 $x((n))_L R_L(n)$ 与 $h((n))_L R_L(n)$ 的 L 点 DFT。

3）求得 $H(k)X(k)$。

4）求得 $H(k)X(k)$ 的 L 点 IDFT，即 $H(k)X(k) \xrightarrow[L]{\text{IDFT}} h(n) \circledast x(n)$。

5）此时，$\text{IDFT}[H(k)X(k)] = h(n) * x(n)$。

2. 用分段卷积计算长序列卷积

利用离散傅里叶变换计算有限长序列的线性卷积是工程应用中一种相当有效的计算手段。但是在有些场合，例如对语音信号进行过滤时，通常需作有限时宽序列与时宽很长的序列间的线性卷积。理论上虽可将整个信号存储下来，然后按极大数量的样本点计算离散傅里叶变换实现上述序列的卷积，但是，样本点数过多的离散傅里叶变换与离散傅里叶反变换的运算显然会相当麻烦。而且就算按此进行，在全部输入点都收集到之前，是不会有计算好的滤波器输出点的。这种长时间的输出延迟，通常是不希望的。为了克服这个弊端，有时可以将待处理的信号分割成长度为 L 的若干区段，然后把每个区段的信号与滤波器的有限时宽的单位冲激响应作相应的卷积运算，再将已滤波的区段的结果用正确的方式重新搭配起来。

如果序列 $x(n)$ 是长序列，则数字系统输出 $y(n)=h(n)*x(n)$ 要待 $x(n)$ 存储完毕再作卷积，则将产生两个问题：

1）要求计算机的存储容量过大。

2）等待 $x(n)$ 输入的时间过长。

要解决上述问题，可以将长序列 $x(n)$ 分成若干段，每段长为 L 的 $x_i(n)$，将 $x_i(n)$ 与 $h(n)$ 进行快速卷积运算（用 DFT 计算线性卷积，即用循环卷积取代线性卷积），运算完毕后再用长度为 L 的第二段 $x_i(n)$ 与 $h(n)$ 进行快速卷积运算。直到把 $x(n)$ 序列全部用完为止。最后将每段的卷积用一定的方式合在一起就可得到总的输出 $y(n)=h(n)*x(n)$。下面讨论重叠相加法。

设$h(n)$的点数为M，信号$x(n)$为很长的序列。将$x(n)$分解为很多段，每段为L点，L选择成和M的数量级相同，用$x_i(n)$表示$x(n)$的第i段

$$x_i(n)=\begin{cases}x(n), & iL\leqslant n\leqslant(i+1)L-1\\0, & \text{其他 } n\end{cases}\qquad i=0,1,\cdots \tag{5.4-6}$$

则输入序列可表示成

$$x(n)=\sum_{i=0}^{\infty}x_i(n) \tag{5.4-7}$$

这样，$x(n)$和$h(n)$的线性卷积等于各$x_i(n)$与$h(n)$的线性卷积之和，即

$$y(n)=x(n)*h(n)=\sum_{i=0}^{\infty}x_i(n)*h(n) \tag{5.4-8}$$

每一个$x_i(n)*h(n)$都可用上面讨论的用FFT计算线性卷积的办法来运算。由于$x_i(n)*h(n)$为$L+M-1$点，故先对$x_i(n)$及$h(n)$补零值点，补到N点，$N\geqslant L+M-1$，然后作N点的循环卷积：$y_i(n)=x_i(n)\circledast h(n)$。

由于$x_i(n)$为L点，而$y_i(n)$为$(L+M-1)$点（设$N=L+M-1$），故相邻两段输出序列必然有$(M-1)$个点发生重叠，即前一段的后$(M-1)$个点和后一段的前$(M-1)$个点相重叠，如图5-17所示。按照式（5.4-8），应该将重叠部分相加后再和不重叠的部分共同组成输出$y(n)$。

用FFT法实现重叠相加法的步骤如下：

1）计算$h(n)$的N点FFT，$H(k)=\mathrm{DFT}[h(n)]$。

2）计算$x_i(n)$的N点FFT，$X_i(k)=\mathrm{DFT}[x_i(n)]$。

3）将$H(k)$和$X_i(k)$相乘，$Y_i(k)=X_i(k)H(k)$。

4）计算$Y_i(k)$的N点IFFT，$y_i(n)=\mathrm{IDFT}[Y_i(k)]$。

5）将各段$y_i(n)$（包括重叠部分）相加。

重叠相加的名称是由于各输出段的重叠部分相加而得名的。

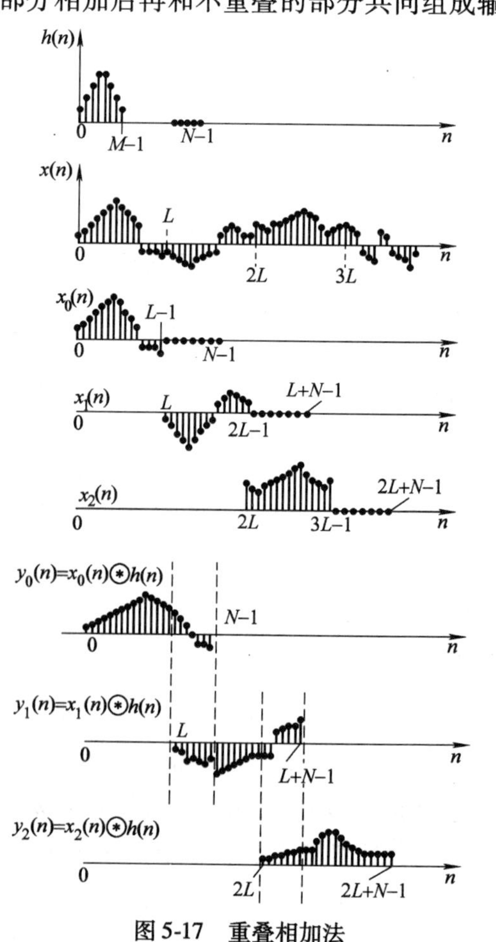

图5-17　重叠相加法

5.4.2　利用FFT对信号进行谱分析

所谓信号的谱分析就是计算信号的傅里叶变换。时域连续信号与系统的傅里叶变换显然不便于直接用计算机进行计算，其应用受到限制，而DFT是一种时域和频域均离散化的变换，适合数值运算，成为分析离散信号和系统的有力工具。

1. 用 DFT 对连续信号进行谱分析

工程实际中，经常遇到的连续信号 $x_a(t)$，其频谱函数 $X_a(\mathrm{j}\Omega)$ 也是连续函数。设时域连续信号 $x_a(t)$ 持续时间为 T_p，最高频率为 f_c。$x_a(t)$ 的傅里叶变换为

$$X_a(\mathrm{j}f) = \mathrm{FT}[x_a(t)] = \int_{-\infty}^{\infty} x_a(t)\mathrm{e}^{-\mathrm{j}2\pi ft}\mathrm{d}t \tag{5.4-9}$$

对 $x_a(t)$ 以采样间隔 $f_s \geqslant 2f_c\left(f_s = \frac{1}{T}\right)$ 采样得 $x_a(t) = x_a(nT)$。设共采样 N 点，并对 $X_a(\mathrm{j}f)$ 作零阶近似($t = nT, dt = T$)得

$$X(\mathrm{j}f) = T\sum_{n=0}^{N-1} x_a(nT)\mathrm{e}^{-\mathrm{j}2\pi fnT} \tag{5.4-10}$$

显然，$X(\mathrm{j}f)$ 仍是 f 的连续周期函数。对 $X(\mathrm{j}f)$ 在区间$[0,f_s]$上等间隔采样 N 点，采样间隔为 F，F 称为频率分辨率。参数 f_s、T_p、N 和 F 满足如下关系式

$$F = \frac{f_s}{N} = \frac{1}{NT} \tag{5.4-11}$$

由于 $NT = T_p$，所以

$$F = \frac{1}{T_p} \tag{5.4-12}$$

式(5.4-12)说明要提高频率分辨率即减小 F 就要增加 T_p，即增加信号的有效长度。

将 $f = kF$ 和式(5.4-11)代入式(5.4-10)可得 $X(\mathrm{j}f)$ 的采样

$$X(\mathrm{j}kF) = T\sum_{n=0}^{N-1} x_a(nT)\mathrm{e}^{-\mathrm{j}\frac{2\pi}{N}kn}, \qquad 0 \leqslant k \leqslant N-1 \tag{5.4-13}$$

令 $X_a(k) = X(\mathrm{j}kf)$，$x(n) = x_a(nT)$，则

$$X_a(k) = T\sum_{n=0}^{N-1} x(n)\mathrm{e}^{-\mathrm{j}\frac{2\pi}{N}kn} = T \cdot \mathrm{DFT}[x(n)] \tag{5.4-14}$$

式（5.4-14）说明连续信号的频谱特性可以通过对连续信号采样并进行 DFT，再乘以 T 的近似方法得到。

同理，由

$$x_a(t) = \int_{-\infty}^{\infty} X_a(\mathrm{j}f)\mathrm{e}^{\mathrm{j}2\pi ft}\mathrm{d}f$$

可推导出

$$\begin{aligned} x(n) = x_a(nT) &= F\sum_{n=0}^{N-1} X_a(k)\mathrm{e}^{\mathrm{j}\frac{2\pi}{N}kn} \\ &= \mathrm{FN}\left[\frac{1}{N}\sum_{n=0}^{N-1} X_a(k)\mathrm{e}^{\mathrm{j}\frac{2\pi}{N}kn}\right] \\ &= \frac{1}{T}\mathrm{IDFT}[X_a(k)] \end{aligned} \tag{5.4-15}$$

2. 用 DFT 对离散信号进行谱分析

通过前面的讨论知道，如果有限长序列 $x(n)$ 的长度为 M，则该序列的 $N(M \leqslant N)$ 点 DFT 就是其频率函数在 $X(\mathrm{e}^{\mathrm{j}\omega})$ 频率区间$[0,2\pi]$上的 N 点等间隔采样。DFT 有快速算法 FFT，所以经常用 DFT 对有限长序列进行谱分析。具体方法如下：

1）根据频率分辨率要求确定 DFT 变换区间长度 N。频率分辨率是指频谱分析中能够分

辨的两个相邻频率点谱线的最小间距。在数字频率域，如果要求频率分辨率为 D 弧度，而 N 点 DFT 意味着频率采样间隔为 $2\pi/N$，即 DFT 能够实现的频率分辨率为 $2\pi/N$，因此要求 $2\pi/N \leqslant D$，即 $N_{\min}=2\pi/D$，另外为满足基 2FFT 对点数 N 的要求，一般取 $N=2^M$（M 为正整数）。

2）计算 $x(n)$ 的 N 点 DFT。

3. 误差分析

下面分析利用 FFT 对信号进行傅里叶分析时可能造成的误差。

（1）频谱混叠失真

利用 FFT 对连续信号进行傅里叶分析时首先需要进行时域采样。按照时域采样定理，为了不产生混叠，必须满足

$$f_s \geqslant 2f_c \tag{5.4-16}$$

也就是采样间隔 T 满足

$$T=\frac{1}{f_s} \leqslant \frac{1}{2f_c} \tag{5.4-17}$$

一般应取

$$f_s=(3\sim 5)f_c \tag{5.4-18}$$

如果不满足 $f_s \geqslant 2f_h$，就会产生频谱混叠失真。

（2）栅栏效应

利用 FFT 计算频谱，只能给出离散点 $\omega_k=\frac{2\pi}{N}k$ 或 $\Omega_k=\frac{2\pi}{NT}k$ 上的频谱采样值，而不可能得到连续频谱函数，这就像通过一个“栅栏”观看信号频谱，只能在离散点上看到信号频谱，称之为“栅栏效应”。这时，如果在两个离散的谱线之间有一个特别大的频谱分量，就无法检测出来了。

减小栅栏效应的一个方法就是要使频域采样更密，即增加频域采样点数 N，在不改变时域数据的情况下，必然是在数据末端添加一些零值点，使一个周期内的点数增加，但并不改变原有的记录数据。频谱采样间距为$\frac{2\pi}{N}$，N 增加，必然使样点间距更近（单位圆上样点更多），谱线更密，谱线变密后原来看不到的谱分量就有可能看到了。

必须指出，补零以改变计算 FFT 的周期时，不能提高频率分辨率，这是因为数据的实际长度仍为补零前的数据长度。

（3）频谱泄漏与谱间干扰

对信号进行 FFT 计算，首先必须使其变成有限时宽的信号，这就相当于信号在时域乘一个窗函数如矩形窗，窗内数据并不改变。加窗即为时域相乘，对频域的影响可用卷积公式表示

$$\begin{aligned} V(e^{j\omega}) &= \frac{1}{2\pi}X(e^{j\omega}) * W(e^{j\omega}) \\ &= \frac{1}{2\pi}\int_{-\pi}^{\pi} X(e^{j\theta})W(e^{j(\omega-\theta)})d\theta \end{aligned} \tag{5.4-19}$$

式（5.4-19）中，$X(\mathrm{e}^{\mathrm{j}\omega})$是信号$x(n)$的频谱，$W(\mathrm{e}^{\mathrm{j}\omega})$是窗函数的频谱。卷积的结果使加窗后得到的频谱$V(\mathrm{e}^{\mathrm{j}\omega})$与原来的频谱$X(\mathrm{e}^{\mathrm{j}\omega})$不相同，产生失真。这种失真造成频谱的“扩散”，这就是所谓的“频谱泄漏”。

由上可知，泄漏是由于截取有限长信号所造成的。对具有单一谱线的正弦波来说，它必须是无限长的。也就是说，如果输入的正弦信号无限长，那么 FFT 就能计算出完全正确的单一谱线。可是实际应用中不可能这么做，而只能取有限长记录样本。如果在该有限长记录样本中，正弦信号又不是整数倍周期时，就会产生泄漏。例如，对周期为 16 的信号$x(n)=\cos\left(\frac{10\pi}{16}n\right)+\cos\left(\frac{12\pi}{16}n\right)$截取一个周期长度的信号，其 16 点 FFT 的频谱如图 5-18a 所示，若截取的长度为 13，则其 16 点 FFT 的频谱如图 5-18b 所示。由此可见，频谱不再是单一的谱线，它的能量散布到整个频谱的各处。这种能量散布到其他谱线位置的现象即为“频谱泄漏”。

泄漏造成的后果是降低频谱的分辨率。此外，由于在主谱线两边形成很多旁瓣，引起不同频率分量间的干扰（简称谱间干扰），特别是强信号谱的旁瓣可能淹没弱信号的主谱线，或者把强信号谱的旁瓣误认为是另一信号的谱线，从而造成假信号，这样就会使谱分析产生较大偏差。

在进行 FFT 运算时，时域截断是必然的，从而使得频谱泄漏和谱间干扰也是不可避免的。为尽量减小泄漏和谱间干扰的影响，需增加窗的时域宽度（频域主瓣变窄），但这又导致运算量及存储量的增加；其次，数据不要突然截断，也就是不要加矩形窗，而是加各种缓变的窗（例如：三角形窗、升余弦窗、改进的升余弦窗等），将使得窗谱的旁瓣能量更小，卷积后造成的泄漏减小，这个问题将在 FIR 滤波器设计一章中讨论。

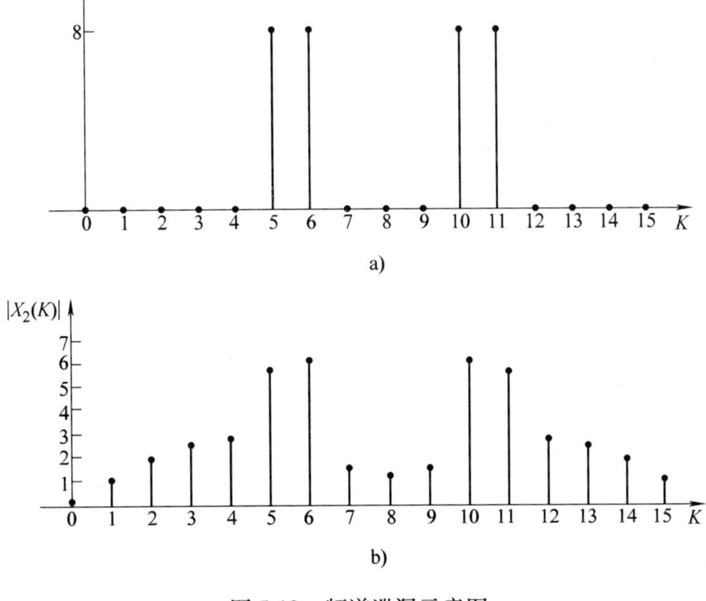

图 5-18　频谱泄漏示意图

5.5 小结

离散傅里叶变换是数字信号处理中最基本也是最重要的运算，在数字信号处理中占有极为重要的理论意义和实用意义。

本章首先讨论了离散傅里叶变换的定义、物理意义及其基本性质。指出了 DFT 是一个长度为 N 的有限长离散信号在时域和频域都取离散值的变换，它蕴含着先将 N 点的离散时间信号作周期延拓然后进行离散傅里叶级数变换，再从 DFS 变换对中各取主值区间，从而得到有限长序列的 DFT。DFT 的变换结果是对时域离散信号频谱的等间隔采样。在此基础上，本章讨论了频域采样定理，指出在一定条件下可以由频域离散采样信号恢复原信号。

直接计算离散傅里叶变换时计算量较大。为了提高离散傅里叶变换的运算效率，形成了多种快速算法。本章接下来讨论了 DFT 的快速算法 FFT。在指出直接计算 DFT 的问题后，利用 DFT 运算的一些内在规律，设法将一个大的 DFT 逐次分解成一些小的 DFT 来计算。重点讨论了按时间抽取（DIT）FFT 算法和按频率抽取（DIF）FFT 算法。

DFT 的快速算法 FFT 的出现，使其具有重要的应用价值。本章最后讨论了用 DFT 计算线性卷积以及对信号进行谱分析的基本原理。

5.6 习题

1. 计算以下序列的 N 点 DFT，在变换区间 $0\leqslant n\leqslant N-1$ 内，序列定义为

（1）$x(n)=\delta(n)$

（2）$x(n)=R_m(n),0<m<N$

（3）$x(n)=\cos\left(\dfrac{2\pi}{N}nm\right),0<m<N$

（4）$x(n)=\sin(w_0 n)R_N(n)$

（5）$x(n)=nR_N(n)$

2. 已知下列 $X(k)$，求 $x(n)=\mathrm{IDFT}[X(k)]$：

（1）$X(k)=\begin{cases}\dfrac{N}{2}\mathrm{e}^{\mathrm{j}\theta},k=m\\ \dfrac{N}{2}\mathrm{e}^{-\mathrm{j}\theta},k=N-m\\ 0,\text{其他 }k\end{cases}$

（2）$X(k)=\begin{cases}-\dfrac{N}{2}\mathrm{j}\mathrm{e}^{\mathrm{j}\theta},k=m\\ \dfrac{N}{2}\mathrm{j}\mathrm{e}^{-\mathrm{j}\theta},k=N-m\\ 0,\text{其他 }k\end{cases}$

3. 长度为 $N=10$ 的两个有限长序列

$$x_1(n)=\begin{cases}1, & 0\leqslant n\leqslant 4\\ 0, & 5\leqslant n\leqslant 9\end{cases}$$

$$x_2(n)=\begin{cases}1, & 0\leqslant n\leqslant 4\\ -1, & 5\leqslant n\leqslant 9\end{cases}$$

作图表示 $x_1(n)$、$x_2(n)$ 和 $y(n)=x_1(n)\circledast x_2(n)$。

4. 证明 DFT 的对称定理，即假设

$$X(k)=\mathrm{DFT}[x(n)]$$

证明

$$\mathrm{DFT}[X(n)]=Nx(N-k)$$

5. 如果 $X(k)=\mathrm{DFT}[x(n)]$，证明 DFT 的初值定理

$$x(0)=\frac{1}{N}\sum_{k=0}^{N-1}X(k)$$

6. 设 $x(n)$ 长度 N，且

$$X(k)=\mathrm{DFT}[x(n)],0\leqslant k\leqslant N-1$$

令

$$h(n)=x((n))_N R_{rN}(n)$$

$$H(k)=\mathrm{DFT}[h(n)],0\leqslant k\leqslant rN-1$$

求 $H(k)$ 与 $X(k)$ 的关系式。

7. 已知 $x(n)$ 长度为 N，$X(k)=\mathrm{DFT}[x(n)]$，

$$y(n)=\begin{cases}x(n), & 0\leqslant n\leqslant N-1\\ 0, & N\leqslant n\leqslant rN-1\end{cases}$$

$$Y(k)=\mathrm{DFT}[y(n)],0\leqslant k\leqslant rN-1$$

求 $Y(k)$ 与 $X(k)$ 的关系。

8. 已知 $x(n)$ 是 N 点的有限长序列，$X(k)=\mathrm{DFT}[x(n)]$，现将 $x(n)$ 的每两点之间补进 $r-1$ 个零值点，得到一个 rN 点的有限长序列 $y(n)$

$$y(n)=\begin{cases}x\left(\dfrac{n}{r}\right), & n=ir,i=0,1,\cdots,N-1\\ 0 & \text{其他}\ n\end{cases}$$

试求 $y(n)$ 的 rN 点 DFT 与 $X(k)$ 的关系。

9. 设 $X(k)=\mathrm{DFT}[x(n)]$，$x(n)$ 是长为 N 的有限长序列，证明

(1) 如果 $x(n)=-x(N-1-n)$，则 $X(0)=0$

(2) 当 N 为偶数时，如果 $x(n)=x(N-1-n)$，则 $X\left(\dfrac{N}{2}\right)=0$

10. 两个有限长序列 $x(n)$ 和 $y(n)$ 的零值区间为

$$x(n)=0,n<0\ \text{或}\ 8\leqslant n$$

$$y(n)=0,n<0\ \text{或}\ 20\leqslant n$$

对每个序列作 20 点 DFT，即

$$X(k)=\mathrm{DFT}[x(n)],k=0,1,\cdots,19$$

$$Y(k)=\mathrm{DFT}[y(n)],k=0,1,\cdots,19$$

如果

$$F(k)=X(k)Y(k),k=0,1,\cdots,19$$

$$f(n)=\text{IDFT}[F(k)],k=0,1,\cdots,19$$

试问在哪些点上 $f(n)=x(n)*y(n)$，为什么？

11. 设 $x(n)=3\delta(n)+2\delta(n-2)+4\delta(n-3)$

（1）求 $x(n)$ 的 4 点 DFT。

（2）若 $y(n)$ 是 $x(n)$ 与 $h(n)=\delta(n)+5\delta(n-1)+\delta(n-3)$ 的 4 点循环卷积，求 $y(n)$ 及其 4 点 DFT。

12. 两个长为 $N=5$ 的矩形序列，分别作线性卷积和 $L=8$ 点的循环卷积。问循环卷积的结果中哪些序列值与线性卷积的结果相同，并说明理由。

13. 已知序列 $x(n)=a^n u(n)$，$0<a<1$，对 $x(n)$ 的 Z 变换 $X(z)$ 在单位圆上等间隔采样 N 点，采样值为

$$X(k)=x(z)\Big|_{z=W_N^{-k}},k=0,1,\cdots,N-1$$

求有限长序列 IDFT$[X(k)]$。

14. 已知复序列 $x(n)=x_r(n)+\mathrm{j}x_i(n)$。其中 $x_r(n)$ 和 $x_i(n)$ 是实序列。序列 $x(n)$ 的 z 变换 $X(z)$ 在单位圆的下半部（$\pi\leqslant\omega\leqslant2\pi$）的值为零。求 $x(n)$ 的离散傅里叶变换 $X(k)$ 后一半的值，并说明理由。

15. 用微处理机对实数序列作谱分析，要求谱分辨率 $F\leqslant50\text{Hz}$，信号最高频率为 1kHz，试确定以下各参数：

（1）最小记录时间 $T_{p\min}$。

（2）最大采样间隔 $T_{\max}$。

（3）最少采样点数 $N_{\min}$。

（4）在频带宽度不变的情况下，将频率分辨率提高一倍的 N 值。

16. 用微处理机对实数序列作谱分析，要求谱分辨率 $F\leqslant5\text{Hz}$，信号最高频率为 $f_c=1.25\text{kHz}$，试确定以下各参数：

（1）最小记录时间 $T_{p\min}$。

（2）最大采样间隔 $T_{\max}$。

（3）最少采样点数 $N_{\min}$。

（4）在频带宽度不变的情况下，将频率分辨率提高一倍的 N 值。

17. 希望利用 $h(n)$ 长度为 $N=50$ 的 FIR 滤波器对一段很长的数据序列进行滤波处理，要求采用重叠保留法通过 DFT 来实现。所谓重叠保留法，就是对输入序列进行分段（本题设每段长度为 $M=100$ 个采样点），但相邻两段必须重叠 V 个点，然后计算各段与 $h(n)$ 的 L 点（本题取 $L=128$）循环卷积，得到输出序列 $y_m(n)$，m 表示第 m 段计算输出。最后，从 $y_m(n)$ 中取出 B 个，使每段取出的 B 个采样点连接得到滤波输出 $y(n)$。

（1）求 V。

（2）求 B。

（3）确定取出的 B 个采样应为 $y_m(n)$ 中的哪些采样点。

18. 如果通用计算机的速度为平均每次复数乘法需要 5μs，每次复数加法需要 1μs，用

来计算 $N=1024$ 点 DFT，问直接计算需要多少时间，用 FFT 计算呢？照这样计算，用 FFT 进行快速卷积对信号进行处理时，估算可实现实时处理的信号最高频率。

19. 已知 $X(k)$ 和 $Y(k)$ 是两个 N 点实序列 $x(n)$ 和 $y(n)$ 的 DFT，若要从 $X(k)$ 和 $Y(k)$ 求 $x(n)$ 和 $y(n)$，为提高运算效率，试设计用一次 N 点 IFFT 来完成。

20. 设 $x(n)$ 是长度为 $2N$ 的有限长实序列，$X(k)$ 为 $x(n)$ 的 $2N$ 点 DFT。

（1）试设计用一次 N 点 FFT 完成计算 $X(k)$ 的高效算法。

（2）若已知 $X(k)$，试设计用一次 N 点 IFFT 实现求 $x(n)$ 的 $2N$ 点 IDFT 运算。

参考文献

[1] 胡广书. 数字信号处理导论［M］. 北京：清华大学出版社，2005.

[2] 张洪涛，万红，杨述斌. 数字信号处理［M］. 武汉：华中科技大学出版社，2007.

[3] 丁玉美，高西全. 数字信号处理［M］. 2 版. 西安：西安电子科技大学出版社，2001.

[4] 高西全，丁玉美，阔永红. 数字信号处理——原理、实现及应用［M］. 北京：电子工业出版社，2006.

[5] 吴湘淇，肖熙，郝晓莉. 信号、系统与信号处理的软硬件实现［M］. 北京：电子工业出版社，2002.

[6] 刘顺兰，吴杰. 数字信号处理［M］. 西安：西安电子科技大学出版社，2003.